钢结构检测鉴定指南

主　编　张心斌

副主编　罗永峰　耿树江

中国建筑工业出版社

图书在版编目（CIP）数据

钢结构检测鉴定指南 / 张心斌主编 . —北京：中国建筑
工业出版社，2018.9（2022.3重印）
ISBN 978-7-112-22459-3

Ⅰ.①钢… Ⅱ.①张… Ⅲ.①钢结构—检测—鉴定—指
南 Ⅳ.①TU391-62

中国版本图书馆CIP数据核字（2018）第161014号

　　本书为满足钢结构检测鉴定工程应用的需要而编写。全书共分9章，系统地介绍了
在建与既有钢结构检测、监测的内容、参数、检测方法、工作程序、检测报告要求以及
既有钢结构的鉴定方法、鉴定等级评定方法与鉴定报告要求。本书可供钢结构检测鉴定
专业人员使用，也可供结构工程专业技术人员参考。

责任编辑：武晓涛　王　跃
责任校对：姜小莲

钢结构检测鉴定指南

主　编　张心斌
副主编　罗永峰　耿树江
＊
中国建筑工业出版社出版、发行（北京海淀三里河路9号）
各地新华书店、建筑书店经销
北京点击世代文化传媒有限公司制版
北京中科印刷有限公司印刷
＊
开本：787×1092毫米　1/16　印张：18¾　字数：396千字
2018年9月第一版　2022年3月第三次印刷
定价：**56.00**元（含增值服务）
ISBN 978-7-112-22459-3
　　　（32335）

本指南编写单位： 中国钢结构协会钢结构质量安全检测鉴定专业委员会

国家工业建构筑物质量安全监督检验中心

同济大学

中冶建筑研究总院有限公司

太原理工大学

宝钢钢构有限公司

陕西省建筑科学研究院

青岛理工大学

清华大学

海南大学

北京工业大学

山东建筑大学

合肥工业大学

中国建筑股份有限公司技术中心

中建三局集团有限公司

河南日盛综合检测有限公司

本指南编委会：

主编　张心斌

副主编　罗永峰　耿树江

编委（按姓氏笔画排序）　弓俊青　王　燕　韦永斌　叶智武

刘　新　刘春波　李永录　李晓东

李海旺　吴金志　完海鹰　张　伟

张文革　张宣关　陈　浩　幸坤涛

林　冰　罗立胜　周　勇　孟祥武

施　刚　贺明玄　袁贞义　席向东

韩腾飞　雷淑忠

各章执笔人：

第1章　绪论　罗永峰　张心斌　耿树江　李永录　席向东
　　　　　　　林　冰

第2章　在建钢结构工程质量检测　刘春波　张宣关　袁贞义
　　　　　　　　　　　　　　　　贺明玄　周　勇　陈　浩
　　　　　　　　　　　　　　　　张　伟

第3章　既有钢结构工程检测　罗永峰　王　燕　张宣关
　　　　　　　　　　　　　　罗立胜　幸坤涛　张　伟
　　　　　　　　　　　　　　袁贞义　韩腾飞　安　琦

第4章　既有钢结构可靠性鉴定　席向东　罗永峰

第5章　既有钢结构抗震性能鉴定　李海旺　李永录　施　刚
　　　　　　　　　　　　　　　　雷淑忠　杜雷鸣

第6章　既有钢结构灾后检测鉴定　　李晓东　施　刚　张文革

第7章　金属板围护系统检测鉴定　　张文革　刘　新　席向东

　　　　　　　　　　　　　　　　　李晓东　张　伟

第8章　钢结构桥梁鉴定评估　　弓俊青　夏树威

第9章　钢结构工程监测　　弓俊青　叶智武　吴金志　韦永斌

　　　　　　　　　　　　完海鹰　林　冰　林　中

总汇稿：罗永峰　耿树江

序

2017 年我国钢产量达到 8.32 亿吨，居世界首位，其中用于出口的只有 7524 万吨，说明国内仍是我国钢材的主要消费市场。钢产量的增长，为各类钢结构的应用发展创造了良好的物质条件。

近年来，我国钢结构建（构）筑发展势头迅猛，众多大型、超高、复杂的建筑物或构筑物采用钢结构体系，大量超高层钢结构建筑、大型公共钢结构建筑、钢结构桥梁、钢结构工业建（构）筑物如雨后春笋般地矗立全国各地，这标志着我国钢结构领域的科研、设计、制作、安装等技术达到了世界先进水平，也标志着钢结构相关的设计、施工、验收标准规范已逐渐配套完善。

但是，随着钢结构在各个行业的普遍应用，钢结构工程的质量问题和工程事故仍然时有发生。据统计，到目前为止，发生质量安全事故的半数以上为在建钢结构工程，其余为既有钢结构工程，两者相差约 3%。已有钢结构事故的调查表明，施工过程中的结构质量问题和使用过程中的结构检测维护不到位，是导致事故的主要原因，因此，对在建钢结构工程进行检测，严格控制施工质量是十分必要的；同时，对于既有钢结构工程，由于使用环境、使用方式、不及时维护等因素，钢结构构件及节点可能产生不同形式的损伤，直接影响结构的安全使用。因此，对既有钢结构进行及时、适时的检测鉴定也是十分必要且必需的。

检测行业目前正成为我国发展前景最好、增长速度最快的服务业之一。如今全国土木工程检测机构有近 6000 家，其中施工和制作企业检测试验室约占 40%，监督检验机构占 30%，高等院校、科研机构和独立检测公司占 30%。由于技术门槛不高，众多检测机构的人员、技术和检测装备水平良莠不齐，特别是在钢结构检测领域，技术能力还有待提高。同时，当前钢结构检测标准尚不配套、完善，检测工作行为还有待进一步规范化。

钢结构的检测鉴定分为在建阶段的工程检测鉴定和使用阶段的既有工程检测鉴定。在建工程检测内容包括材料、构件、节点、连接、防护、整体结构等，大型工程还包括施工监测。检测和监测是保证在建工程质量安全的唯一重要手段，也是工程竣工验收的依据之一。当对工程质量有怀疑或争议时，还需在检测基础上对结构进行鉴定。既有钢结构工程检测主要是对结构现状进行检测，检测内容与在建工程基本相同，但更主要的是对整体结构的安全性、使用性和耐久性进行鉴定。

无论是在建钢结构工程还是既有钢结构工程的检测鉴定，都要求检测鉴定人员具有良好的业务素质、精湛的技术水平、丰富的工作经验和严谨负责的工作态度。针对当前我国钢结构检测鉴定机构现状、社会需求和钢结构工程质量安全控制的需要，中国钢结构协会钢结构质量安全检测鉴定专业委员会和国家工业建构筑物质量安全监督检验中心组织国内检测鉴定行业知名专家编写了《钢结构检测鉴定指南》一书，书中对各类钢结构的检测鉴定内容、检测鉴定程序、检测设备要求、检测鉴定报告编写等方方面面都予以了翔实叙述，系统化分类汇总说明了有关钢结构检测、监测与鉴定的要求、方法与标准，为分类系列化、规范化钢结构检测、监测与鉴定工作提供了专用工具。本书体现了作者团队深厚的理论基础、丰富的实践经验和高超的专业技术水平。相信这本书对提高钢结构检测鉴定行业专业人员技术水平、规范化钢结构检测鉴定工作、提升我国钢结构工程的质量安全具有很好的推动作用。

中国工程院院士
中国钢结构协会会长

2018 年 5 月 20 日

前　言

近三十多年来，随着国民经济和基础设施建设的飞速发展，钢结构体系在我国基础建设中得到广泛引用，如航站楼、机库、高铁车站、体育场馆、会展馆、影剧院、超高层建筑、大跨度桥梁、干煤棚、输电塔、电视塔、大型观光设施等。很多地方建造了宏伟而富有特色的大型钢结构公共建筑或构筑物，已经成为城市或地方的象征性或标志性建筑物。现代钢结构建筑的跨度、体量或规模越来越大、形态越来越新异、体系越来越复杂，且采用了许多新材料和新技术，为钢结构设计计算理论、制作工艺、安装技术、施工控制技术的发展提供了机遇，同时也为钢结构检测技术、监测技术、鉴定理论方法的发展带来了机遇，将不断推动我国建筑技术的进步发展。

钢结构在我国广泛应用与快速发展的同时，也发生了一些工程事故，造成了生命财产损失与不利的社会影响。调查数据表明，到目前为止，钢结构工程事故中约有53%发生在施工过程中，其他工程事故发生在使用过程中。而发生钢结构工程事故的原因，主要是由于施工或使用不当造成的，有极少部分是由于设计不当造成的，因此，对施工过程中的钢结构及其临时支承结构系统进行实时监测、定期定点检测，是进行安全合理的施工过程控制、保证施工质量的必要手段与技术基础，同时，对正常使用过程中的钢结构进行实时的健康监测、定期定点检测与结构状态或性能评估，是保证既有钢结构安全使用的前提。

钢结构设计理论与施工技术的发展相对较早，目前的技术成果已有很多，相应的技术规范也较为成熟，而关于钢结构的检测、监测与鉴定技术的研究与发展相对较晚，相应的技术规范也较少，且尚不完善。另外，目前国内外关于结构检测鉴定的研究成果与技术标准，主要针对混凝土结构或砖混结构，相应的技术方法难以或不宜直接应用于钢结构，因此，全面、详细、具体的说明或解释钢结构检测、监测与鉴定的内容、要求、方法与评定标准，是规范化钢结构检测、监测与鉴定工作必需的技术手段之一，也是推进相应技术发展、标准修订与完善的技术基础，也是普及和提高钢结构检测、监测与鉴定人员技术水平的方法之一。同时，根据钢结构材料与体系特点，针对性地制定相应的检测、监测与鉴定方法，是非常必要且必须的。

本书编写委员会自2016年开始筹备并准备资料，2017年初开始编写工作，经过一年多的努力工作，完成了书稿编写。

本书共分9章。第1章为绪论，介绍钢结构检测鉴定的目的、特点、范围及工作程序；第2章为在建钢结构工程质量检测，介绍在建钢结构检测的内容、参数、检测方法及检测报告要求；第 3 章为既有钢结构工程检测，介绍既有钢结构检测的内容、参数、检测方法及检测报告要求；第 4 章为既有钢结构可靠性鉴定，介绍既有钢结构可靠性鉴定的内容、分析方法、鉴定评级以及可靠性鉴定报告要求；第 5 章为既有钢结构抗震性能鉴定，介绍既有钢结构抗震性能鉴定的内容、分析方法以及抗震性能鉴定报告要求；第 6 章为既有钢结构灾后检测鉴定，介绍既有钢结构灾后结构性能评定的内容、分析方法、等级评定以及灾后鉴定报告要求；第 7 章为金属板围护系统检测鉴定，介绍既有金属板围护系统检测鉴定基本要求、检测内容、检测方法、等级评定以及检测鉴定报告要求；第 8 章为钢结构桥梁鉴定评估，介绍钢结构桥梁检测评定依据，检测内容、评定方法；第 9 章为钢结构工程监测，介绍钢结构工程监测的内容、参数、检测方法、设备要求、数据处理预评估以及检测报告要求。

在本书编写过程中，中国钢结构协会、同济大学、中冶建筑研究总院有限公司、太原理工大学、宝钢钢构有限公司、陕西省建筑科学研究院、青岛理工大学、清华大学、海南大学、北京工业大学、山东建筑大学、合肥工业大学、中国建筑股份有限公司技术中心、中建三局集团有限公司、河南日盛综合检测有限公司等单位为本书的编写提供了很多帮助，在此表示感谢。

由于知识水平有限、时间紧迫，书中难免有失误和不妥之处，恳请读者提出宝贵意见和批评指正，来函联系电子邮件地址：gangjiegoujiance@163.com。

《钢结构检测鉴定指南》编委会

2018 年 4 月 16 日

目　录

第1章 绪 论

1.1 钢结构检测鉴定的目的

1.1.1 钢结构发展的前景

钢铁工业的快速发展为我国工业化进程、制造业的快速发展提供了巨大资源。用于钢结构的产品包括热轧中厚板、冷轧薄板、热轧 H 型钢、焊接 H 型钢、工槽角型钢、冷弯型钢、压型板、夹芯板、圆管、方矩管、焊接球、螺栓球、高强螺栓、预应力钢绞线及锚具、拉索及索具等一应俱全,钢材的牌号和强度等级也多种多样,这些都为钢结构发展创造了良好的条件。

从设计、施工、钢结构工业化生产看,越来越多的标志性钢结构建筑,已经证明我国的钢结构建筑无论从设计到施工,还是从设计到钢结构构件的工业化生产加工,专业钢结构设计人员的素质在实践中得到不断提高,一批有特色、有实力的专业研究院所、设计院、建筑施工单位、施工监理单位都在日臻成熟,专业性、技术性、规模化更加完善。

随着钢结构建筑的遍地开花,我国各地分别建起了标志性钢结构建筑,如:高度632m 的上海中心,高度 636m 的武汉绿地中心,跨度 1490m 的润扬长江大桥,跨度550m 的上海卢浦大桥,高度 370m、跨度 2756m 的浙江舟山 - 大陆 500kV 输电铁塔,以及诸多机场、体育场馆等工程,标志着我国钢结构技术已达到国际领先水平。

从钢结构应用范围看,我国的钢结构建筑正从高层重型和空间大跨度工业和公共建筑钢结构向钢结构住宅发展。近年来,钢结构住宅作为一种绿色环保建筑,已被住建部列为重点推广项目,钢结构住宅的研究开发、设计制造、施工安装技术发展迅速。

钢结构作为绿色环保产品,与传统的混凝土结构相比较,具有自重轻、强度高、抗震性能好等优点。不但适用于活荷载占总荷载比例较小的结构,更适合于大跨度空间结构、高耸构筑物,并适合在软土地基上建造,同时,也符合环境保护与节约、集约利用资源的国策,其综合经济效益越来越为各方投资者所认同,客观上将促使设计者和开发商们选择钢结构。

钢结构的发展趋势表明,我国发展钢结构存在着巨大的市场潜力和发展前景,主要源于:

1. 自 1996 年,我国钢产量超过 1 亿吨,此后钢产量快速增长,2017 年钢产量达到 8.32亿吨,居世界首位。其中用于出口的只有 7524 万吨,说明国内仍是钢材的主要消费市场。

钢产量的增长，为钢结构的发展创造了良好条件。

2. 高效的焊接工艺和新的焊接、切割设备的应用以及焊接材料的开发应用，都为钢结构工程创造了良好的制作条件。

3. 1997 年 11 月，建设部发布的《中国建筑技术政策》中，明确提出发展建筑钢材、建筑钢结构和建筑钢结构施工工艺的具体要求，使我国长期以来实行的"合理用钢"政策转变为"鼓励用钢"政策，为促进钢结构的推广应用起到积极作用。

4. 钢结构行业将出现一批有特色有实力的专业设计院、研究院所；年产量超过 20 万吨的大型钢结构制造厂；有几十家技术一流、设备先进的施工安装企业，上千家中小企业相互补充、协调发展，逐步形成较规范的竞争市场。

发展钢结构住宅是我国住宅产业化的必由之路。住宅产业化是我国住宅发展的必由之路，将成为推动我国经济发展新的增长点。钢结构住宅体系易于工业化生产、标准化制作，与之相配套的墙体材料可以采用节能、环保的新型材料，属于绿色环保性建筑，可再生重复利用，符合可持续发展战略，因此，钢结构体系住宅成套技术的研究成果必将大大促进住宅产业的快速发展，直接影响着我国住宅产业的发展水平和前途。

2008 年"5·12"汶川地震中，钢结构建筑表现出良好的抗震性能，开始将钢结构拉入民用住宅应用视野。有业内人士统计，四川省的门式轻型钢房屋，在地震中极少倒塌，与周边房屋的倒塌和破损形成鲜明的对比。随着国家建设节约型社会战略决策的实施，发展既节能又省地的住宅越来越受到中央和地方的重视，北京、上海、广东、浙江等地都建造了大量钢结构住宅点示范工程，体现了钢结构住宅发展的良好势头。住建部也组织 36 项钢结构住宅体系及关键技术研究课题，开展试点工程，并出台了行业标准《钢结构住宅设计规程》CECS 261。钢结构具有绿色、节能、环保功能，将成为我国住宅建筑的发展趋势。

目前，我国钢结构发展具以下有利条件：

1. 钢材产量高、品种多，满足建筑钢结构需求；

2. 钢结构设计、施工、维护技术日趋成熟；

3. 高层、大跨结构的发展对钢结构需求大；

4. 钢结构建筑绿色环保，适应可持续发展目标；

5. 民用钢结构住宅市场刚刚起步，前景广阔；

6. 符合装配化和产业化的必要条件；

7. 符合抗震防灾、多功能建筑的发展需要。

1.1.2 我国现代钢结构发展存在的问题

目前，我国钢结构行业还存在不少问题，主要包括：一是对钢结构产业是符合节能环保型、可持续性发展的行业认识还有待提高。最近几年，日本、加拿大、英国政府和研究机构发表了很多文章，专门论述发展钢结构房屋的优点和措施，可供借鉴。二是设计理念不能适应市场需要。如目前超高层和有特殊要求的建筑大多是国外建筑师的方案中标，他们在规划、环境、建筑、功能上确有独特之处，但连接节点过于复杂，给制作安装带来困难，同时，钢材消耗过多，增加了工程成本。三是部分地区钢结构企业盲目上马，一哄而起，导致产能过剩并浪费大量资源。四是市场运行不规范，投标企业竞相压价，加上钢材涨价，造成加工和安装企业亏损。五是钢结构科研开发资金不足，标准及规范修订周期太长；标准及应用规范、规程缺项、滞后；钢材标准与工程设计、施工规范规程衔接不上等。六是钢结构加工厂和施工安装企业的装备、计算机管理、劳动生产率还需进一步提高。七是钢结构专业技术人员、技术工人缺乏，尤其在中小企业更为短缺，企业技术质量和管理工作都不适应生产的需要。八是行业协会作用和功能远未到位。特别在规范和引导市场秩序、服务于企业、开拓钢结构市场、标准规范的编制修订和专业人才的培养等方面，还有大量工作要做。

虽然目前国内的钢结构建筑市场前景广阔，但发展中还是显露出很多问题：

1. 钢结构所占建筑市场份额较小。截至 2010 年，美国钢结构住宅建筑占全部建筑用钢总量的 65%，日本为 50%，而中国国内钢产量为 6.9 亿吨，建筑用钢量为 15000 万吨，钢结构用钢量为 2600 万吨，占建筑用钢量的 18%，远低于发达国家。

2. 标准及规范修订周期太长，且还不完全配套。

3. 钢结构建筑设计在防火、防腐、保温、隔声、防震和稳定性等方面的设计尚不够成熟，限制了钢结构在民用建筑中的发展。

4. 钢结构技术人员匮乏。在所有钢结构施工企业中，由于缺少专业钢结构技术人员，很多从事钢结构施工的人员都是从其他建筑相关专业调用，没有经过相关培训，直接指导现场钢结构施工。

5. 行业协会的作用和功能还未到位。特别在引导和规范市场秩序、服务企业，开拓国际市场、标准规范编制和人才培养上，仍有很大空间可以发挥作用。

1.1.3 钢结构检测鉴定的必要性

近年来，我国钢材产量飞速增长，钢材的使用也经历了从"节约到合理使用进而大力推广"的过程。生产的钢材品种、规格越来越齐全，钢材质量有了很大提高，建筑钢结构也得到了迅猛发展。在这种形势下，钢结构工程检测也就逐渐成为一个热门技术领域，与其相关的专业检测机构（公司、检验所、检测站、检测中心等）以及管理机构已超过2000 多家。目前，钢结构检测技术日趋成熟和先进，有关钢结构工程检测的标准、规范相继发布、施行，使钢结构检测工作进一步规范化，对保证工程质量起到了良好的作用。

钢结构现场检测是钢结构发展的必要环节，其原因有以下几点：

1. 建筑结构质量的检验检测是保证建筑工程质量安全的必要环节；

2. 钢结构工程质量事故和安全事故时有发生；

3. 钢结构的结构特点，决定了钢结构在稳定性、节点构造、防腐等方面存在隐患，其中任一环节出现问题，对整个结构影响巨大；

4. 与混凝土结构冗余度高不同，钢结构的冗余度在某些情况下相对较小，一个杆件、节点的破坏，都可能导致一个结构单元的破坏，因此，相对于混凝土结构，钢结构检测更加重要；

5. 钢结构的发展使得这种结构需要适应各种环境和功能，而目前的研究范围没有涉及各个方面；

6. 钢结构规范、荷载规范等标准规范不断地修订，对新结构提出新的要求，都需要重新对结构进行检测；

7. 灾后安全检验也是保证钢结构在灾后能够继续使用的前提条件。

1.1.4 钢结构检测鉴定的目的

钢结构体系的建筑类型很多，且应用于不同行业，除普通钢结构外，还包括高耸、高层、大跨度以及各种复杂建筑钢结构及构筑物等。

钢结构在制作、安装和使用过程中，由于材料、技术、外部环境、灾害或人为事故的原因，可能会出现各种影响结构安全或正常使用的问题。为了保证钢结构的正常、安全使用，就需要确保及了解钢结构的工作状态。为此，在日常使用过程中或发生灾害或事故后，应及时对钢结构体系进行合理正确的检测鉴定，以正确评估结构的安全性、工作性能，并为维护、加固或拆除提供依据，同时，也应使钢结构的"检测"和"鉴定"有章可循，并改进现有的技术和标准，促进技术进步。

钢结构的检测鉴定可分为在建钢结构的检测鉴定和既有钢结构的检测鉴定。

1. 当遇到下列情况之一时，应按在建钢结构进行检测鉴定：

1）在钢结构材料检查或施工验收过程中需了解质量状况；

2）对施工质量或材料质量有怀疑或争议；

3）对工程事故，需要通过检测，分析事故的原因以及对结构可靠性的影响。

2. 当遇到下列情况之一时，应按既有钢结构进行检测鉴定：

1）钢结构安全鉴定；

2）钢结构抗震鉴定；

3）钢结构大修前的可靠性鉴定；

4）建筑改变用途、改造、加层或扩建前的鉴定；

5）受到灾害、环境侵蚀等影响的鉴定；

6）对既有钢结构的可靠性有怀疑或争议。

钢结构鉴定的内容分为安全性鉴定、适用性鉴定和耐久性鉴定。钢结构的抗震性能鉴定虽然也属于安全性鉴定范围，但相应鉴定要求具有自身的特点，将其独立作为一章，限于对抗震设防地区的钢结构建筑增加抗震鉴定。对于重要和大型公共建筑为关注其长期的运行使用状态，还宜进行结构动力测试和结构安全性监测。

1.2 钢结构检测鉴定的特点

与混凝土结构相比，钢结构构件截面尺寸小、板壁薄，在加工制作过程中易产生几何偏差、变形乃至残余应力等初始缺陷，同时，钢构件在现场安装过程中也易产生施工误差等缺陷，这就使得钢结构在使用过程中不可避免地存在各种初始缺陷[1.1, 1.2]。

另外，钢构件易锈蚀，使用过程中受环境腐蚀影响大，如果不定期维护或维护不当，造成防腐涂层破坏会失效，将导致钢构件锈蚀。构件钢材的锈蚀将削弱构件的有效面积并造成损伤，有时甚至改变构件材性，直接影响构件受力或承载能力。同时，钢构件防火需要外涂装或包裹，如果防火涂装损坏或失效，将影响钢构件的抗火能力。

不同于混凝土结构，钢构件连接节点是钢结构中非常重要的部件，钢结构节点通常独立于构件，构造相对复杂，传力机理复杂，易产生制作安装误差，且易出现缺陷、变形或损伤，而这些误差、缺陷、变形或损伤，直接影响节点的传力与安全。

上述缺陷及外涂装保护，直接影响钢构件在使用过程中的受力性能。相对于混凝土结构，钢结构整体刚度相对较弱，同时由于钢构件壁薄纤细、受压时易失稳，钢结构的受力特征与承载能力对结构缺陷与构件及节点损伤较为敏感，有时甚至非常敏感，因此，要及时了解钢结构的工作状态、受力与安全特征，就需要对钢结构及构件、节点的状态、缺陷、损伤等及时进行检测，并根据检测结果及时进行计算评定。

由于钢结构易锈蚀、易损伤变形的特点，在结构使用过程中需要相对较高频次的检测与鉴定。

1.2.1 钢结构检测

1. 钢结构检测的分类

钢结构检测分为[1.2]：在建钢结构工程检测、既有钢结构工程检测。

2. 在建钢结构工程检测的特点和内容

1）在建钢结构工程检测是指对正在建造过程中的钢结构构件与节点的材料及其加工制作质量、钢构件与节点安装质量以及钢结构整体施工质量进行检测。该质量检测又分为施工单位自身检测和独立的第三方检测。施工单位自身检测是施工单位确定其施工质量是否达到设计和规范要求的检测；第三方检测是建设方或总包方对施工单位施工质量是否合格的验证性检测。

在建钢结构工程检测的数据，是钢结构工程施工质量验收评定的依据[1.2]。

2）在建钢结构工程检测的内容主要包括：结构构件及节点材料质量检测、结构构件及节点加工制作质量检测、构件及节点现场安装质量检测、结构整体安装质量（包括整体形状偏差、构件变形及其他几何缺陷）检测以及结构防腐防火涂装质量检测。

3）在建钢结构工程检测可参考的国家现行标准主要包括：《钢结构现场检测技术标准》GB/T 50621、《金属熔化焊焊接接头射线照相》GB 3323、《焊缝无损检测　超声检测　技术、检测等级和评定》GB 11345、《钢的成品化学成分允许偏差》GB/T 222、《钢结构焊接规范》GB 50661、《建筑结构检测技术标准》GB/T 50344、《钢结构工程施工质量验收规范》GB 50205 以及一些建筑钢材产品标准和检测方法标准等。

在建钢结构工程检测内容不同，检测时参照或依据的标准也不同。

3. 既有钢结构工程检测的特点和内容

1）既有钢结构工程检测是指对经过施工质量验收且质量合格的钢结构、已投入使用的钢结构或正在使用的钢结构的构件与节点（包括连接）质量检测、钢结构整体质量检测。该质量检测又分为日常定期检测和灾害事故后检测。日常定期检测是指根据钢结构使用维护制度确定的频率进行的确定日期的检测；灾害事故后检测是指当钢结构遭受自然或人为灾害后的结构状态检测，灾害事故后检测可以是只检测结构遭受灾害或事故损伤的局部，也可以是整个结构，当需要评定整个结构遭受灾害或事故后的安全性时，应对包括遭受灾害或事故损伤部位的整个独立的结构承载体系进行检测。

既有钢结构工程检测时[1.3, 1.4]，在保证检测数据满足鉴定计算要求的条件下，为了尽量减少现场检测工作量，通常对构件及节点进行抽样检测。为此，既有钢结构工程检测常将钢结构构件及节点分为两类，即重要构件及节点（或称关键构件及节点）以及一般构件及节点。这里的重要构件及节点是指其失效后将导致结构承载力显著降低甚至失效的构件或节点，而一般构件及节点是指其失效后对结构承载力无显著影响的构件或节点。现场检测时，对不同类型的构件及节点，采用不同的抽样数量及抽样方法。

既有钢结构工程检测的数据，是钢结构性能评定和可靠性鉴定的依据[1.3, 1.4]。

2）既有钢结构工程检测的内容主要包括：构件及节点材料质量检测、构件及节点几何尺寸现状检测、构件及节点变形与损伤状况检测、结构体系现状检测、结构整体变形现状检测以及结构防腐与防火涂层质量检测，必要时，还包括结构动力性能检测。

3）既有钢结构工程检测可参考的国家现行标准主要包括：《钢结构现场检测技术标准》GB/T 50621、《金属熔化焊焊接接头射线照相》GB 3323、《焊缝无损检测　磁粉检测》GB/T 26951、《焊缝无损检测　焊缝磁粉检测　验收等级》GB/T 26953、《焊缝无损检测　超声检测　技术、检测等级和评定》GB 11345、《钢的成品化学成分允许偏差》GB/T 222、《钢结构焊接规范》GB 50661、《建筑结构检测技术标准》GB/T 50344、《钢结构工程施工质量验收规范》GB 50205、《高耸与复杂钢结构检测与鉴定标准》GB 51008、《民用建筑可靠性鉴定标准》GB 50292、《工业建筑可靠性鉴定标准》GB 50144、《建筑抗震鉴定标准》GB 50023、《构筑物抗震鉴定标准》GB 50117、《钢结构检测评定及加固技术规程》

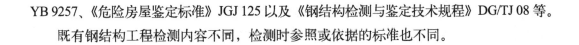

YB 9257、《危险房屋鉴定标准》JGJ 125 以及《钢结构检测与鉴定技术规程》DG/TJ 08 等。

既有钢结构工程检测内容不同，检测时参照或依据的标准也不同。

1.2.2　钢结构鉴定

1. 钢结构鉴定的分类

钢结构鉴定分为 [1.1, 1.2]：在建钢结构工程质量鉴定、既有钢结构可靠性鉴定与既有钢结构抗震性能鉴定。

2. 在建钢结构工程质量鉴定的特点和内容

1）在建钢结构工程质量鉴定通常分两种 [1.4]，第一种是指当正在建造的钢结构的正常质量检验结果不满足设计和验收规范要求时，需要根据检测数据结果进行实际工程质量鉴定；第二种是指当正在建造的钢结构遭受自然灾害或人为损伤时，需要根据结构损伤后的检测数据结果进行实际结构性能鉴定。如果需要，这两种鉴定均应确定实际钢结构的当前状态、受力性能特征及承载安全性。

2）在建钢结构工程质量鉴定的内容主要包括：正常质量检验结果不满足设计和验收规范要求的结构构件及节点，必要时，尚应验算实际钢结构的承载能力。

3）在建钢结构工程质量鉴定可参考的国家现行标准主要包括：《钢结构工程施工质量验收规范》GB 50205、《钢结构设计标准》GB 50017、《冷弯薄壁型钢技术规范》GB 50018、《建筑结构荷载规范》GB 50009、《建筑抗震设计规范》GB 50011、《构筑物抗震设计规范》GB 50191、《高层民用建筑钢结构技术规程》JGJ 99、《高耸结构设计规范》GB 50135、《空间网格结构技术规程》JGJ 7 以及《索结构技术规程》JGJ 257 等。

在建钢结构鉴定验算，应采用设计标准进行计算，钢结构体系不同，鉴定验算时参照或依据的标准也不同。

3. 既有钢结构工程可靠性鉴定的特点和内容

1）既有钢结构可靠性鉴定是指对正常使用钢结构进行的日常定期的可靠性鉴定以及结构遭受灾害或事故后的可靠性鉴定。日常定期的可靠性鉴定是指根据钢结构使用维护制度确定的频率进行的确定时期的鉴定，与钢结构日常定期检测同期进行；钢结构灾害或事故后可靠性鉴定是指当钢结构遭受自然或人为灾害后的结构可靠性鉴定，灾害或事故后鉴定可以是只鉴定结构遭受灾害或事故损伤的构件或／及节点，也可以是整个结构，当需要评定整个结构遭受灾害或事故后的安全性时，应对包括遭受灾害或事故损伤部位的整个独立的结构承载体系进行可靠性鉴定 [1.3, 1.4]。

2）既有钢结构可靠性鉴定分为两个层级：即构件与节点的可靠性鉴定、钢结构整体可靠性鉴定。可靠性鉴定的内容包括：安全性、适用性和耐久性。

3）既有钢结构可靠性鉴定可参考的国家现行标准主要包括：《民用建筑可靠性鉴定标准》GB 50292、《工业建筑可靠性鉴定标准》GB 50144、《高耸与复杂钢结构检测与鉴定标准》GB 51008、《钢结构检测评定及加固技术规程》YB 9257、《危险房屋鉴定标准》JGJ 125 以及《钢结构检测与鉴定技术规程》DG/TJ 08 等。

既有钢结构可靠性鉴定验算时，结构体系不同，参照或依据的标准也不同。

4. 既有钢结构工程抗震性能鉴定的特点和内容

按照现行的规范体系，既有钢结构可靠性鉴定不包括钢结构抗震性能鉴定，因此，在现行结构鉴定标准中，结构抗震性能鉴定单独成章[1.3, 1.4]。

既有钢结构抗震性能鉴定同样包括日常定期的鉴定以及结构遭受灾害或事故后的鉴定，通常，抗震性能鉴定与可靠性鉴定同时进行。

既有钢结构抗震性能鉴定的内容主要包括：结构整体体系以及抗震构造措施核查以及构件与节点、整体结构的抗震性能验算。

与混凝土结构不同，既有钢结构抗震性能鉴定既要验算构件、节点以及整体结构的抗震性能，也要验算组成构件的板件的宽厚比。同时，还需要对构件及节点的连接与构造方式进行鉴定。

既有钢结构抗震性能鉴定可参考的国家现行标准主要包括《建筑抗震鉴定标准》GB 50023、《构筑物抗震鉴定标准》GB 50117、《高耸与复杂钢结构检测与鉴定标准》GB 51008 以及《钢结构检测与鉴定技术规程》DG/TJ 08 等。

1.3 钢结构检测鉴定的范围

随着我国经济和基础设施建设的发展，钢结构在不同行业建设中已得到广泛应用，各种不同类型的钢结构建筑物或构筑物在不断建造或投入使用，相应的，钢结构检测鉴定工作也就必须延伸和扩展。

1.3.1 不同行业与不同类型的钢结构

根据钢结构应用行业及其结构类型的不同，钢结构检测鉴定的范围可分类概括如下：

1. 民用建筑钢结构，包括：低层、多层、高层及超高层建筑钢结构；大跨度及空间钢结构，如体育场馆、会展馆、影剧院、航站楼、车站、行人天桥等大型公共建筑钢结构等；高耸钢结构，如电视塔、观光塔、瞭望塔、输电塔架钢结构等。

2. 工业建筑钢结构，包括：厂房、仓库、支承构架、作业平台钢结构等。

3. 其他钢结构建筑或构筑物，包括：桥梁、高炉、化工塔类、大型设备支承钢结构（如大型游艺设施钢结构）、大型雕塑钢结构等。

1.3.2 不同生命阶段的钢结构

根据钢结构所处生命阶段的不同，钢结构检测鉴定的范围可分类概括如下：

1. 在建钢结构检测鉴定，是钢结构在建造过程中的检测鉴定，针对钢结构产品质量、安装过程中的质量及安全进行的检测与鉴定。

2. 既有钢结构检测鉴定，是对经过安装质量验收且已投入使用的钢结构在使用过程中的检测鉴定，通常分为日常定期检测鉴定以及事故后检测鉴定。

1.3.3　钢结构工作状态与受力性态监测

本书还应该包括钢结构的监测，根据钢结构所处生命阶段的不同，钢结构监测的范围可分类概括如下：

1. 在建钢结构施工过程监测简称施工监测[1.5, 1.6]，是指在不同安装施工阶段，对钢结构的整个施工结构体系或施工结构系统（包括临时支承结构）的工作状态和受力特性进行实时监测，为施工过程的质量控制与安全控制提供数据和依据。

2. 在役及既有钢结构健康状况监测简称健康监测，是指对经过质量验收且已投入使用的钢结构物在使用阶段的工作状态和受力特性进行实时监测，为评定钢结构在使用过程中的工作状态和可靠性提供数据和依据。

1.4　钢结构检测鉴定工作程序

本节按民用建筑钢结构、工业建筑钢结构和火灾后建筑钢结构等三个覆盖面最广的检测鉴定类型，分别介绍其鉴定工作程序。

1.4.1　民用建筑钢结构可靠性鉴定

民用建筑钢结构的可靠性，可按图 1.4.1 所示的鉴定程序进行鉴定。

1. 委托

民用建筑钢结构的可靠性鉴定，一般由产权方委托，也可以由使用方或者其他相关方委托，但涉及纠纷或者房屋无产权时，应遵守当地主管部门的有关规定。

2. 初步调查

初步调查主要包括资料调查和现场踏勘，并根据调查和踏勘结果制定详细调查及检测的工作方案。

3. 确定鉴定目的、范围和内容

鉴定目的、范围和内容，应紧密响应委托方的需求，并结合初步调查结果确定。

4. 成立鉴定组或委员会

鉴定组或委员会应由项目负责人、项目总工、现场负责人、报告审核人以及具体技术人员组成，对于大型、复杂及有技术疑难的项目，还应聘请业内专家参加项目组或委员会。

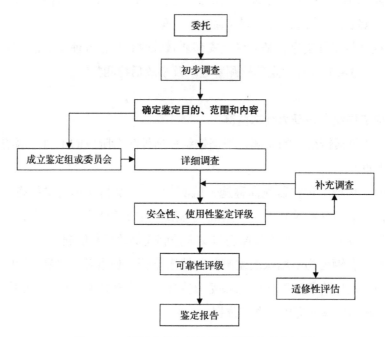

图 1.4.1　民用建筑钢结构可靠性鉴定程序框图

5. 详细调查

详细调查包括 7 部分：结构体系基本情况勘察，结构使用条件调查，地基基础调查与检测，材料性能检测，承重结构检查，围护系统的安全状况和使用功能调查，以及易受结构位移、变形影响的管道系统调查等。

详细调查是鉴定工作的核心内容，详细调查是否全面、规范，直接影响到建筑物的鉴定评级结果。

6. 补充调查

整理详细调查的数据和结果过程中，当发现有数据异常、数据离散度太大以至于需要重新划分批次或者在评级过程中有需要再次确认的相关内容时，应进行补充调查。

7. 安全性、使用性鉴定评级

鉴定评级应分层次进行，并且可以根据委托方要求和项目特点，只对安全性或者使用性进行评级，并也可只进行到某个层次。

8. 可靠性评级

可靠性评级应在安全性和使用性评级的基础上，按构件、子单元和鉴定单元三个层次，逐级进行可靠性等级评定。

9. 适修性评估

适修性是对房屋修理难度和修理费用的综合评价，为委托方下一步决策提供参考或依据。

10. 鉴定报告

鉴定报告是所有技术工作的书面总结，是鉴定工作的最终成果，应包含：项目概况、鉴定目的和范围、详细调查和分析结果、评级结果、结论建议等。

1.4.2　工业建筑钢结构可靠性鉴定

工业建筑钢结构的可靠性，可按图 1.4.2 所示的鉴定程序进行鉴定。

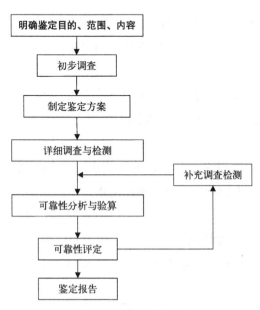

图 1.4.2　工业建筑钢结构可靠性鉴定程序框图

1. 明确鉴定目的、范围、内容

确定鉴定目的、范围和内容，应了解委托方的需求。工业建筑一般更注重安全性。

2. 初步调查

初步调查主要包括：资料调查、历史调查和现场踏勘，并根据调查和踏勘结果制定详细调查及检测的工作方案。

工业建筑常因工艺改造等改变其使用环境和使用荷载，调查时应特别注意。

3. 制定鉴定方案

鉴定方案应包括：进度计划、需委托方提供配合的内容、检测所需要的条件。鉴定方案应满足委托方的鉴定目的要求，同时也要满足鉴定标准和检测标准的技术要求。

4. 详细调查与检测

详细调查包括 7 部分：有关文件资料调查、作用和环境调查、结构现状检查、结构变形和裂缝检测、地基变形调查或检测、材料性能和几何参数检测以及围护系统的安全状况和使用功能检查。

现场详细调查与检测必须全面且规范，查清隐患缺陷，获取结构的实际参数，为结构分析与评级提供数据和依据。

5. 可靠性分析与验算

分析和验算时，除要遵照有关标准规范外，荷载取值和结构参数应结合设计取值和实际检测结果共同确定，并且，还应对工业建筑存在的问题（如振动、开裂、变形等）进行原因分析。

6. 补充调查检测

整理数据和结果过程中，当发现有数据异常、数据离散度太大以至于需要重新划分批次，或者在评级过程中有需要再次确认的相关内容时，应进行补充调查和检测。

7. 可靠性评定

按照现行国家标准，建筑可靠性分三层次进行评定，可以根据需要只对安全性或使用性进行评定，并也可只进行到某个层次评定。

8. 鉴定报告

鉴定报告应包含：项目概况、鉴定目的和范围、详细调查和分析结果、评级结果、结论建议等。鉴定报告应内容翔实准确，条理清晰。

1.4.3　火灾后建筑钢结构可靠性鉴定

火灾后建筑钢结构的可靠性，应按图 1.4.3 所示的鉴定程序进行鉴定。

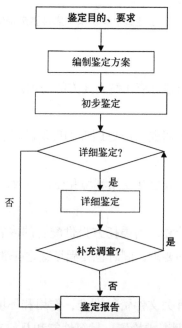

图 1.4.3　火灾后建筑钢结构可靠性鉴定程序框图

1. 鉴定目的、要求

明确鉴定目的和要求，应充分了解委托方的意图和目标。

2. 编制鉴定方案

鉴定方案应包括：鉴定目的、工作范围、技术要求、检测项目、检测数量、工期、配合条件及技术力量配置等。

3. 初步鉴定

初步鉴定应包括：现场初步调查、火作用调查、查阅分析文件资料、结构观察检测、初步评级以及编制鉴定报告或准备详细检测鉴定。

经初步鉴定表明，如果烧损非常轻微或者烧损非常严重，无修复价值时，可直接出具报告，否则均应进行详细鉴定。

4. 详细鉴定

详细鉴定包括：火作用详细调查与检测分析、结构构件专项检测分析、结构分析与构件校核、构件详细鉴定评级等，其中，火作用的调查分析与受火结构专项检测分析是火灾后钢结构鉴定的重点内容。

5. 补充调查

在分析及形成报告过程中，对还需进一步确认的内容，应根据具体情况进行补充调查。

6. 鉴定报告

鉴定报告应包括：建筑和火灾概况、鉴定的目的范围内容、调查检测分析的结果、损伤评级以及结论建议等。

本章参考文献：

[1.1] 罗永峰，张立华，贺明玄. 上海市《钢结构检测与鉴定技术规程》编制简介 [J]. 钢结构，2009，24（10）：57-61.

[1.2] 罗永峰. 国家标准《高耸与复杂钢结构检测与鉴定标准》编制简介 [J]. 钢结构，2014，29（4）：44-49.

[1.3] GB 51008—2016 高耸与复杂钢结构检测与鉴定标准 [S]. 北京：中国计划出版社，2016.

[1.4] DG/TJ 08—2011—2007 钢结构检测与鉴定技术规程 [S]. 上海：上海市建筑建材业管理总站，2007.

[1.5] 罗永峰，叶智武，陈晓明等. 空间钢结构施工过程监测关键参数及测点布置研究 [J]. 建筑结构学报. 2014，35（11）：108-115.

[1.6] 叶智武. 大跨度空间钢结构施工过程分析及监测方法研究 [D]. 上海：同济大学，2015.

第2章 在建钢结构工程质量检测

2.1 概述

在建钢结构工程是指正在建设施工或尚未正式竣工验收、未投入使用的钢结构工程。

在建钢结构工程施工验收检测涵盖从材料进场开始到现场竣工验收结束的全过程。当在建钢结构工程遇到下列情况之一时，检测机构应根据相关单位委托要求，对在建钢结构进行进一步检测鉴定[2.1]：

1. 在钢结构材料检测或施工验收过程中需进一步了解材料或施工质量状况；

2. 对施工质量或材料质量有怀疑或争议，需要通过检测进一步分析结构的可靠性；

3. 发生工程事故，需要通过检测分析事故的原因及对结构可靠性的影响；

4. 其他需要对在建钢结构工程进行检测的。

在建钢结构工程的检测一般由施工单位、监理单位及第三方检测机构实施，检测结果应提供检查记录、检测报告，可作为分部、分项工程验收、竣工验收依据，也可作为在建钢结构工程质量鉴定的依据。

2.1.1 在建钢结构检测项目

在建钢结构检测的项目主要包括：结构用材料的检测、结构构件的检测、连接与节点的检测、变形和位移检测、涂装质量检测、安装质量检测等[2.2, 2.3]。

2.1.2 在建钢结构检测的准备工作

在建钢结构施工验收检测时，应具有审批合格的钢结构施工图、施工详图、施工组织设计、专项加工或施工方案、明确的质量验收标准等；在建钢结构检测鉴定前，应调查了解工程状况和收集有关资料，主要内容包括：收集被检测结构的设计图纸、设计变更、施工记录、施工验收和工程地质勘察等资料；调查被检测材料或结构件的现状、环境条件和用途与荷载等[2.4]，根据检测要求及现场实际情况确定检测方案。

2.2 结构用材料检测

在建钢结构工程施工前，应按规定对钢材及辅材的牌号、力学性能及化学成分进行检测（复验）；对在建钢结构工程进行鉴定时，应确定结构用钢材的牌号，检验钢材的力学性能和化学成分，确定强度计算指标，评价其是否满足要求。

2.2.1 钢结构构件用材料

1. 构件用钢材的类型及检测内容

1）钢结构工程的常用钢材牌号见表 2.2.1-1。

钢结构工程常用钢材牌号 　　　　　　　　　　　　　　　表 2.2.1-1

钢种类别	牌号
碳素结构钢	（Q195、Q215）、Q235、（Q275）
低合金高强度结构钢	Q345、Q390、Q420、Q460（Q500、Q550、Q620、Q690）
桥梁用结构钢	Q235q、Q345q、Q370q、Q420q、Q460q、Q500q、Q550q、Q620q、Q690q、
高性能建筑结构用钢	Q235GJ、Q345GJ、Q390GJ、Q420GJ、Q460GJ
铸钢	ZG230-450H、ZG270-450H、G17Mn5QT、G20Mn5N、G20Mn5QT

注：括号中为钢结构非常用钢材。

2）构件用钢材具有以下特点：

（1）碳素结构钢和低合金结构钢是钢结构通常采用的钢材。这类钢主要保证力学性能，故其牌号体现其力学性能。如：Q235 表示屈服点为 235MPa，其后面的 A、B、C、D 表示其质量等级。其 P、S 含量依次降低。

（2）质量等级为 A 级的结构钢的化学成分 C、Si、Mn 含量不作为交货条件。

（3）高性能建筑结构用钢（牌号后加 GJ）与通用碳素结构钢和低合金结构钢相比，具有两个优点：①规定了屈强比、屈服强度波动范围；②降低了 P、S 含量。

（4）桥梁用结构钢相对于低合金高强度结构钢修改了钢的化学成分的规定，严格了对 P、S 等有害元素的控制；规定了碳当量计算公式；增加了裂纹敏感系数的规定；增加了钢的炉外精炼要求；明确了钢材的交货状态；提高了冲击吸收能量值；增加了各牌号钢厚度方向性能要求。

（5）铸钢牌号中 ZG230-450H、ZG270-450H 为国家标准《焊接结构用铸钢件》GB/T 7659 中规定的牌号，其余为在建钢结构工程中常用的欧标铸钢牌号。

钢结构用材料检测的内容主要包括：材质确认、钢材表面质量、力学性能、化学成分以及钢材腐蚀、损伤情况等。

2. 钢结构用焊接材料的类型及检测内容

钢结构工程用焊接材料一般包括：手工焊条、气体保护焊用焊丝及气体、埋弧自动焊用焊丝及焊剂等。常用焊接材料及与母材的匹配选用见表 2.2.1-2[2.5]。

常用焊接材料   表 2.2.1-2

母材标准		焊接材料			
GB/T 700 GB/T 1591	GB/T 19879	焊条电弧焊 SMAW	实心焊丝气体保护焊 GMAW	药芯焊丝气体保护焊 FCAW	埋弧焊 SAW
Q215	—	GB/T 5117： E43XX	GB/T 8110： ER49-X	GB/T 10045： E43XTX-X GB/T 17493： E43XTX-X	GB/T 5293： F4XX-H08A
Q235 Q275	Q235GJ	GB/T 5117： E43XX E50XX GB/T 5118： E50XX-X	GB/T 8110： ER49-X ER50-X	GB/T 10045： E43XTX-X E50XTX-X GB/T 17493： E43XTX-X E49XTX-X	GB/T 5293： F4XX-H08A GB/T 12470： F48XX-H08MnA
Q345 Q390	Q345GJ Q390GJ	GB/T 5117： E50XX GB/T 5118： E5015、16-X E5515、16-X[a]	GB/T 8110： ER50-X ER55-X	GB/T 10045： E50XTX-X GB/T 17493： E50XTX-X	GB/T 5293： F5XX-H08MnA F5XX-H10Mn2 GB/T 12470： F48XX-H08MnA F48XX-H10Mn2 F48XX-H10Mn2A
Q420	Q420GJ	GB/T 5118： E5515、16-X E6015、16-X[b]	GB/T 8110 ER55-X ER62-X[b]	GB/T 17493： E55XTX-X	GB/T 12470： F55XX-H10Mn2A F55XX-H08MnMoA
Q460	Q460GJ	GB/T 5118： E5515、16-X E6015、16-X	GB/T 8110 ER55-X	GB/T 17493： E55XTX-X E60XTX-X	GB/T 12470： F55XX-H08MnMoA F55XX-H08Mn2MoVA

钢结构工程用焊接材料的检测内容包括：化学成分和熔敷金属的力学性能，埋弧焊用焊接材料的复验需要对焊丝 - 焊剂组合焊缝金属进行检测。

2.2.2 钢结构用材料检测依据

钢材及焊材的检测应符合其现行产品标准的规定，常用钢材、焊材及检测标准有：

1)《钢结构工程施工质量验收规范》GB 50205

2)《钢结构工程施工规范》GB 50755

3)《碳素结构钢》GB/T 700

4)《低合金高强度结构钢》GB/T 1591

5)《建筑结构用钢板》GB/T 19879

6)《桥梁用结构钢》GB/T 714

7)《焊接结构用铸钢件》GB/T 7659

8）《非合金钢及细晶粒钢焊条》GB/T 5117

9）《热强钢焊条》GB/T 5118

10）《熔化焊用钢丝》GB/T 14957

11）《气体保护电弧焊用碳钢、低合金钢焊丝》GB/T 8110

12）《碳钢药芯焊丝》GB/T 10045

13）《低合金钢药芯焊丝》GB/T 17493

14）《埋弧焊用碳钢焊丝和焊剂》GB/T 5293

15）《埋弧焊用低合金钢焊丝和焊剂》GB/T 12470

16）《电弧螺柱焊用无头焊钉》GB 10432.1

17）《电弧螺柱焊用圆柱头焊钉》GB/T 10433

18）《焊接材料的检验 第 1 部分 钢、镍及镍合金熔敷金属力学性能试样的制备及检验》GB/T 25774.1

19）《焊接材料熔敷金属化学分析试样制备方法》GB/T 25777

20）《钢及钢产品　力学性能试验取样位置及试样制备》GB/T 2975

21）《厚度方向性能钢板》GB 5313

22）《金属材料夏比摆锤冲击试验方法》GB/T 229

23）《金属材料　拉伸试验 第 1 部分：室温试验方法》GB/T 228.1

24）《金属材料　弯曲试验方法》GB/T 232

25）《数值修约规则与极限数值的表示和判定》GB/T 8170

2.2.3　钢材复验原则与抽样方法

1. 复验原则

根据现行国家标准《钢结构工程施工质量验收规范》GB 50205 的规定，对于下列情况之一的钢材，进场后应抽样复验：

1）国外进口的钢材：进口钢材除复验力学性能外还必须复验化学成分；

2）板厚大于等于 40mm 且有 Z 向性能要求；

3）建筑结构安全等级为一级，大跨度钢结构中主要受力构件所采用的钢材；

4）设计有复验要求的钢材；

5）对质量有疑义的钢材；

6）混批钢材，混批必须符合以下条件：

（1）只有 A 级钢和 B 级钢允许混批；

（2）同一牌号、同一质量等级、同一冶炼和浇注方法；

（3）每批不得多于 6 个炉罐号，且各炉 C 含量之差不得大于 0.02%，Mn 含量之差不得大于 0.15%。

2. 抽样方法

每个检验批的钢材应由同一牌号、同一质量等级、同一炉罐号（或混批）、同一规格、同一轧制制度或同一热处理制度的钢材组成。每批重量应按现行国家标准《钢结构工程施工规范》GB 50755 的规定确定。

牌号为 Q235、Q345 的钢材，应按同一厂家、同一牌号、同一质量等级的钢材组成检验批。板厚小于 40mm 时，每个检验批重量不应大于 150t；板厚大于或等于 40mm 时，每个检验批重量不应大于 60t。同一厂生产的每种钢材供货量超过 600t 且此前全部复验合格时，每个检验批的组批重量可扩大至 400t。

牌号为 Q390、Q235GJ、Q345GJ、Q390GJ 的钢材应按同一厂家、同一牌号、同一质量等级的钢材组成检验批。每个检验批重量不应大于 60t。同一生产厂、同一牌号的钢材供货量超过 600t 且此前全部复验合格时，每个检验批的组批重量可扩大至 300t。

牌号为 Q420、Q460、Q420GJ、Q460GJ 的钢材应按同一牌号、同一质量等级、同一炉罐号、同一厚度、同一交货状态的钢材组成检验批。每个检验批的重量不应大于 60t。

2.2.4 钢材力学性能检测

1. 钢材力学性能的检测项目

钢材力学性能的检测项目可包括：屈服强度、抗拉强度、断后伸长率或断面收缩率、冷弯性能、冲击韧性及厚度方向性能等。具体检测时，检测项目应根据结构和材料的实际情况确定，且具体参数及评价指标应符合相应现行钢材产品标准的规定。

钢材力学性能的检测项目、取样数量、取样方法和试验方法应符合表 2.2.4-1 的要求 [2.6]。当检验结果与调查获得的钢材力学性能基本参数信息不相符时，应扩大取样，加倍抽样检验。

钢材力学性能的检测项目、取样数量、取样方法和试验方法　　　　　表 2.2.4-1

序号	检验项目	取样数量	取样方法	试验方法	评定依据
1	拉伸试验	1 个/批	《钢及钢产品　力学性能试验取样位置及试样制备》GB/T2975	《金属材料　拉伸试验 第 1 部分：室温试验方法》GB/T 228.1	《低合金高强度结构钢》GB/T 1591 《碳素结构钢》GB/T 700 《建筑结构用钢板》GB/T 19879
2	弯曲试验	1 个/批		《金属材料　弯曲试验方法》GB/T 232	
3	冲击试验	3 个/批		《金属材料夏比摆锤冲击试验方法》GB/T 229	
4	Z 向钢厚度方向断面收缩率	3 个/批		《厚度方向性能钢板》GB/T 5313	《厚度方向性能钢板》GB/T 5313

2. 试样制备

在产品的不同位置取样时,力学性能会有差异。因此,为了使检测数据一致,必须按《钢及钢产品　力学性能试验取样位置及试样制备》GB/T 2975 的规定取样,并宜符合下列规定:

1) 钢板的拉伸、弯曲试样样坯,当标准没有规定取样方向时,均应在钢板宽度 1/4 处(即样坯的中心应在钢板宽度 1/4 处)横向切取样坯,拉伸试样应尽可能采用全截面试样,对于调质或热机械轧制钢板试样厚度可为产品全厚度或厚度之半(包含一个轧制表面)。如钢板宽度不足,则应将样坯中心内移。

2) 钢棒、窄钢带试样样坯(拉伸、弯曲试样),纵向轴线均平行于轧制方向。

3) 型钢的拉伸、弯曲试样样坯,应在型钢的翼缘部切取。样坯纵向轴均平行于轧制方向。当翼缘部尺寸不能满足取样要求时(翼缘部尺寸不够、翼缘部有斜度)可在腹板 1/4 处切取。

4) 钢板与型钢的冲击试样的取样位置按现行国家标准《钢及钢产品　力学性能试验取样位置及试样制备》GB/T 2975 附录 A 图示要求执行。

3. 试样加工

1) 用烧割法切取样坯时,从样坯切割线至试样边缘必须有足够的加工余量,一般不小于钢产品的厚度,且最小不小于 12.5mm。对于厚度大于 60mm 的厚板,其加工余量可根据供需双方协议适当减少。

2) 冷剪切样坯加工余量按表 2.2.4-2 选取。

冷剪切样坯加工余量(mm) 表 2.2.4-2

钢产品厚度(直径)	加工余量
$t \leqslant 4$	4
$4 < t \leqslant 10$	厚度
$10 < t \leqslant 20$	10
$20 < t \leqslant 35$	15
$t > 35$	20

4. 拉伸与弯曲试验检测

钢材在拉伸试验时,如果有明显的屈服现象,其下屈服(R_{el})、抗拉强度(R_m)、断后伸长率(A)的检验数据,可直接根据试验结果读取。如果没有明显的屈服现象,则必须测试其规定塑性延伸强度 $R_{p0.2}$,按《金属材料 拉伸试验 第 1 部分:室温试验方法》GB/T 228.1 的规定,根据力 - 延伸曲线图测定。如果曲线图的弹性直线部分不明显,可采用滞后环法或逐步逼近法等测定。

弯曲试验是指试样在弯曲装置上经受弯曲塑性变形,直至达到规定的弯曲角度。

弯曲 180°角的弯曲试验，可以使试样弯曲至两臂接触或两臂相互平行。

目前使用的弯曲装置，主要有两种：一种是支棍式弯曲试验装置（图 2.2.4-1），另一种是旋转式弯曲试验装置（图 2.2.4-2）[2.7]。

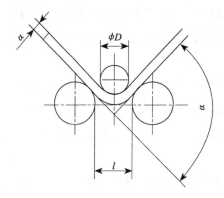

图 2.2.4-1　支棍式弯曲实验装置示意图

图 2.2.4-2　旋转式弯曲试验装置

支棍式弯曲装置支棍间距 L 应按式（2.2.4-1）确定

$$L = (D+3a) \pm a/2 \tag{2.2.4-1}$$

式中　　L——支棍间距；

　　　　D——压头直径；

　　　　a——试样厚度（或试样直径）。

5. 厚度方向性能（Z 向性能）试验检测

用于重要钢结构工程的钢板，特别是厚板，不仅要求沿宽度或长度方向有一定的力学性能，还要求沿厚度方向有良好的抗层状撕裂性能（Z 向性能）。Z 向性能采用厚度方向拉力试验的断面收缩率来评定。

Z 向性能试验一般用于厚度为 15 ~ 400mm 的镇静钢钢板。

Z 向性能分三个级别，即 Z_{15}、Z_{25}、Z_{35}，其断面收缩率要求如表 2.2.4-3 所示。

厚度方向性能级别及断面收缩率值　　　　　　　表 2.2.4-3

厚度方向性能级别	断面收缩率 Z (%)	
	三个试样的最小平均值	单个试样最小值
	不小于	
Z_{15}	15	10
Z_{25}	25	15
Z_{35}	35	25

检测规则：Z 向性能钢板的检验批应由同一牌号、同一炉号、同一厚度、同一交货状态的钢板组成。Z_{25} 和 Z_{35} 的 Z 向性能宜逐张检验。

取样：应在钢板轧制方向的任一端中部截取，其大小应能加工成 6 个拉力试样。加工其中 3 个，其余 3 个备用。

试样制备：试样均加工成圆形带肩试样，其平行段的直径应符合表 2.2.4-4 的规定。

板厚及平行段直径　　　　　　　　　　　　表 2.2.4-4

板厚 t（mm）	试样直径（mm）
$15 < t \leqslant 40$	$d_0 = 6$ 或 $d_0 = 10$
$40 < t \leqslant 400$	$d_0 = 10$

当 $15\text{mm} \leqslant t \leqslant 20\text{mm}$ 时，试样应有延伸部分（图 2.2.4-3），平行长度 L_c 应不小于 $1.5d_0$（d_0 为试样直径），热影响区应在 L_c 之外；当 $20\text{mm} \leqslant t \leqslant 80\text{mm}$ 时，试样全长应等于全厚度 t（图 2.2.4-4）；当 $80\text{mm} \leqslant t \leqslant 400\text{mm}$ 时，试样总长 L_t 应保证平行长度 L_c 包括厚度的 1/4 位置（图 2.2.4-5）。

在加工如图 2.2.4-3 所示的试件时，需在原钢板的厚度方向采用摩擦焊或其他保证热影响区最小的方式将延伸部分焊到试样的两个表面。任何焊接方法均需保证焊接的热影响区不进入平行长度之内。

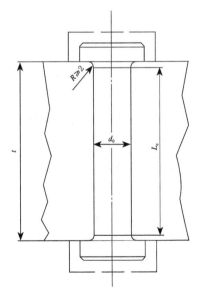

图 2.2.4-3　带延伸部分的试样的制备和类型

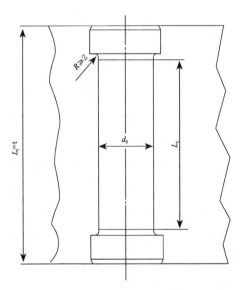

图 2.2.4-4　不带延伸部分的试样的制备和类型

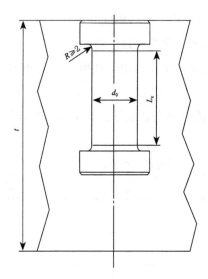

图 2.2.4-5　当 80mm<t ≤ 400mm 时不带延伸部分的试样的制备和类型

Z 向性能的评定：断面收缩率（%）按式（2.2.4-2）计算：

$$Z=\frac{S_0 - S_u}{S_0} \times 100\%$$ (2.2.4-2)

其中，$S_0 = \frac{1}{4}\pi d_0^2$，$S_u = \frac{\pi}{4}(\frac{d_1 + d_2}{2})^2$

式中　Z——断面收缩率；

S_0——试样原始横截面积（mm^2）；

S_u——试样断裂后最小横截面积（mm^2）；

d_1、d_2——断口处互相垂直的两个直径的测量值。

一组三个试样断面收缩率平均值应符合规定的平均值，允许其中一个试样断面收缩率值低于规定的平均值，但不得低于标准规定的单个试样最小值。

当不满足上述要求时，则用备用的 3 个试件进行附加试验。前后两组共 6 个试样的断面收缩率应同时满足下列条件时，才能确认试验单元符合要求。

1）6 个试样断面收缩率的平均值应大于等于规定的最小平均值；

2）6 个试样中最多允许 2 个的断面收缩率小于规定的最小平均值；

3）6 个试样断面收缩率单值中最多允许有 1 个小于规定的单个试样最小值。

注：以上评定规则依据现行国家标准《钢及钢产品交货一般技术要求》GB/T 17505 相关试验结果评定的规定给出。

6. 冲击性能检测

碳素结构钢和低合金高强度结构钢通过冲击试验来检测其冲击吸收能量（亦称冲击吸收功），检验材料的冲击韧性。冲击吸收能量越高，则说明材料的韧性越好。

现行国家标准《金属材料夏比摆锤冲击试验方法》GB/T 229 的试验原理是物理学中的能量守恒定律。将摆锤的实际初始势能 K_{p0} 转化为动能冲击试样,试样吸收一定能量后,剩余动能转化为势能 K_P。

令 $K=K_{p0}-K_P$,就求出了冲击吸收能量 K。结构钢材料的冲击吸收能量均用 KV_2 表示,其中的 V 表示 V 形缺口试样,下标 2 表示摆锤刀刃半径为 2mm。

1)冲击试样

(1)试样尺寸见表 2.2.4-5;

冲击试验尺寸　　　　　　　　　　　　　　　　表 2.2.4-5

规格	尺寸（mm）
$l \times w \times h$	$55 \times 10 \times 10$
	$(55 \times 7.5 \times 10)$
	$55 \times 5 \times 10$
	$(55 \times 2.5 \times 10)$

注:括号中为非优选系列。

(2)试样表面粗糙度 Ra 应优于 $5\mu m$;

(3)采用 V 形缺口试样(图 2.2.4-6),V 形缺口夹角为 45°,深 2mm,底部曲率半径为 2mm,不得有影响冲击吸收能量的加工痕迹;

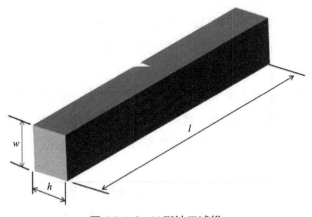

图 2.2.4-6　V 形缺口试样

(4)试样尺寸及偏差:应符合现行国家标准《金属材料夏比摆锤冲击试验方法》GB/T 229 中表 2 的规定;

(5)试样标记:应远离缺口,不应标在与支座、砧座或摆锤刀刃接触的表面;试样标记应避免塑形变形和表面不连续对冲击吸收能量的影响,标记一般均标在试样端部(应避免用冲字标记法）；

（6）冲击试样的纵轴应平行于钢板的轧制方向。

2）摆锤的选用

标准规定：试样吸收能量 K 不应超过试验机能力的 80%。

标准建议：试样的吸收能量下限应不低于试验机最小分辨力的 25 倍。故对于人工读数的冲击试验机使用 150J 摆锤时的最小分辨力（刻度）为 1J，此时所测试样的吸收能量下限宜不低于 1J×25=25J。冲击试验机使用 300J 摆锤时的最小分辨力（刻度）为 2J，此时所测试样的吸收能量下限宜不低于 2J×25=50 J。

采用传感器采样的冲击试验机读数的分辨力为 0.1J，故选用摆锤时无须考虑所测试样的吸收能量下限。

由于结构钢的冲击吸收能量都较高（特别是桥梁用钢），通常选用 300J 的冲击摆锤，适用于冲击吸收能量 K 不大于 240J 的试样。

3）冲击试验温度

冲击试验对试样温度有明确的要求。对 B、C、D、E 级结构钢，其冲击试验温度分别为 20℃、0℃、−20℃、−40℃，其允许误差为 ±2℃。如果没有规定，室温冲击试样的温度为 23±5℃。

当试样在装有液态介质的冷却装置中冷却时，试样应放置在网栅上网栅距容器底部至少 25mm。同时，液体漫过试样的高度不少于 25mm。试样与容器侧壁的间距不少于 10mm，试样在介质内保温不少于 5min。

4）检测试验

试样摆放应紧贴砧座，居中摆放，其缺口对称面偏离两砧座中点应不大于 0.5mm，试样前，应检查摆锤空打时的空载能量。试样从低温装置中移出至打断时间应不大于 5s。

5）试验结果评定

（1）冲击后，试样未完全断开。如果由于试验机打击能量不足，试样未完全断开，此时吸收能量不能确定，结果无效。试验报告应注明"用 ×××J 试验机试验，试样未断开"。（判断试验机的打击能量不足的判断标准，就是上述试样的吸收能量 K 超过了摆锤实际初始势能的 80%。）

但如果不是上述原因，其试验结果可以采用或与完全断开试样结果平均后报出。

（2）试样卡锤。如果试样卡在击打锤上，试验结果无效。此时应彻底检查试验机有无影响测量结果准确性的损伤。

（3）断开检查。如果断裂后发现试样标记在明显变形部位，则试验结果可能会受到影响。此时，应在报告中注明："试样标记在明显变形部位"（但如前所述，如果在做标记时，已充分注意了这点，则可不必做此项检查）。

（4）试验数据读取。读取每个试样的冲击吸收能量时，应估读到 0.5J 或 0.5 个标度单位（取其较小者）。使用 150J 摆锤时，最小刻度是 1J，所以估读到 0.5J，是 0.5 个刻度单位；使用 300J 摆锤时，最小刻度是 2J，但也应估读到 0.5J，即 1/4 个刻度单位。

因此，在记录原始数据时需注意：人工读数的原始记录只能有 0.5J 的倍数，小数点之后不能出现 1、2、3、4、6、7、8、9 等数值，特别是用 300J 摆锤时更应注意。

注：用计算机控制的冲击试验机，采用传感器检测试样的冲击吸收能量，自动记录数据，精度比人工读数高。此时软件并不执行现行国家标准《金属材料夏比摆锤冲击试验方法》GB/T 229 的规定（原始记录采用保留三位有效数字，如 78.1J），虽不符合标准规定，但应予允许，同时，认证、认可或资质评审时，应予通过。

（5）数值修约。冲击试验结果至少保留 2 位有效数字，一般采取保留整数位。

（6）复验。低合金高强度结构钢和碳素结构钢冲击试验的复验，按现行国家标准《钢及钢产品交货一般技术要求》GB/T 17505 评定试验结果。冲击吸收能量按一组 3 个试样的算术平均值计算，平均值应不低于规定值，允许其中一个试样的单值低于规定值，但不得低于规定值的 70%。若不满足以上要求进行复验时，应从同一抽样产品上再取 3 个试样进行试验，先后 6 个试样的算术平均值应不低于规定值，允许有两个试样的单值低于规定值。但其中低于规定值 70% 的试样只允许有 1 个。

2.2.5　钢材化学成分检测

1. 钢材化学成分检测项目及评定标准

常规钢材化学成分检测项目包括：C、Mn、Si、S、P 五元素检测，对于低合金高强度结构钢，有时还需要进行 V、Nb、Ti 等元素的检测。其取样批量、取样方法、评定标准及允许偏差应符合表 2.2.5 的规定[2.6]。

钢结构材料化学分析取样数量及方法 表 2.2.5

材料种类	取样数量（个/批）	取样方法及成品化学成分允许偏差	评定标准
钢板钢带型钢	1	《钢和铁 化学成分测定用试样的取样和制样方法》GB/T 20066；《钢的成品化学成分允许偏差》GB/T 222	《碳素结构钢》GB/T 700；《低合金高强度结构钢》GB/T 1591；《合金结构钢》GB/T 3077；《桥梁用结构钢》GB/T 714；《建筑结构用钢板》GB/T 19879；《高耐候结构钢》GB/T 4171；《焊接结构用耐候钢》GB/T 4172；《厚度方向性能钢板》GB/T 5313
钢丝钢丝绳	1	《钢和铁 化学成分测定用试样的取样和制样方法》GB/T 20066；《钢的成品化学成分允许偏差》GB/T 222；《钢丝验收、包装、标志及质量证明书的一般规定》GB 2103	《低碳钢热轧圆盘条》GB/T 701；《焊接用钢盘条》GB/T 3429；《焊接用不锈钢盘条》GB 4241；《熔化焊用钢丝》GB/T 14957
钢管铸钢	1	《钢的成品化学成分允许偏差》GB/T 222；《钢和铁 化学成分测定用试样的取样和制样方法》GB/T 20066	《结构用不锈钢无缝钢管》GB/T 14975；《结构用无缝钢管》GB/T 8162；《焊接结构用碳素钢铸件》GB/T 7659

2. 化学成分测试的取样和制样

钢材化学成分试样的取样，可按现行产品标准中规定的位置，从用于力学性能试验所选用的抽样产品中取得，或按照现行国家标准《钢及钢产品 力学性能试验取样位置及试样制备》GB/T 2975 的规定进行[2.8]。

3. 化学成分检测

钢材化学成分检测常用的方法有：化学分析法和光谱分析法[2.9]。

化学分析法（又称湿法分析法）是以物质化学反应为基础，根据反应结果直接判定试样中所含成分，并测定含量的分析方法。化学分析法通过化学方法将钢材中的微量元素消解、溶出，然后通过火焰吸收、分光光度法或者重量法等方法对微量元素进行测定。

光谱分析法的原理是用电弧或者电火花的高温将样品中各种元素从固态直接气化并激发出，并发射出各种元素的特征波长，再用光栅分析后，形成按波长排列的"光谱"，这些元素的特征光谱线通过出射夹缝，射入各自的光电倍增管，光信号变成电信号，经控制测量系统将电信号积分并进行模数转换，然后用计算机处理，计算出各种元素的百分含量。

化学分析法的分析精度较高，是仲裁检验分析常用方法，但需要进行较为复杂的前处理、样品处理和过程等待，分析效率较低；光谱分析法样品前处理简单，分析效率高，相对方便、快捷。

2.2.6 钢材表面质量及锈蚀、损伤检测

在建钢结构所用钢材表面质量应符合现行国家标准《涂覆涂料前钢材表面处理 表面清洁度的目视评定 第 1 部分：未涂覆过的钢材表面和全面清除原有涂层后的钢材表面的锈蚀等级和处理等级》GB/T 8923.1 规定的 C 级及 C 级以上等级。

当主要承重构件及节点的钢材有缺陷和损伤时，应进行 100% 的检测。表面质量检测宜采用低倍放大镜观察、磁粉探伤或渗透探伤方法。当钢材发生烧损、变形、断裂、腐蚀或其他损伤时，宜进行金相检测。

2.2.7 钢材金相检测

当钢结构材料发生烧损、变形、断裂、腐蚀或其他损伤时，宜进行金相检测。钢材的金相检测可采用现场覆膜金相检测或便携式显微镜现场检测，取样部位宜在开裂、应力集中、过热、变形或其他怀疑有材料组织变化的部位。

对于可以现场取样的钢结构构件，在确保安全的条件下，应对有代表性的部位采用现场破损切割的方法取样，进行实验室宏观、微观、断口等金相检测。

钢材的金相检测及评定，应符合现行国家标准《金属显微组织检验方法》GB/T 13298、《钢的显微组织评定方法》GB/T 13299、《钢的低倍组织及缺陷酸蚀检验法》GB/T 226、《结

构钢低倍组织缺陷评级图》GB/T 1979、《金属熔化焊接头缺欠分类及说明》GB/T 6417.1 和
《钢材断口检验法》GB/T 1814 的规定。

2.2.8　焊接材料检测

焊接材料的测试，一般将焊材加工成熔敷金属，然后，分别进行力学性能和化学成
分的测试。

1. 复验原则与抽样方法

对属于下列情况之一的钢结构所采用的焊接材料应进行抽样复验，复验结果应符合
现行国家标准和设计要求：

1）建筑结构安全等级为一级的一、二级焊缝；

2）建筑结构安全等级为二级的一级焊缝；

3）吊车梁等需要进行疲劳验算构件的焊缝；

4）材料混批或质量证明文件不齐全的焊接材料；

5）设计文件或合同文件要求复检的焊接材料。

检测时，焊丝宜按五个批（相当炉批）取一组试验，焊条宜按三个批（相当炉批）
取一组进行试验。

2. 力学性能测试

1）试样焊接

试验用母材应与焊接材料现行产品标准中要求的熔敷金属力学性能试验[2.10]用材料
一致，若采用其他母材，应在试验件坡口面和垫板面，采用试验的焊接材料至少焊接两
层隔离层，隔离层的厚度加工后不小于 3mm，以确保试件母材对试验熔敷金属的稀释影
响最小。

试件应制备成带垫板的 V 形坡口形式，垫板固定焊在试件的背面，见图 2.2.8-1 和表
2.2.8。

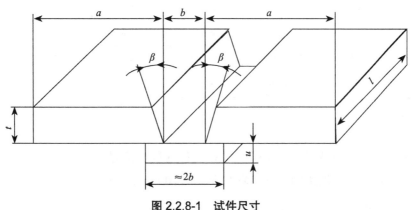

图 2.2.8-1　试件尺寸

试板焊前应反变形或拘束，以防止角变形。试件焊后不允许矫正，角变形超过 5°的试件应报废。

各类型的试件尺寸见表 2.2.8，试件类型按相关焊接材料现行产品标准的规定进行选择。

试件类型和尺寸 表 2.2.8

试件类型	试板厚度 t (mm)	试板宽度 a (mm)	试板长度 l (mm)	垫板厚度 u (mm)	根部间隙 b (mm)	坡口面角度 β (°)
1.0	12	≥ 80	≥ 150	≥ 6	10	$10_0^{+2.5}$
1.1	12	≥ 90	≥ 150	≥ 6	12	$10_0^{+2.5}$
1.2	16	≥ 100	≥ 150	≥ 6	14	$10_0^{+2.5}$
1.3	20	≥ 150	≥ 150	≥ 6	16	$10_0^{+2.5}$
1.4	25	≥ 150	≥ 150	≥ 6	20	$10_0^{+2.5}$
1.5	30	≥ 200	≥ 150	≥ 6	25	$10_0^{+2.5}$
1.6	20	≥ 150	≥ 150	≥ 6	20	$10_0^{+2.5}$
1.7	25	≥ 150	≥ 150	≥ 6	24	$10_0^{+2.5}$
1.8	20	≥ 125	≥ 250	≥ 6	24	$10_0^{+2.5}$
1.9	30	≥ 125	≥ 250	≥ 6	28	$10_0^{+2.5}$
2.0	20	≥ 150	≥ 300	≥ 6	12	$10_0^{+2.5}$
2.1	25	≥ 125	≥ 300	≥ 6	12	$10_0^{+2.5}$
2.2	12	≥ 90	≥ 100	≥ 6	6.5	$22.5_{-2.5}^{+2.5}$
2.3	12	≥ 90	≥ 100	≥ 6	10	$22.5_{-2.5}^{+2.5}$
2.4	20	≥ 90	≥ 150	≥ 6	10	$22.5_{-2.5}^{+2.5}$
2.5	20	≥ 90	≥ 150	≥ 6	12	$22.5_{-2.5}^{+2.5}$
2.6	20	≥ 125	≥ 250	≥ 6	12	$22.5_{-2.5}^{+2.5}$
2.7	14	≥ 80	≥ 100	≥ 6	5	30 ~ 45
2.8	14	≥ 80	≥ 100	≥ 6	7	30 ~ 45
2.9	20	≥ 80	≥ 150	≥ 6	12	30 ~ 45

2）试样取样

拉伸试样的取样位置见图 2.2.8-2，冲击试样的取样位置见图 2.2.8-3。取样可采用机械切割或热切割。当采用热切割时，应至少保证 10mm 的机械加工余量。

拉伸和冲击试样的加工可参照本章 2.2.4 节的要求。

3）检测

拉伸试验按现行国家标准《焊缝及熔敷金属拉伸试验方法》GB/T 2652 的规定进行试验，冲击试验按现行国家标准《焊接接头冲击试验方法》GB/T 2650 的规定进行试验。

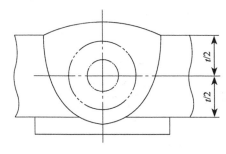

图 2.2.8-2　拉伸试样的取样位置

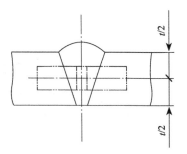

图 2.2.8-3　冲击试样的取样位置

3. 化学成分检测

1）试样焊接

熔敷金属化学分析试样的制备，应在平焊位置进行（现行国家标准《焊缝——工作位置——倾角和转角的定义》GB/T 16672 规定的 PA 位置）取样制作，并应按焊接材料现行产品标准规定的电流类型或制造商推荐的电流类型进行焊接。对于交直流两用的焊接材料，试验时宜采用交流[2.11]。

试样制备采用的焊接条件如电流、电压、焊接速度等，应符合现行相关产品标准的规定。如果相关产品标准中未规定焊接条件，应采用制造商推荐的最大电流的 70%～90%进行焊接。试样制备时采用的焊接条件应进行记录。

熔敷金属化学分析试样制备可采用图 2.2.8-4 所示的任一种形式。每一道焊接完成后，允许将试样在水中冷却约 30s，表面干燥后再进行下一道焊接。每道焊接后应清渣，每层焊接应交替焊接方向。

焊接时，在保持电弧稳定燃烧的情况下，宜尽可能采用短弧焊接，且最大摆动宽度不超过焊芯直径的 2.5 倍。

焊道的数量和尺寸宜根据焊丝尺寸、摆动宽度和使用的电流强度确定。焊丝干伸长可按现行相关产品标准的规定或制造商推荐值的 ±3mm 确定。保护气体应按现行相关产品标准的规定或制造商推荐选择。采用埋弧焊时，应选用适宜的焊剂。

2）取样

熔敷金属化学分析取样部位表面的氧化物应采用机械或打磨的方法去除。试样制备应采用铣床、刨床或钻床，不可使用气割方法。取样位置应按相关焊接材料产品标准规定确定，如果产品标准没有规定，则应取自堆焊金属的第五层或五层以上，不允许在起弧和收弧处取样。

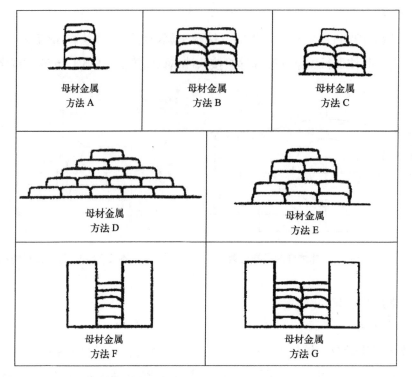

注：方法 F 和方法 G 的熔敷金属两侧是铜板。

图 2.2.8-4　熔敷金属化学分析试样制备方法示例

3）检测

熔敷金属化学分析检测的方法与钢材化学分析检测方法相同 [2.11]，见本章 2.2.5 节。

4. 检测结果评定

钢结构用焊接材料应分别符合设计文件要求和相关标准的规定，检测的力学性能和化学成分结果应分别符合现行产品标准的规定。

2.3　结构构件检测

2.3.1　构件检测内容

构件检测内容应包括：外观质量、几何尺寸、缺陷与损伤等，并应根据施工图复核设计图纸和现场检测结果的一致性。

结构构件宜划分为柱构件、梁构件、杆构件、板构件和柔性构件分别进行检测。

2.3.2　构件外观质量检测

1. 检测内容与测试要求

构件的外观质量检测主要是对构件及钢材表面质量缺陷进行检测 [2.12]，测试要求如下：

1）被测工件表面的照明亮度不宜低于 160lx，当对细小缺陷进行鉴别时，照明亮度不得低于 540lx。

2）直接目视检测时，眼睛与被检工件表面的距离不得大于 600mm，视线与被检工件表面所成的夹角不得小于 30°，并宜从多个角度对工件进行观察。

2. 检测数量

构件的外观质量，宜全数普查。

3. 检测工具

构件外观质量检测，可采用目视观察检测，对细小缺陷进行鉴别时，可辅以 2 ～ 6 倍的放大镜进行检测。

4. 检测评定依据

构件外观检测质量，应按照现行国家标准《钢结构工程施工质量验收规范》GB 50205 的要求进行评定，且应符合下列规定：

1）钢材表面不应有裂纹、折叠、夹层，构件钢材端边或断口处不应有分层、夹渣等缺陷；

2）当钢材的表面有锈蚀、麻点或划伤等缺陷时，其深度不得大于该钢材厚度负偏差值的 1/2。

2.3.3　构件外形与尺寸偏差检测

1. 检测内容

构件外形与尺寸偏差检测内容应包括：构件截面尺寸、轴线或中心线尺寸、主要零部件布置定位尺寸以及零部件规格尺寸等构件外形尺寸[2.5]。

2. 检测数量

钢构件加工阶段的外形与尺寸偏差应全数检测；

安装现场钢结构构件应进行抽样检测，抽样数量可根据具体情况确定，但不应少于现行国家标准《建筑结构检测技术标准》GB/T 50344 表 3.3.13 及《钢结构现场检测技术标准》GB/T 50621 表 3.4.4 规定的相应检测类别的最小样本容量。

构件外形尺寸检测的范围为所抽样构件的全部外形尺寸。每个尺寸在构件的 3 个部位量测，取 3 处测试值的平均值作为该尺寸的代表值。

3. 检测设备

构件外形尺寸检测可采用游标卡尺、卷尺、直尺、角尺、塞尺进行测量。对结构形式复杂的构件，可以采用经纬仪、水准仪、全站仪等光学仪器进行检测。

4. 检测要求与评定依据

钢构件外形与定位尺寸偏差应以最终设计文件规定的尺寸为基准进行计算，同时应符合相应材料产品标准和施工验收、检测标准的规定。

在建钢结构构件外形尺寸与偏差应满足现行国家标准《钢结构工程施工质量验收规范》GB 50205 的要求。

对在建钢结构工程构件进行鉴定检测时，构件的重要尺寸，应按照现行国家标准《建筑结构检测技术标准》GB/T 50344 表 3.3.14-1 或表 3.3.14-2 进行合格判定；对构件一般尺寸的判定，应按照现行国家标准《建筑结构检测技术标准》GB/T 50344 表 3.3.14-3 或表 3.3.14-4 进行合格判定。

5. 检测结果评定

1）热轧 H 型钢、工字钢、角钢、槽钢及直缝焊管、无缝钢管截面的允许偏差应符合其产品标准的要求。产品标准主要包括现行国家标准《热轧型钢》GB/T 706、《热轧 H 型钢和剖分 T 型钢》GB/T 11263、《直缝电焊钢管》GB/T 13793、《结构用无缝钢管》GB/T 8163 等。

2）焊接 H 型钢偏差的允许值，依据现行国家标准《钢结构工程施工质量验收规范》GB 50205 附录 C 中表 C.0.1 的规定确定，截面高度 $h < 500mm$，允许偏差为 $\pm2.0mm$；截面高度 $500 \leqslant h < 1000mm$，允许偏差为 $\pm3.0mm$；截面高度 $h \geqslant 1000mm$，允许偏差为 $\pm4.0mm$；截面宽度 b 的允许偏差为 $\pm3.0mm$。

3）钢管杆件偏差的允许值，依据现行国家标准《直缝电焊钢管》GB/T 13793 第 5.1.2 条规定确定，外径 $20mm < D < 50mm$，允许偏差为 $\pm0.5mm$；外径 $D \geqslant 50mm$ 范围内的钢管，允许偏差为 $\pm1\% D$。

4）钢构件外形主要尺寸允许偏差应符合现行国家标准《钢结构工程施工质量验收规范》GB 50205 中表 8.5.1 的要求；单节钢柱、多节钢柱、焊接实腹钢梁、钢桁架、钢管构件、墙架、檩条、支撑系统、钢平台、钢梯和防护钢栏杆、复杂断面钢柱外形尺寸的允许偏差应符合现行国家标准《钢结构工程施工质量验收规范》GB 50205 附录 C 中表 C.0.3 ~ 表 C.0.9 的规定[2.2]。

2.3.4 钢结构构件厚度检测

1. 抽样原则

构件厚度检测抽样构件的数量，可根据具体情况确定，但不应少于现行国家标准《建筑结构检测技术标准》GB/T 50344 中表 3.3.13 规定的相应检测类别的最小样本容量。

2. 检测工具、设备

钢结构构件厚度可采用卷尺、游标卡尺或超声波测厚仪进行检测，其中超声波测厚仪主要用于非开放边缘或对钢构件中部位置的钢板厚度进行精确测量。

当采用超声测厚仪进行检测时，检测方法应符合现行国家标准《钢结构现场检测技术标准》GB/T 50621 的规定。超声波测厚仪的主要技术指标应符合表 2.3.4 的规定，并应随机配有校准用的标准块。

超声测厚仪的主要技术指标　　　　　　　　　　表 2.3.4

项目	技术指标
显示最小单位	0.1mm
工作频率	5MHz
测量范围	板材：1.2 ~ 200mm 管材下限：$\phi\,20 \times 3$
测量误差	$\pm\ (\delta/100+0.1)$ mm，δ 为被测构件的厚度
灵敏度	能检出距探测面 80mm，直径 2mm 的平底孔

超声波测厚仪测试原理如下：

超声波测厚仪主要由主机和探头两部分组成，主机电路包括发射电路、接收电路、计数显示电路三部分。超声波测厚仪发射的超声波经过探头产生脉冲，脉冲通过所检测物体后由接收电路接受，通过计算器精确测量并按如下公式计算超声波在材料中的传播时间，由显示器显示出被测物体厚度值。

$$t = \frac{2H}{v} \tag{2.3.4}$$

式中：t——超声波发射和接收的时间（s）；

　　H——物体的壁厚（mm）；

　　v——物体的声速（m/s）。

3. 检测方法

依据现行国家标准《钢结构现场检测技术标准》GB/T 50621，测量钢结构构件的厚度时，应在构件的 3 个不同部位分别进行测量，然后，取 3 处测试值的平均值作为钢构件厚度的代表值。测试步骤如下：

1）测试前应清除构件表面油漆层、氧化皮、锈蚀等，并打磨至露出金属光泽；

2）预设声速并应用随机标准块对仪器进行校准，经校准后方可进行测试；

3）将耦合剂涂于被测处，耦合剂可采用机油、化学浆糊等。在测量小直径管壁厚度或工件表面较粗糙时，可选用黏度较大的甘油；

4）将探头与被测构件耦合即可测量，接触耦合时间宜保持 1 ~ 2s。在同一位置宜将探头转过 90°后进行二次测量，取二次测量的平均值作为该部位的代表值。在测量管材壁厚时，宜使探头中间的隔声层与管子轴线平行；

5）测厚仪使用完毕后，应擦去探头及仪器上的耦合剂和污垢，保持仪器的清洁。

4. 评定依据

钢结构构件厚度偏差应以设计规定的尺寸为基准进行计算，并应符合相应现行产品标准的规定，具体规定如下：

1）钢板厚度允许偏差应符合其现行产品标准要求，并满足现行国家标准《轧钢板和钢带的尺寸、外形、重量及允许偏差》GB /T 709 的规定；

2）型钢壁厚允许偏差应符合其产品标准要求。产品标准主要包括现行国家标准《热轧型钢》GB/T 706、《热轧 H 型钢和剖分 T 型钢》GB/T 11263 等对型钢壁厚允许偏差的要求；

3）钢管厚度允许偏差应符合其产品标准要求。产品标准主要包括现行国家标准《直缝电焊钢管》GB/T 13793、《结构用无缝钢管》GB/T 8162 等对钢管壁厚允许偏差的要求。壁厚 $0.5mm \leq t < 1.0mm$，允许偏差为 $\pm 0.10mm$；壁厚 $1.0mm \leq t < 5.5mm$，允许偏差为 $\pm 1\% t$；壁厚 $t \geq 5.5mm$，允许偏差为 $\pm 12.5\% t$。

2.3.5　钢结构构件缺陷与损伤检测

1. 检测内容

构件缺陷与损伤检测的内容应包括：裂纹、局部变形、人为损伤、表面腐蚀等[2.6]。

2. 检测方法

钢结构构件表面裂纹与人为损伤可采用目测、低倍放大镜观察、磁粉探伤或渗透探伤的方法检测；钢结构构件的内部裂纹可采用超声波探伤法或射线法检测；钢结构构件的局部变形可采用观察和尺量的方法检测。

3. 抽样比例

构件缺陷与损伤检测的抽样数量，应根据结构重要性及对钢材缺陷的敏感性确定。

1）对于一般在建钢结构，钢结构主要承重构件的缺陷和损伤部位的检测比例不应小于 20%，且必须是同一批钢材。

2）对特别重要的在建钢结构，检测比例应为 100%。

4. 评定依据

根据现行国家标准《高耸与复杂钢结构检测与鉴定标准》GB 51008 第 5.4.5 条的规定，当构件存在裂纹或部分断裂时，应根据损伤程度评定为 c_u 级或 d_u 级；当吊车梁受拉区或吊车桁架受拉杆及其节点板有裂纹时，应根据损伤程度评定为 c_u 级或 d_u 级。

2.4　连接与节点检测

钢结构的连接有焊接连接、螺栓连接和铆接连接三种方式。

焊接连接和螺栓连接在钢结构中使用广泛，在此不再赘述。而对于铆接连接，过去由于铆接方式（热铆）、铆钉材料（强度、刚度均不高，与桥梁用钢不匹配）、无高效可靠的铆接设备等原因限制，数十年来不为钢结构所采用。但铆接适合用于承受动荷载的钢结构的连接，故紧固件生产企业一直未放弃对铆接产品的探索。在此对铆接的发展略作介绍，希望对钢结构的创新发展有所助益。

近十年来，我国在铆接产品、工艺、设备上均有了长足进步，生产出了 8.8 级和 10.9

级拉铆钉，并在航空、高铁列车、船舶金属结构上大量应用。2017 年 11 月已形成该产品技术条件国标报批稿。其中Ⅰ型环槽铆钉（拉铆钉）直径为 M12 ~ M36，可连接钢板厚度 110mm。Ⅱ型环槽铆钉（拉铆钉）直径为 5 ~ 20mm，可用于钢板与箱形构件的连接。

2.4.1　焊接连接检测

1. 一般规定

1）检测内容

焊缝连接的检测内容应包括：焊缝外观与外形尺寸质量、焊缝内部质量以及焊缝锈蚀状况等。必要时，可截取试样进行力学性能检验。

焊缝外形尺寸包括：焊缝长度、焊缝余高，角焊缝还包括焊脚尺寸。T 形接头、十字接头、角接接头等要求熔透的对接和角对接组合焊缝及设计有疲劳验算要求的吊车梁或类似构件的腹板与上翼缘连接焊缝，均应进行焊脚尺寸检测。

2）检测依据

《钢结构工程施工质量验收规范》GB 50205；

《钢结构现场检测技术标准》GB/T 50621；

《钢结构焊接规范》GB 50661。

3）检测方法

（1）焊缝外观质量检测应采用目测方式，裂纹的检查应辅以 5 倍放大镜并在合适的光照条件下进行检测，必要时，可采用磁粉探伤或渗透探伤；焊缝尺寸应用焊缝量规等专用工具进行测量；

（2）对接焊缝内部质量检测，可采用超声波无损检测法。必要时，可采用射线探伤检测。

4）检测数量和抽样比例

在建钢结构工程验收，焊缝质量的检测比例，应根据施工图规定的焊缝等级进行确定。

（1）焊缝检测抽样原则

焊缝检测的抽样应保证抽样具有代表性，抽样方法应符合以下规定 [2.5]：

①焊缝处数的计数方法：工厂制作焊缝长度小于等于 1000mm 时，每条焊缝为 1 处；长度大于 1000mm 时，将其划分为每 300mm 为 1 处；现场安装焊缝每条焊缝为 1 处。

② 检查批可按下列方法确定：

多层框架结构可以每节柱的所有构件组成批；

安装焊缝可以区段组成批；多层框架结构可以每层（节）的焊缝组成批。

③批的大小宜为 300 ~ 600 处。

④抽样检查除特别指定焊缝外，其他均应采用随机取样方式。

（2）焊缝外观质量与外形尺寸检测

二级焊缝每批同类构件抽查 10%，一级焊缝每批同类构件抽查 15%，且不应少于 3 件；

被抽查构件中，每一类型焊缝应按条数抽查 5%，且不应少于 1 条；每条应抽查 1 处，总抽查数不应少于 10 处。

（3）焊缝内部质量检测

一级焊缝检测比例为 100%，二级焊缝检测比例为 20%。其中，二级焊缝检测比例的计数方法应按以下原则确定：工厂制作焊缝按照焊缝长度计算百分比，且探伤长度不小于 200mm；当焊缝长度小于 200mm 时，应对整条焊缝探伤；现场安装焊缝应按照同一类型、同一施焊条件的焊缝条数计算百分比，且不应少于 3 条焊缝。

2. 焊缝外观与外形尺寸检测

1）检测依据

《钢结构工程施工质量验收规范》GB 50205；

《钢结构现场检测技术标准》GB/T 50621；

《钢结构焊接规范》GB 50661。

2）检测要求

焊缝外观质量的目视检测，应在焊缝清理完毕后进行，焊缝及焊缝附近区域不得有焊渣及飞溅物。焊缝焊后目视检测的内容应包括：焊缝外观质量、焊缝尺寸。焊缝外观质量及尺寸允许偏差应符合现行国家标准《钢结构工程施工质量验收规范》GB 50205 的有关规定。必要时，可对焊缝及钢材表面进行磁粉、渗透等检测。

3）检测结果评定

（1）焊缝外观质量应符合表 2.4.1-1 的要求。

焊缝外观质量要求　　　　　　　　　　　　　　　表 2.4.1-1

焊缝质量等级 检验项目	一级	二级	三级
裂纹	不允许		
未焊满	不允许	≤ 0.2+0.02t 且 ≤ 1mm，每 100mm 长度焊缝内未焊满累积长度 ≤ 25mm	≤ 0.2+0.04t 且 ≤ 2mm，每 100mm 长度焊缝内未焊满累积长度 ≤ 25mm
根部收缩	不允许	≤ 0.2+0.02t 且 ≤ 1mm，长度不限	≤ 0.2+0.04t 且 ≤ 2mm，长度不限
咬边	不允许	≤ 0.05t 且 ≤ 0.5mm，连续长度 ≤ 100mm，且焊缝两侧咬边总长 ≤ 10% 焊缝全长	≤ 0.1t 且 ≤ 1mm，长度不限
电弧擦伤	不允许		允许存在个别电弧擦伤
接头不良	不允许	缺口深度 ≤ 0.05t 且 ≤ 0.5mm，每 1000mm 长度焊缝内不得超过 1 处	缺口深度 ≤ 0.1t 且 ≤ 1mm，每 1000mm 长度焊缝内不得超过 1 处
表面气孔	不允许		每 50mm 长度焊缝内允许存在直径 < 0.4t 且 ≤ 3mm 的气孔 2 个；孔距应 ≥ 6 倍孔径
表面夹渣	不允许		深 ≤ 0.2t，长 ≤ 0.5t 且 ≤ 20mm

注：t 为母材壁厚。

（2）T 形接头、十字接头、角接接头等要求熔透的对接和角对接组合焊缝，其焊脚尺寸不应小于 $t/4$[图 2.4.1-1(a)、(b)、(c)]；设计有疲劳验算要求的吊车梁或类似构件的腹板与上翼缘连接焊缝的焊脚尺寸为 $t/2$[图 2.4.1-1(d)]，且不应大于 10mm。焊脚尺寸的允许偏差为 0 ~ 4mm。

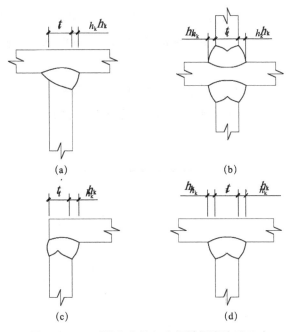

图 2.4.1-1　对接和角接组合焊缝焊脚外形尺寸

（3）对接焊缝及完全熔透组合焊缝尺寸允许偏差，应符合现行国家标准《钢结构工程施工质量验收规范》GB 50205 附录 A 中表 A.0.2 的规定；部分焊透焊缝及角焊缝外形尺寸允许偏差应符合现行国家标准《钢结构工程施工质量验收规范》GB 50205 附录 A 中表 A.0.3 的规定。

（4）栓钉焊接接头的外观质量应符合专门要求。外观质量检验合格后应进行打弯抽样检查。

3. 焊缝表面磁粉检测

1）检测依据

《钢结构工程施工质量验收规范》GB 50205；

《焊缝无损检测 磁粉检测》GB/T 26951；

《焊缝无损检测 焊缝磁粉检测 验收等级》GB/T 26952。

2）磁粉检测的设备与器材

（1）磁粉探伤装置

磁粉探伤用磁轭装置应适合试件的形状、尺寸、表面状态，并满足对缺陷的检测要求，并应符合现行国家标准《无损检测 磁粉检测》GB/T 15822 系列的技术要求。

（2）磁悬液

磁悬液中的磁粉浓度：一般非荧光磁粉为 10 ～ 25g/L，荧光磁粉为 1 ～ 2g/L。磁悬液的配置及检验，应符合现行国家标准《无损检测 磁粉检测　第 2 部分：检测介质》GB/T 15822.2 的规定。

（3）照明要求

非荧光磁粉检测应采用自然日光或灯光，亮度应大于 500lx；荧光磁粉应使用黑光灯装置，照射距离试件表面在 380mm 时测定紫外线辐照度应大于 8μW/mm²，观察面亮度应小于 20lx。

（4）灵敏度试片

A 型灵敏度试片用 100μm 厚的软磁材料制成，型号有 1 号、2 号、3 号三种，其中人工槽深度分别为 15μm、30μm 和 60μm。A 型灵敏度试片中有圆形和十字形人工槽；几何尺寸如图 2.4.1-2 所示。

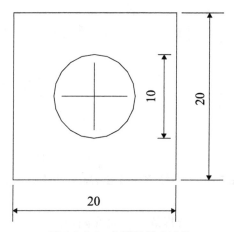

图 2.4.1-2　A 型灵敏度试片

当使用 A 型灵敏度试片有困难时，可用 C 型灵敏度试片（直线刻槽试片）来代替。C 型灵敏度试片其材质和 A 型灵敏度试片相同，其试片厚度为 50μm，人工槽深度为 8μm，几何尺寸如图 2.4.1-3 所示。

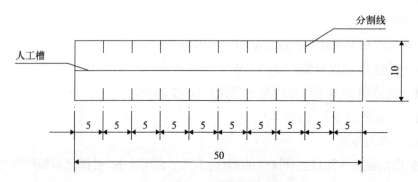

图 2.4.1-3　C 型灵敏度试片

3）检测步骤

（1）磁粉检测步骤包括：预先准备、磁化、施加磁粉、磁痕观察与记录、后处理等。

（2）预先准备应符合下列要求：

①对试件探伤面应进行处理，清除检测区域内试件上的附着物（油漆、油脂、涂料、焊接飞浅、氧化皮等），处理范围应由焊缝向母材方向延伸 20mm。

②选用磁悬液时，应根据试件表面的状况和试件使用要求，确定采用油剂载液还是水剂载液。

③根据现场条件、灵敏度要求，确定用荧光磁粉或非荧光磁粉。

④根据被测试件的形状，尺寸选定磁化方法。

（3）磁化及磁粉施加应符合下列要求：

①磁化时，磁场方向应尽量与探测的缺陷方向垂直，与探伤面平行。

②当无法确定缺陷方向或有多个方向的缺陷时，应采用旋转磁场或采用两次不同方向的磁化。采用两次不同方向的磁化时，两次磁化方向之间应垂直。

③用磁轭检测时，应有重叠覆盖区，磁轭每次移动的重叠覆盖部分应在 10 ~ 20mm 之间。

④用触头法时，每次磁化的长度范围为 75 ~ 200mm，检测时，应保持触头端干净，触头与被检表面接触应良好，电极下宜采用衬垫，避免触头烧灼损坏被检表面。

⑤探伤装置在被检部位放稳后才能接通电源，移去时应先断开电源。

⑥在施加磁悬液时，可先喷洒一遍磁悬液使被测部位表面湿润，在磁化时再次喷洒磁悬液。磁悬液一般应喷洒在行进方向的前方，磁化需一直持续到磁粉施加完成为止，形成的磁痕不能被流动的液体所破坏。

（4）磁痕观察与记录应符合下列要求：

①磁痕的观察应在磁悬液施加形成磁痕后立即进行。

②非荧光磁粉的磁痕应在光线明亮处进行观察。采用荧光磁粉时，应使用黑光灯装置，并应在能识别荧光磁痕的亮度下进行观察。

③在观察时，应对磁痕进行分析判断，区分缺陷磁痕和非缺陷磁痕，当无法确定时，可采用其他探伤方法（如渗透法等）进行验证。

④可采用照相、绘图等方法记录缺陷的磁痕。

（5）检测完成后，应按下列要求进行后处理：

①被检测构件因剩磁会影响使用性能时，应及时进行退磁。

②对被测部位表面进行清理工作，除去磁粉，并清洗干净，必要时应进行防锈处理。

4）检测结果的评定

磁粉检测可允许有线形缺陷和圆形缺陷存在，当缺陷磁痕为裂纹缺陷时，应直接评定为不合格。

4. 焊缝表面渗透检测

1）检测依据

《钢结构工程施工质量验收规范》GB 50205；

《焊缝无损检测　焊缝渗透检测　验收等级》GB/T 26953。

2）渗透检测用试剂与器材

（1）渗透液

渗透液要求：渗透能力强、截留性能好、易清除、润湿显像剂能力良好、荧光亮度（荧光）足够或颜色（着色）鲜艳；

渗透液种类主要包括：着色渗透液、荧光渗透液。

（2）去除剂

用来去除工件表面多余渗透液的溶剂。

（3）显像剂

作用是回渗渗透液，形成缺陷显示；显示横向扩展，肉眼可观察；提供较大反差，提高检测灵敏度。

显像剂的种类包括：干式显像剂，湿式显像剂。

（4）灵敏度试块

常用灵敏度试块，主要用来进行灵敏度试验、工艺性试验、渗透系统比较试验等。

常用试块有：铝合金淬火裂纹试块（A 型试块）、不锈钢镀铬裂纹试块（B 型试块）。各种试块使用后必须彻底清洗，清洗干净后将其放入丙酮或乙醇溶液中浸泡 30min，晾干或吹干后，将试块放置在干燥处保存。

3）检测步骤

（1）检测表面准备和预清洗。方法有机械清洗、化学清洗、溶剂清洗。

（2）渗透液渗透。方法有浸涂法、喷涂法、刷涂法、浇涂法；渗透温度、时间（接触时间、停留时间）要求：10 ～ 50℃，10 ～ 30min。

（3）去除表面多余渗透液。方法有：水洗法，直接用水去除；亲水后乳化法，预水洗→乳化→最终水洗；溶剂清洗法，将渗透液用溶剂擦拭去除。

（4）检测面干燥：去除工件表面水分，使渗透液充分渗进缺陷或回渗到显影剂，可通过用布擦干、压缩空气吹干、热风吹干、热空气循环烘干等方式进行，干燥时间越短越好。

（5）显像：利用毛细作用使渗透液回渗至工件表面，并形成清晰可见的显示图像。

4）检测结果评定

渗透检测可允许有线形缺陷和圆形缺陷存在，当缺陷磁痕为裂纹缺陷时，应直接评定为不合格。

5. 焊缝内部超声波探伤检测

超声波探伤是钢结构焊缝无损检测的主要方法，用于全熔透对接焊缝和内部缺陷的检测，依据设计要求和验收规范对焊接质量进行评级。

1）检测依据

《钢结构工程施工质量验收规范》GB 50205；

《焊缝无损检测　超声检测　技术、检测等级和评定》GB/T 11345；

《钢结构超声波探伤及质量分级法》JG/T 203。

2）超声波检测的设备与器材

（1）超声波检测仪应符合现行国家标准《无损检测 应用导则》GB/T 5616 和现行行业标准《A 型脉冲反射式超声波探伤仪 通用技术条件》JB/T 10061 的规定。

超声波检测仪应定期进行性能测试，仪器性能测试应按现行行业标准《无损检测 A 型脉冲反射式超声检测系统工作性能测试方法》JB/T 9214 推荐的方法进行。

（2）探头

超声波检测用探头的检查频率、折射角、晶片尺寸等参数应符合现行国家标准《无损检测 应用导则》GB/T 5616 的要求。

（3）试块

试块应符合现行国家标准《无损检测 超声检测用试块》GB/T 23905 的要求。

超声波探伤应使用两种类型试块：标准试块（校准试块）和对比试块（参考试块）。

（4）耦合剂

应选用适当的液体或糊状物作为耦合剂，耦合剂应具有良好透声性和适宜流动性，不应对材料和人体有损伤作用，同时应便于检验后清理。

典型的耦合剂为机油、甘油和浆糊，耦合剂中可加入适量的润湿剂或活性剂以便改善耦合性能。

在试块上调节仪器和产品检验应采用相同的耦合剂。

3）检测步骤

（1）确定超声检验等级

检验等级分为 A、B、C 三级，A 级检验的完善程度最低，B 级一般，C 级最高；检验难度系数按 A、B、C 顺序逐级增高。

A 级检验采用一种角度的探头在焊缝的单面单侧进行检验，只对允许扫查到的焊缝截面进行探测，一般不要求进行横向缺陷的检测。

B 级检验采用一种角度探头在焊缝的单面双侧进行检测，对整个焊缝截面进行扫查。

C 级检验至少要采用两种角度探头在焊缝的单面双侧进行检测，对整个焊缝截面进行扫查，同时要进行两个扫查方向和两种探头角度的横向缺陷检测。

（2）确定探伤灵敏度

探伤操作时的距离 - 波幅曲线灵敏度如表 2.4.1-2 所示。

距离‑波幅曲线的灵敏度　　　　表 2.4.1-2

	A	B	C
	8 ~ 50	8 ~ 300	8 ~ 300
判废线	DAC	DAC-4dB	DAC-2dB
定量线	DAC-10dB	DAC-10dB	DAC-8dB
评定线	DAC-16dB	DAC-16dB	DAC-14dB

探测横向缺陷时，将各级灵敏度均提高 6dB。

（3）母材的检查

采用 C 级检验时，焊缝附近的母材区域在用斜探头检查合格后，还应用直探头再次检查，以便探测是否有影响斜角探伤结果的分层或其他种类缺陷存在。

（4）焊缝探伤操作

焊缝探伤操作的扫查方式主要包括：转动、环绕、左右、前后、锯齿形等。探伤操作中的缺陷数据记录应符合以下规定：

最大反射波幅位于 DAC 曲线 Ⅱ 区的非危险性缺陷，其指示长度小于 10mm 时，按 5mm 计；

在检测范围内，相邻两个缺陷间距不大于 8mm 时，两个缺陷指示长度之和作为单个缺陷的指示长度；相邻两个缺陷间距大于 8mm 时，两个缺陷分别计算各自指示长度。

4）检测结果评定

（1）根据现行国家标准《焊缝无损检测 超声检测 技术、检测等级和评定》GB/T 11345，检验结果等级分 A、B、C 三级，缺陷评定等级分 Ⅰ、Ⅱ、Ⅲ、Ⅳ 四级；

（2）最大反射波幅位于 Ⅱ 区的非危险性缺陷，根据缺陷指示长度 ΔL 按表 2.4.1-3 评级；

缺陷的等级分类（mm）　　　　表 2.4.1-3

评定等级	检验等级 板厚	A 8 ~ 50	B 8 ~ 300	C 8 ~ 300
Ⅰ		$2t/3$，最小 12	$t/3$，最小 10，最大 30	$t/3$，最小 10，最大 20
Ⅱ		$3t/4$，最小 12	$2/3t$，最小 12，最大 50	$t/2$，最小 10，最大 30
Ⅲ		$<t$，最小 20	$3/4t$，最小 16，最大 75	$2t/3$，最小 12，最大 50
Ⅳ			超过Ⅲ级者	

注：t 为坡口加工侧母材板厚，母材板厚不同时，以较薄侧板厚为准。

（3）最大反射波幅不超过评定线（未达到 Ⅰ 区）的缺陷均评定为 Ⅰ 级；

（4）反射波幅位于Ⅰ区的非裂纹类缺陷，均评定为Ⅰ级；

（5）反射波幅位于Ⅲ区的缺陷，无论其指示长度如何，均评定为Ⅳ级；

（6）最大反射波幅超过评定线的缺陷，检测人员判定为裂纹等危害性缺陷时，无论其波幅和尺寸如何，均评定为Ⅳ级。

6. 焊缝内部射线探伤检测

1）检测依据

《钢结构工程施工质量验收规范》GB 50205；

《金属熔化焊焊接接头射线照相》GB/T 3323。

2）射线检测的设备与器材

（1）射线源

射线检测用射线源一般采用 X 射线探伤仪或放射性同位素 γ 射线源（铱 -192 射线源或钴 -60 射线源），X 射线和 γ 射线对人体健康会造成极大危害，无论使用何种射线装置，应具备必要的防护设施，以避免射线的直接或间接伤害。

射线照相的辐射防护应遵循《电离辐射防护与辐射源安全基本标准》GB 18871 及相关各级安全防护法规的规定。

（2）射线探伤胶片

射线探伤用胶片一般采用双面涂布感光乳剂层的胶片，胶片分为两种类型：增感型胶片；非增感型胶片（直接型胶片），选用的胶片应满足射线探伤的技术要求。

（3）观片灯

观片灯的亮度要求应符合现行国家标准《无损检测　工业射线照相观片灯　最低要求》GB/T 19802 的规定，当黑度 $D \leqslant 2.5$ 时，观片灯透过亮度不低于 30cd/m² （坎特拉）；当黑度 $D > 2.5$ 时，观片灯透过亮度不低于 10cd/m²。

其中，黑度：$D = \lg (I_0/I)$ 为透过底片光强之比的对数。可用黑度计计量，将光电池感受的光量变成电能，产生电流大小，微安表指针偏转，指示黑度量值。

（4）像质计（透度计）

射线探伤中使用的像质计用来测定成像质量，常用像质计一般有：丝质像质计、阶梯孔形象质剂、平板孔形像质剂等。

（5）暗室设备和器材

射线探伤的暗室主要用来进行探伤胶片的冲印（显影和定影），主要包括工作台、胶片处理槽、上下水系统、安全灯、计时钟、自动洗片机、铅字标记（数字、字母、符号）、铅板（厚度 1 ～ 3mm，用来控制散射线）等。

3）射线探伤操作要素

（1）影响影像质量的参数

影响影像质量的主要参数包括：

对比度：影像与背景黑度差 $\Delta D = 0.434 \cdot \mu \cdot G \cdot \Delta T$，窄束单色；

不清晰度：影像边界扩展的宽度；

几何不清晰度：$U_g = dT / (F - T)$，其中 d 为焦点寸，F 为焦距，T 为工件射线源侧表面到胶片的距离；

固有不清晰度：入射到胶片的射线，在乳剂层激发出二次电子的散射产生的不清晰度；

颗粒度：影像黑度不均匀程度，均匀曝光下底片黑度不均匀性，是卤化银颗粒的尺寸和颗粒在乳剂中分布的随机性、射线光子被吸收的随机性反映。

（2）射线照相灵敏度

射线照相灵敏度用来评价照片显示缺陷的能力。一般包括：

相对灵敏度：可识别象质剂的最小细节的尺寸与工件厚度百分比；

绝对灵敏度：可识别象质剂的最小细节的尺寸。

（3）透照布置、透照参数

射线探伤前，应做好探伤装置的透照布置，其基本布置包括：射线源、工件、胶片的相对位置，射线中心束的方向及有效透照区的设置（黑度范围，灵敏度符合要求）；

射线探伤的透照参数主要包括：射线能量（管电压）、焦距 $[F_{\min} = T (1 + d / U_g)]$、曝光量（$X$：$E = it$；$\gamma$：$E = At$，$A$ 为放射性活度）等。

（4）曝光曲线

射线探伤的曝光曲线是指透照参数（能量、焦距、曝光量）与透照厚度的关系曲线。探伤时，应根据透照厚度对应曝光曲线确定曝光量，即射线探伤的管电压和曝光时间。

（5）暗室处理

射线探伤的暗室处理包括：显影、停影、定影、水洗和干燥等步骤，每个步骤的温度和时间要求见表 2.4.1-4。

暗室处理的温度和实际要求 表 2.4.1-4

序号	步骤	温度（℃）	时间（min）
1	显影	20±2	4 ~ 6
2	停影（或中间水洗）	16 ~ 24	0.5 ~ 1
3	定影	16 ~ 24	10 ~ 15
4	水洗	16 ~ 24	≥ 30
5	干燥	≤ 40	

4）检测结果评定

（1）焊缝射线探伤检测的主要缺陷包括：裂纹、未熔合、未焊透、条形缺陷、圆形缺陷等 5 类；应根据现行国家标准《金属熔化焊焊接接头射线照相》GB/T 3323 的要求对焊缝检测结果进行评级。

（2）根据对接接头中缺陷性质、数量、密集程度，焊缝质量等级分为Ⅰ、Ⅱ、Ⅲ、Ⅳ四级。Ⅰ级不允许存在裂纹、未熔合、未焊透、条形缺陷，Ⅱ级和Ⅲ级不允许存在裂纹、未熔合、未焊透，超过Ⅲ级者为Ⅳ级。

7. 焊缝连接检测质量评定

焊缝抽样检测的结果，应按下列规定进行判定[2.5]：

1）抽样检验的焊缝数不合格率小于 2% 时，该批验收合格；

2）抽样检验的焊缝数不合格率大于 5% 时，该批验收不合格；

3）除本条第 5 款情况外抽样检验的焊缝数不合格率为 2% ~ 5% 时，应加倍抽检，且必须在原不合格部位两侧的焊缝延长线各增加一处，在所有抽检焊缝中不合格率不大于 3% 时，该批验收合格，大于 3% 时，该批验收不合格；

4）批量验收不合格时，应对该批余下的全部焊缝进行检验；

5）检验发现 1 处裂纹缺陷时，应加倍抽查，在加倍抽检焊缝中未再检查出裂纹缺陷时，该批验收合格；检验发现多于 1 处裂纹缺陷或加倍抽查又发现裂纹缺陷时，该批验收不合格，应对该批余下焊缝全数进行检查。

2.4.2　螺栓连接检测

1. 钢结构用高强度螺栓连接副概述

高强度螺栓连接副用于钢结构连接，是高强度螺栓和与之配套的螺母、垫圈的总称。可分为两类：钢结构用扭剪型高强度螺栓连接副、钢结构用高强度大六角头螺栓连接副。其规格均为 M16、M20、M22*、M24、M27*、M30 六种，其中 M22 和 M27 是第二选择系列，应优先选用第一系列的规格。

大六角头螺栓使用较方便，安装使用的工具较简单，只需定扭矩扳手即可，但扭矩扳手必须经过校准。缺点是劳动强度高，效率低，质量较难控制。

扭剪型高强螺栓连接副具有施工效率高，质量可靠，易检查、紧固轴力均匀等优点，适合大工程使用，但其施工必须有专用的电动扳手。

2. 扭剪型高强度螺栓连接副进场检测

1）检测内容

扭剪型高强度螺栓连接副应在进场时进行紧固轴力（预拉力）复验检测。

对于高强度螺栓连接副的螺母垫圈硬度、螺母保证载荷和螺栓楔负载等项目可按委托要求进行检测。

2）检测依据

《钢结构工程施工质量验收规范》GB 50205；

《钢结构用扭剪型高强度螺栓连接副》GB/T 3632；

《钢结构现场检测技术标准》GB/T 50621。

3）检测数量

检测用的螺栓应在施工现场待安装的螺栓批中随机抽取，每批应抽取 8 套连接副进行复验检测[2.2]。

同性能等级、同材料、同螺纹规格、同机械加工、同热处理及表面处理工艺（同加工工艺）、同长度（当螺栓长度 ≤ 100mm，长度相差不超过 15mm 时；或当螺栓长度 >100mm，长度相差不超过 20mm 时，均可视为同长度。）定义为一批。同批高强度螺栓连接副的最大数量为 3000 套。

4）检测设备

轴力仪（视值相对误差为 ±2%）、电动扳手等用于扭剪型高强度螺栓连接副紧固轴力（预拉力）检测。

洛氏硬度计，用于螺母垫圈硬度试验。仲裁试验以维氏硬度（HV30）为准。

万能试验机、螺母保载试验用芯棒（螺纹公差带 5h6g，但螺纹大径应控制在 6g 公差带靠下限 1/4 处，其硬度应 ≥ 45HRC）、楔负载夹具（10°楔垫和带内螺纹的拉棒用于楔负载试测）。

5）检测方法

试样安装：连接副安装在轴力仪上。安装时应注意垫圈、螺母的安装位置，即垫圈的倒角面对螺母的承压面（平面、亦称支撑面）。

加载:试样安装后，应施加初始荷载（注），然后用电动扳手加载，直至梅花头被剪断，此时轴力仪所记录的峰值为紧固轴力测值。

注：1. 现行国家现行标准《钢结构工程施工质量验收规范》GB 50205 中初拧荷载为紧固轴力的 50% 的规定主要针对摩擦接点安装施工，克服钢板贴合不好带来的影响。对于螺栓检测无须遵循这一规定。检测时，初拧一般拧紧即可。

2. 试验中必须是旋紧螺母而不允许转动螺杆。因违反钢结构用扭剪型高强度螺栓连接副的设计、生产、工作和检测原理，在进行钢结构用扭剪型高强螺栓连接副紧固轴力检测时，禁止使用采用固定螺母、旋转梅花头（螺杆）方式进行施拧的一切检测及施力设备。因这种加载方式违反了扭剪型高强螺栓连接副的设计、生产、工作原理。

6）检测结果

计算 8 套螺栓连接副紧固轴力的平均值及其标准偏差，并对其进行评判。检测结果应符合现行国家现行标准《钢结构用扭剪型高强度螺栓连接副》GB/T 3632 的规定[2.15]（表 2.4.2-1）。

扭剪型高强度螺栓紧固轴力平均值和标准偏差（kN）　　　　　　表 2.4.2-1

螺栓直径（mm）	M16	M20	M22	M24	M27	M30
紧固轴力的平均值 p	100 ~ 121	155 ~ 187	190 ~ 231	225 ~ 270	290 ~ 351	355 ~ 430
标准偏差 σ_p	≤ 10.0	≤ 15.4	≤ 19.0	≤ 22.5	≤ 29.0	≤ 35.4

7）检测注意事项

（1）每副连接副只能试验一次，不得重复使用。

（2）检测过程中，垫圈不得转动，否则该试验无效。判断垫圈是否转动：待试验完成后，将垫圈卸下观察，其非倒角面（平面）有无转动痕迹。如有转动痕迹，则说明垫圈与垫板（或传感器）之间发生了转动，此时试验结果应判无效。

（3）检测应在室温（10 ～ 35℃）下进行，连接副紧固轴力的仲裁试验应在 20±2℃ 下进行。检测用的设备及连接副应在符合条件的环境中至少放置 2h。

（4）螺栓出厂后的放置时间、环境（温、湿度）均会对螺栓产品质量造成影响。高强螺栓进场验收后，若放置时间超过 6 个月，则使用前还应按相关要求进行紧固轴力（预拉力）复验。

（5）当螺栓长度小于 50mm（M16）、55mm（M20）、60mm（M22）、65mm（M24）、70mm（M27）、75mm（M30）时，可不进行紧固轴力检测。

3. 高强度大六角头螺栓连接副进场检测

1）检测内容

高强度大六角头螺栓连接副进场时应进行连接副扭矩系数（扭矩系数平均值及其标准偏差）复验检测。

对于高强度螺栓连接副的螺母垫圈硬度、螺母保证载荷和螺栓楔负载等项目可按委托要求进行检测。

2）检测依据

《钢结构工程施工质量验收规范》GB 50205；

《钢结构用高强度大六角头螺栓、大六角螺母、垫圈技术条件》GB/T 1231；

《钢结构现场检测技术标准》GB/T 50621。

3）检测数量

检测用的螺栓应在施工现场待安装的螺栓批中随机抽取，每批应抽取 8 套连接副进行复验检测[2.2]。

检验批次的划分与扭剪型高强度螺栓相同。

4）检测设备

轴力仪（测螺栓紧固轴力）和扭矩扳手或扭矩传感器（测施拧扭矩），主要用于测量施拧扭矩 T 和螺栓紧固轴力 P，从而计算出扭矩系数 K。这两个设备的视值相对误差均为 ±2%。

目前较先进的检测设备是全自动轴力 - 扭矩复合智能检测仪，其优点是：

（1）同时自动采集轴力和扭矩，轴力和扭矩的测量除精度较高，二者的关联性比较好，检测结果准确。人工读取时，所读的扭矩和轴力并不一定为同一时刻的值，关联性差，从而造成的误差就大；

（2）自动施加荷载，加荷连续、平稳，可避免冲击式加载；

（3）自动计算扭矩系数和标准偏差；

（4）可显示加荷曲线，存储、打印检测结果。

注：螺母、垫圈硬度，螺母保载，螺栓楔负载检测所需设备和工装与扭剪型高强度螺栓连接副相同。

5）检测方法

高强度大六角头螺栓检测方法应符合国家现行标准《钢结构用高强度大六角头螺栓、大六角螺母、垫圈技术条件》GB/T 1231 的规定[2.16]。

试样安装：高强度大六角头螺栓连接副的安装与扭剪型相同。需说明的是：大六角头螺栓连接副包括一条螺栓、两个垫圈、一个螺母。但试验时，允许只装一个垫圈，这个垫圈装在螺母一侧。六角头头部可不装垫圈。

均匀施加荷载。施加荷载过程中，螺栓头部不允许转动，垫圈亦不允许转动，否则试验结果无效。

当螺栓紧固轴力达到现行国家标准《钢结构用高强度大六角头螺栓、大六角螺母、垫圈技术条件》GB/T 1231 所规定的范围时（见表 2.4.2-2），记录对应的紧固轴力及扭矩。若紧固轴力超出表 2.4.2-2 所规定的范围，则所测得的扭矩系数无效[2.16]。

连接副施加紧固轴力的范围 表 2.4.2-2

螺纹规格				M12	M16	M20	(M22)	M24	(M27)	M30
性能等级	10.9S	P (kN)	max	66	121	187	231	275	352	429
			min	54	99	153	189	225	288	351
	8.8S		max	55	99	154	182	215	281	341
			min	45	81	126	149	176	230	279

6）检测结果

按扭矩系数计算公式（式 2.4.2-1）计算出每套螺栓连接副的扭矩系数。

$$K = \frac{T}{P \cdot D} \tag{2.4.2-1}$$

式中：K——扭矩系数；

T——施拧扭矩（N·m）；

P——螺栓紧固轴力（kN），亦称螺栓预拉力；

D——螺栓公称直径。

计算每组（8套）连接副扭矩系数的平均值，按标准偏差计算公式（式 2.4.2-2），计算扭矩系数的标准偏差 S。

$$S=\sqrt{\frac{\sum\limits_{i=1}^{n}\left(x_i-\overline{x}\right)^2}{n-1}} \tag{2.4.2-2}$$

高强度大六角头螺栓的扭矩系数平均值及标准偏差应符合表 2.4.2-3 的规定[2.16]。

高强度大六角头螺栓连接副扭矩系数平均值和标准偏差值　　　　表 2.4.2-3

接副表面状态	扭矩系数平均值	扭矩系数标准偏差
符合现行国家标准《钢结构用高强度大六角头螺栓、大六角螺母、垫圈技术条件》GB/T 1231 的要求	0.11 ~ 0.15	≤ 0.0100

7）注意事项

扭剪型螺栓连接副检测的注意事项均适用于大六角头螺栓连接副的检测。

螺栓与垫圈、螺母应分别包装，螺母、垫圈不得被螺栓的油膜污染，否则会影响检测数据的正确性。受污染的螺母、垫圈可拒收，至少应向客户明确指出，并记录在案。

检测过程中，加载应平稳，避免冲击式地施加扭矩。

4．高强度螺栓连接摩擦面抗滑移系数检测

1）检测内容

对于采用摩擦型连接的高强度螺栓连接摩擦面，需要通过摩擦面的抗滑移系数检测，来验证连接件之间产生相对滑移的荷载作为其承载力的极限。

钢结构制作和安装企业应分别进行高强度螺栓连接摩擦面（含涂层摩擦面）的抗滑移系数试验和复验，现场处理的构件摩擦面应单独进行摩擦面抗滑移系数试验。

2）检测依据

《钢结构工程施工质量验收规范》GB 50205；

《钢结构高强度螺栓连接技术规程》JGJ 82。

3）检测数量

高强度螺栓连接摩擦面的抗滑移系数检测的测试数量，可按下列两种方式进行确定，具体以工程项目适用标准为准：

（1）以分部（子分部）为单位划分的制造批，每 2000t 为一检验批，不足 2000t 亦视为一批。不同表面处理工艺（轧制表面、生锈表面和喷砂表面）不能混批，每批 3 组试件。

（2）制作和安装单位应分别以钢结构制造批为单位进行抗滑移系数检测。检验批可按分部工程（子分部工程）所含高强度螺栓用量划分：每 5 万个高强度螺栓用量的钢结构为一批，不足 50000 个高强度螺栓用量的钢结构视为一批。选用两种及两种以上表面处理（含有涂层摩擦面）工艺时，每种处理工艺均需检测抗滑移系数，每批 3 组试件。

4）检测方法

（1）试件

抗滑移系数检测采用双摩擦面的二栓拼接拉力试件（见图 2.4.2）。试件应由钢结构制造厂加工。试件与所代表的钢结构应为同一材质、同批制作、同一摩擦面处理工艺和具有相同的表面状态，并使用同规格同一性能等级的高强螺栓连接。试件板宽度见表 2.4.2-4。

注：也有摩擦面的三栓拼接拉力试件，但很少用。

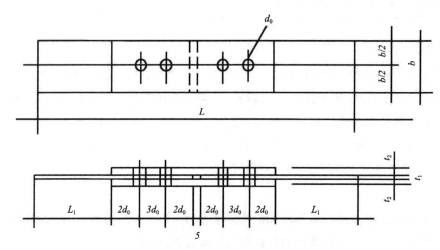

图 2.4.2 抗滑移系数拼接试件的形式和尺寸

注：孔的直径及公差可见现行行业标准《钢结构高强度螺栓连接技术规程》JGJ 82 中的规定。

试件板宽度（mm）[2.12] 表 2.4.2-4

螺栓直径 d	16	20	22	24	27	30
板宽 b	100	100	105	110	120	120

试件钢板表面应平整、无飞溅、毛刺、油污。试件中心板和腹板的厚度 t_1、t_2 应根据钢结构中有代表性的板材厚度来确定。但必须确保在摩擦面滑移之前，试件钢板（主要是中心板）的净截面始终处于弹性状态（即中心板应有足够的厚度，使其应力小于其屈服点），且 $2t_2 \geq t_1$。

（2）试件装配

先将冲击钉打入试件孔定位。然后，逐个换成装有力传感器或贴有电阻片的高强螺栓（检测时的实际做法是：只要保证中心板孔与螺栓不接触，确保中心板有滑动的空间即可）。

紧固高强螺栓时应分初拧和终拧，初拧应达到螺栓预拉力的标准值的 50% 左右。终拧时应使所有螺栓的预拉力（紧固轴力）基本均匀，并在 $0.95P \sim 1.05P$ 之间（P 为高强螺栓设计预拉力标准值，参看表 2.4.2-5）。

应在试件侧面画出观察滑移的直线。

高强度螺栓连接副施工预拉力标准值（kN）[2.12]　　表 2.4.2-5

连接副性能等级	螺栓公称直径（mm）					
	M16	M20	M22	M24	M27	M30
8.8S	75	120	150	170	225	275
10.9S	110	170	210	250	320	390

注：1. 拧紧螺栓的顺序是先内后外。

2. 测定高强螺栓摩擦面的抗滑移系数与使用的螺栓类型无关，只与安装时螺栓紧固轴力（螺栓预拉力）有关。

（3）检测

将组装好的试件安装在试验机上，应使试件的纵轴与试验机夹具中心对中（同时要注意夹具是否与试件均匀接触，有无偏斜）。

预加 10% 抗滑移设计荷载，停 1min 后，以 3～5kN/s 的加荷速度平稳加荷、直至试样发生滑动。

注：试验过程中发生了下列情形之一时，可认为试件发生了滑移，所对应的荷载可认定为试件的滑动载荷（其中前两种情形，应注意不是由于夹具打滑造成的）：

①试验机发生回针现象；

②变形-荷载曲线发生突变；

③试件发出"嘣"的响声；

④试件侧面画线发生滑动。

5）检测结果

根据所检得的滑动载荷 N_v 和螺栓预拉力 P 的实测值，按下式计算抗滑移系数，保留两位有效数字。

$$\mu=\frac{N_v}{n_f \cdot \sum_{i=1}^{m} P_i} \tag{2.4.2-3}$$

式中：μ——试件抗滑移系数；

N_v——由检测所测得的试件的滑移荷载（kN）；

P_i——高强度螺栓预拉力实测值（误差 ±2%），试验时控制在 $0.95P～1.05P$ 之间；

n_f——摩擦面数，取 $n_f=2$；

$\sum_{i=1}^{m} P_i$——试件滑动一侧高强螺栓预拉力实测值之和，取三位有效数字；

m——试件一侧螺栓数量，取 $m=2$。

钢材摩擦面的抗滑移系数 μ 应符合表 2.4.2-6 的规定[2.15]。

钢材摩擦面的抗滑移系数 μ

表 2.4.2-6

连接处构件接触面的处理方法		构件的钢号			
		Q235	Q345	Q390	Q420
普通钢结构	喷砂（丸）	0.45	0.50		0.50
	喷砂（丸）后生赤锈	0.45	0.50		0.50
	钢丝刷清除浮锈或未经处理的干净轧制表面	0.30	0.35		0.40
冷弯薄壁型钢结构	喷砂（丸）	0.40	0.45	—	—
	冷轧钢材轧制表面清除浮锈	0.30	0.35	—	—
	冷轧钢材轧制表面清除浮锈	0.25	—	—	—

注：1. 摩擦面清除浮锈时，钢丝刷除锈方向应与受力方向垂直；
    2. 当连接构件采用不同钢号时，μ 应按相应的较低值取值；
    3. 采用其他方法处理时，其处理工艺及抗滑移系数值应经试验确定。

涂层摩擦面的抗滑移系数 μ 应符合表 2.4.2-7 的规定 [2.15]。

涂层摩擦面的抗滑移系数 μ

表 2.4.2-7

涂层类型	钢材表面处理要求	涂层厚度（μm）	抗滑移系数
无机富锌漆	$Sa2\frac{1}{2}$	60 ~ 80	0.40*
锌加底漆			0.45
防滑防锈硅酸锌漆		80 ~ 120	0.45
聚氨酯富锌底漆或醇酸铁红底漆	Sa2 及以上	60 ~ 80	0.15

注：1. 当设计要求使用其他涂层（热喷铝、镀锌等）时，其钢材表面处理要求、涂层厚度以及抗滑移系数均应经试验确定；
    2. 当连接板材为 Q235 钢时，对于无机富锌漆涂层抗滑移系数 μ 取 0.35；
    3. 防滑防锈硅酸锌漆、锌加底漆（ZINGA）不应采用手工涂刷的施工方法。

5. 高强度螺栓施工外观检测

1）检测内容

高强度螺栓连接施工过程及施工完成后，应及时进行外观检测。主要检测内容包括：连接摩擦面检查、螺栓穿孔检查、螺栓丝扣外露检查及扭剪型高强度螺栓梅花头检查等。

2）检测依据

《钢结构工程施工质量验收规范》GB 50205；

《钢结构高强度螺栓连接技术规程》JGJ 82。

3）检测数量

按节点数抽查 10%，且不应少于 10 个节点。

被抽查节点中梅花头未拧掉的扭剪型高强度螺栓连接副全数进行终拧扭矩检查。

4）检测方法

以观察为主。

5）检测结果

高强度螺栓连接摩擦面应保持干燥、整洁，不应有飞边、毛刺、焊接飞溅物、焊疤、氧化铁皮、污垢等，除设计要求外摩擦面不应涂漆。

高强度螺栓应自由穿入螺栓孔。当不能自由穿入孔时，应用铰刀修正，修孔数量不应超过该节点螺栓数量的 25%，扩孔后的孔径不应超过 1.2d（d 为螺栓直径）。

高强度螺栓连接副终拧后，螺栓丝扣外露应为 2 ~ 3 扣，其中允许有 10% 的螺栓丝扣外露 1 扣或 4 扣。

对于扭剪型高强度螺栓连接副，除因构造原因无法使用专用扳手拧掉梅花头者外，螺栓尾部梅花头拧断为终拧结束，未在终拧中拧掉梅花头的螺栓数不应大于该节点螺栓数的 5%，对所有梅花头未拧掉的扭剪型高强度螺栓连接副应采用扭矩法或转角法进行终拧并作标记，且按下述第 6 条要求进行终拧质量检查。

6. 高强度大六角头螺栓质量检测

1）检测内容

高强度大六角头螺栓连接副应在终拧完成 1 小时后、48 小时内进行终拧扭矩检测或转角检测。

2）检测依据

《钢结构工程施工质量验收规范》GB 50205；

《钢结构高强度螺栓连接技术规程》JGJ 82。

3）检测数量

按节点数抽查 10%，且不应少于 10 个节点；

每个被抽查节点按螺栓数抽查 10%，且不应少于 2 个。

4）检测方法

（1）用扭矩法施工时，应对施工扭矩进行检测；检测用扭矩扳手相对误差应为 ±3%。

用小锤（约 0.3kg）敲击螺母对高强度螺栓进行普查是否有漏拧；

检查时先在螺杆端面和螺母上划一直线，然后将螺母拧松 60° 后，再用扭矩扳手重新拧紧，使两线重合，测量此时的扭矩。

（2）用转角法施工的高强度螺栓检查方法应符合下列规定：

普查初拧后在螺母与相对位置所画的终拧起始线和终止线之间所夹的角度应达到规定值；

在螺杆端面（或是垫圈）和螺母相对位置画线，然后全部卸松螺母，再按规定的初拧扭矩和终拧角度重新拧紧螺栓，测量终止线与原终止线画线间的夹角。

5）检测结果

（1）扭矩法施工检查时，测量的扭矩应在 $0.9T_{ch} \sim 1.1T_{ch}$ 范围内。T_{ch} 应按下式计算。

$$T_{ch}=K \cdot P \cdot d \tag{2.4.2-4}$$

式中：T_{ch}——检查扭矩（N·m）；

    P——高强度螺栓预拉力设计值（kN）；

    K——扭矩系数，按照《钢结构用高强度大六角头螺栓、大六角螺母、垫圈技术条件》GB/T 1231 取值；

    d——螺栓直径（mm）。

（2）用转角法施工检查时，检测的转角值应符合《钢结构高强度螺栓连接技术规程》JGJ 82 的要求，误差在 $\pm30°$ 者为合格。

（3）上述检查如果发现有不符合规定的，应再扩大一倍检查。如仍有不合格者，则整个节点的高强度螺栓应重新施拧。

2.4.3 铆接连接检测

1. 铆接连接概述

环槽铆钉连接副型式见图 2.4.3-1。

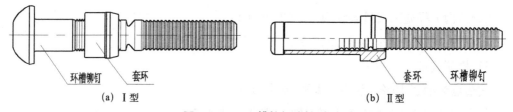

（a）Ⅰ型   （b）Ⅱ型

图 2.4.3-1 环槽铆钉连接副

Ⅰ型环槽铆钉连接副拉脱力和夹紧力应符合表 2.4.3-1 ～表 2.4.3-3 的规定。

Ⅱ型环槽铆钉连接副拉脱力、夹紧力和剪切力应符合表 2.4.3-4 的规定。

Ⅰ型 5.8R 级连接副机械性能   表 2.4.3-1

机械性能		公称直径 d(mm)			
		5	6	8	10
拉脱力（kN）	min	7.5	13.6	20.9	29.5
夹紧力（kN）	min	4.6	8.2	12.7	18.0

Ⅰ型 8.8R 级连接副机械性能　　　　　　　　　　　　　　　　表 2.4.3-2

机械性能		公称直径 d（mm）						
		12	16	20	22	25	28	35
拉脱力（kN）	min	75.8	120.6	178.4	246.7	323.5	369.1	576.2
夹紧力（kN）	min	53.6	85.4	126.3	174.6	229.1	260.1	378.2

Ⅰ型 10.9R 级连接副机械性能　　　　　　　　　　　　　　　表 2.4.3-3

机械性能		公称直径 d（mm）									
		12	14	16	18	20	24	27	30	33	36
拉脱力（kN）	min	87.7	120	163	200	255	367	477	583	722	850
夹紧力（kN）	min	65.4	84	116	140	181	256.9	333.9	408.1	505.4	595

Ⅱ型连接副机械性能　　　　　　　　　　　　　　　　　　　表 2.4.3-4

机械性能		公称直径 d（mm）						
		5	6	8	10	12	16	20
拉脱力（kN）	min	8.0	14.5	23.1	32.3	57.9	91.2	129.4
剪切力（kN）	min	12.5	22.7	35.8	49.4	89.7	126.8	200.7
夹紧力（kN）	min	3.2	5.8	9.2	12.9	23.2	36.5	51.8

2. 连接副拉脱力检测

1）检测内容及方法

采用拉力法和推出法对铆接后试件进行拉脱力试验。拉力法适用于Ⅰ型环槽铆钉连接副和Ⅱ型环槽铆钉连接副；推出法适用于Ⅰ型环槽铆钉连接副。

试件应为经尺寸等检验合格的环槽铆钉连接副。

2）检测设备及装置

拉力试验机应符合 GB/T 16825.1 的规定。装夹试件时，应避免斜拉，可使用自动定心装置。

图 2.4.3-2 是拉力法和推出法夹具示意图。铆接试验板硬度不低于 45HRC。试件夹持厚度不小于 2 倍公称直径。

3）检测方法

按图 2.4.3-2 所示将铆接的连接副试件装夹在拉力试验机上，并使试件中心线与试验机夹头中心线对齐，施加轴向荷载，直至环槽铆钉与套环分离或套环被破坏。试验机夹头的分离速率，不应超过 25mm/min。采用推出法试验时，试验机夹头的相对速率，不应低于 7mm/min、且不大于 13mm/min。

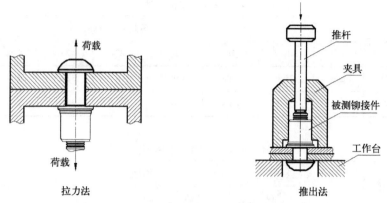

图 2.4.3-2　连接副拉脱力试验装置示意图

4）检测结果

拉脱力应符合表 2.4.3-1 ～表 2.4.3-4 的规定。当拉力法与推出法试验结果有争议时，以拉力法为仲裁试验。

3. 连接副夹紧力检测

1）检测内容

连接副夹紧力测试适用于 I 型环槽铆钉连接副和 II 型环槽铆钉连接副。

进行连接副夹紧力测试的试件应为经尺寸等检验合格的环槽铆钉连接副。

2）检测设备及装置

环槽铆钉和套环连接副夹紧力试验在轴力计（或测力环）上进行，轴力计示值相对误差的绝对值不得大于测试轴力值的 2%。

检测装置如图 2.4.3-3 所示。垫圈硬度不低于 45HRC，试件夹持厚度不小于 2 倍公称直径。

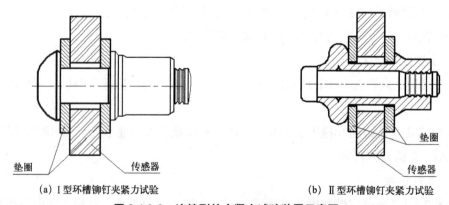

（a）I 型环槽铆钉夹紧力试验　　　　　　　（b）II 型环槽铆钉夹紧力试验

图 2.4.3-3　连接副的夹紧力试验装置示意图

3）检测程序

按图 2.4.3-3 所示将环槽铆钉、套环铆接在传感器上，通过传感器测量在两作用平面之间形成的压力。

4）检测结果

夹紧力应符合表 2.4.3-1～表 2.4.3-4 的规定。

4. Ⅱ型环槽铆钉连接副剪切力检测

1）检测内容

Ⅱ型环槽铆钉连接副应进行剪切力测试，试件应为经尺寸等检验合格的Ⅱ型环槽铆钉连接副。

2）检测设备及装置

检测用试验夹具如图 2.4.3-4 所示，试验夹具应安装在试验机中，并能自动定心。试验夹具应具有足够的刚性。

试验机应符合现行国家标准《静力单轴试验机的检验 第 1 部分：拉力和（或）压力试验机测力系统的检验与校准》GB/T 16825.1 的要求。

试件的夹持厚度应不小于 1.5 倍公称直径。

3）检测程序

将铆接试件安装在试验机上。

夹具在拉力试验机上应能自动对中，并应保证沿着剪切试件的剪切平面或拉力试件的中心线，直线地施加荷载。

应当持续地施加荷载，试验速度不应低于 7mm/min、且不大于 13mm/min，直至试件损坏。最大荷载值应予记录，作为环槽铆钉连接副的最大剪切力。

4）检测结果

Ⅱ型环槽铆钉连接副的剪切力应符合表 2.4.3-4 的规定。

相关铆接视频请扫二维码观看。

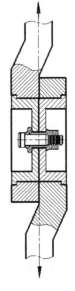

图 2.4.3-4 Ⅱ型
环槽铆钉连接副剪
切试验夹具

Ⅰ型环槽铆钉铆接视频

Ⅰ型环槽铆钉双板铆接视频

Ⅰ型环槽铆钉斜垫块铆接视频

Ⅱ型环槽铆钉箱型铆接视频

Ⅱ型环槽铆钉拆卸视频

单槽短尾拉铆钉铆接视频

单槽短尾拉铆钉拆卸视频

2.4.4 节点的检测

1. 在建钢结构工程节点

在建钢结构工程常见节点包括：构件拼接节点、梁柱节点、梁梁节点、支撑节点、吊车梁节点、网架节点、相贯节点、拉索节点，另外，还有用于这些节点的铸钢件，一般称为铸钢节点。

其中，构件间的柱梁节点、梁梁节点、支撑节点、吊车梁节点、相贯节点等，均可通过焊接连接检测、螺栓连接检测、铆接连接检测等方法进行覆盖。本节仅对在建钢结构工程的支座节点、钢网架节点及铸钢节点的检测进行说明。

2. 支座节点的检测

1）检测内容

钢结构支座节点包括：屋架支座、梁端支座、桁（托）架支座、柱脚、网架（壳）支座等。除焊缝、螺栓、铆钉外，支座节点检测的内容还应包括：

（1）支座节点的整体与细部构造；

（2）支座加劲肋的尺寸、布置、制作安装偏差、变形与损伤；

（3）支座销轴和销孔的尺寸、制作安装偏差、变形与损伤；

（4）支座变形、移位与沉降；

（5）支座的工作性能和状态是否满足原设计要求；

（6）橡胶支座的变形与老化程度。

2）检测依据

《钢结构工程施工质量验收规范》GB 50205。

3）检测数量

检测节点类型和数量应具有代表性，节点的抽检数量应不少于 3 个[2.18]。

4）检测结果评定

节点的安全性必须基于节点的实际几何尺寸、构造形式、施工质量和工作状态建立计算模型，并进行计算和评定[2.18]。

3. 钢网架节点的检测

钢网架结构是由多根杆件按一定网格形式通过节点连接而构成大跨度覆盖的空间结构，具有空间受力、重量轻、刚度大、抗震性能好等优点。一般用于体育馆、展厅、候车（机）厅、机房、双向大柱距车间等建筑物的屋盖。

网架结构由杆件、球节点构成，其中，球节点又分为焊接空心球节点和螺栓球节点。

1）焊接空心球节点

焊接空心球节点分为加肋和不加肋焊接空心球。

（1）检测内容

焊接空心球的极限承载力：将设计采用的钢管或标准指定的钢管与球焊接成试件，

进行轴向抗拉或抗压承载力检测。

（2）检测依据

《钢结构工程施工质量验收规范》GB 50205；

《空间格构结构工程质量检验及评定标准》DG/T J08-89；

《钢网架焊接空心球节点》JG/T 11。

（3）检测数量

每个工程取受力最不利的球节点，以 600 个为一批。不足 600 个仍按一批计。每批取 3 个为一组，进行检测。

（4）检测设备

拉力、压力或万能试验机。

（5）检测过程

将试件安装在试验机上进行轴心拉压试验。试验出现下列情况之一时，即可判断球已达到极限承载力而破坏。

①当继续加荷而荷载读数已不上升时，该读数即为所测的极限承载力；

②在力—位移曲线上，取曲线峰值为极限承载力。

（6）检测结果

①产品检测：采用现行行业标准《钢网架焊接空心球节点》JG/T 11 规定的试验配合钢管与焊接球焊接而成的试件，其检测结果应符合 JG/T 11 中表 3 或表 4 抗压极限承载力的规定；

②工程检测：工程检测一般客户委托提供的是承载力设计值，并且试件是设计采用的钢管与球焊接而成的试件。

此时，承载力合格的判据应该是试件承载力检验系数实测值 v_u^0 满足下式要求：

$$v_\mathrm{u}^0 = \frac{F_\mathrm{u}}{N_\mathrm{d}} \geqslant v_0 \cdot [v_\mathrm{u}] \tag{2.4.4}$$

式中：v_u^0——承载力检验系数实测值；

F_u——试验所测得的试件的极限承载力；

N_d——承载力设计值；

$[v_\mathrm{u}]$——承载力检验系数允许值，取 $[v_\mathrm{u}]=1.6$；

v_u——结构重要性系数，一般结构取 $v_0=1$，重要结构取 $v_0=1.1$，次要结构可取 $v_0=0.9$。

2）螺栓球节点

（1）检测内容

螺栓球节点的极限承载力：将与螺栓球最大螺孔相匹配的高强螺栓拧入螺栓球（拧入深度为 1.0d），组成拉力试件，进行轴向抗拉承载力检测。

（2）检测依据：

《钢结构工程施工质量验收规范》GB 50205；

《空间格构结构工程质量检验及评定标准》DG/T J08-89；

《钢网架螺栓球节点》JG/T 10。

（3）检测数量

以同规格螺栓球 600 个为一批，不足 600 个仍按一批计，每批取 3 个为一组进行检测。

（4）检测设备

拉力试验机或万能试验机。

（5）检测结果

拉力试验中，高强螺栓达到极限承载力，而螺栓球的螺孔不坏，即认为合格。高强度螺栓抗拉极限承载力应符合现行行业标准《钢网架螺栓球节点》JG/T 10 中表5即本书表 2.4.4 的规定。

<table>
<tr><td colspan="11">高强螺栓抗拉极限承载力</td><td>表 2.4.4</td></tr>
<tr><td>螺栓规格</td><td>M12</td><td>M14</td><td>M16</td><td>M20</td><td>M22</td><td>M24</td><td>M27</td><td>M30</td><td>M33</td><td>M36</td></tr>
<tr><td>强度等级</td><td colspan="10">10.9S</td></tr>
<tr><td>有效截面积 A_s（mm²）</td><td>84.3</td><td>115</td><td>157</td><td>245</td><td>303</td><td>353</td><td>459</td><td>561</td><td>694</td><td>817</td></tr>
<tr><td>抗拉极限承载力（kN）</td><td>88～105</td><td>120～143</td><td>163～195</td><td>255～304</td><td>315～376</td><td>367～438</td><td>477～569</td><td>583～696</td><td>722～861</td><td>850~1013</td></tr>
<tr><td>螺栓规格</td><td>M39</td><td colspan="2">M42</td><td colspan="2">M45</td><td colspan="2">M48</td><td>M52</td><td>M56×4</td><td>M60×4</td><td>M64×4</td></tr>
<tr><td>强度等级</td><td colspan="11">9.8S</td></tr>
<tr><td>有效截面积 A_s（mm²）</td><td>976</td><td colspan="2">1120</td><td colspan="2">1310</td><td colspan="2">1470</td><td>1760</td><td>2144</td><td>2485</td><td>2851</td></tr>
<tr><td>抗拉极限承载力（kN）</td><td>878～1074</td><td colspan="2">1008～1232</td><td colspan="2">117～1441</td><td colspan="2">1323～1617</td><td>1584～1936</td><td>1930～2358</td><td>2237～2734</td><td>2566～3136</td></tr>
</table>

4. 铸钢节点检测

1）检测内容

铸钢节点的检测内容应包括外部质量和内部质量。外部质量应包括表面粗糙度、表面缺陷及清理状态、尺寸公差；内部质量应包括化学成分、力学性能以及内部缺陷，必要时应进行节点试验[2.19]。

2）检测依据

《钢结构工程施工质量验收规范》GB 50205；

《一般工程用铸造碳钢件》GB/T 11352；

《铸钢节点应用技术规程》CECS 235。

3）检测数量

节点试验：同一类型的试件不宜少于 2 件。节点试验应采用足尺试件，当试验设备无法满足时，可采用缩尺试件，缩尺比例不宜小于 1/2。

外观检查：应全数检查。

化学成分试验：应按熔炼炉次取样。

力学性能试验：每一批取一个拉伸试样，3 个冲击试样。

4）检测方法

外观检查以目视检测为主，必要时辅以放大镜；表面粗糙度应使用符合现行国家标准《表面粗糙度比较样块 铸造表面》GB/T 6060.1 的比较样块；

表面缺陷可采用磁粉探伤或着色探伤；

内部缺陷可采用超声波探伤方法。

5）检测结果评定

铸钢节点的检测结果应符合设计文件的要求，同时应满足现行《铸钢节点应用技术规程》CECS 235 的规定。

2.5　变形或位移检测

2.5.1　在建钢结构变形或位移

当遇到下列情况时，在建钢结构应进行变形或位移检测：

1）设计或施工要求对在建钢结构重要部位或整体变形进行监控；

2）在建钢结构发生工程事故，需要通过变形检测的结果分析事故原因以及对结构可靠性的影响；

3）在建钢结构材料检查或施工验收过程中需了解质量状况；

4）对施工质量或材料质量有怀疑或争议。

2.5.2　变形或位移的检测内容

在建钢结构变形或位移检测的内容包括：钢结构整体垂直度、整体平面弯曲、构件垂直度、构件平面弯曲、构件轴向不平直度、跨中挠度、钢结构基础沉降等项目。

2.5.3　检测依据

《钢结构工程施工质量验收规范》GB 50205；

《钢结构现场检测技术标准》GB/T 50621。

2.5.4 检测设备

在建钢结构变形或位移检测的主要设备有：水准仪、经纬仪、激光垂准仪、全站仪、激光测距仪、吊线锤、细钢丝、细线、钢板尺等。

用于检测的测量仪器设备精度宜符合现行行业标准《建筑变形测量规范》JGJ 8 的相关规定，变形测量精度可取三级。

2.5.5 检测方法

应以设置辅助基准线的方法测量钢结构或构件的变形或位移，对非线性结构和特殊形状的构件还应考虑其初始位置的影响。

1. 长度不大于 6m 的构件变形

可用拉线、吊线锤的方法测量其变形，具体方法如下：

1）测量构件弯曲变形时，在构件两端拉紧一根细钢丝或细线，然后测量构件与拉线之间的最大距离，所测数值即是构件的变形量。

2）测量构件垂直度变形时，从构件上端吊一线锤直至构件下端，当线锤处于静止状态后，测量吊锤中心与构件下端的水平距离，该距离数值即是构件的位移量，垂直度＝位移量/实测构件有效长度。

2. 长度大于 6m（含）的构件的变形

可采用全站仪、水准仪或经纬仪检测其变形，具体方法如下：

1）检测构件挠度时，观测点应沿构件轴线或边线布设，每一构件观测点不得少于 3 个，将全站仪或水准仪测得的两端和跨中的读数进行比较计算，即可求得构件的跨中挠度。

2）构件的垂直度、平面弯曲，可通过测点间的相对位置差来计算，也可通过仪器引放置量尺直接读取数值后计算取得。

3. 整体结构的挠度（跨中挠度）

可采用激光测距仪、水准仪或拉线等方法检测。

跨度不大于 24m 的网格结构，宜测量下弦中央节点的挠度；跨度大 24m（含）的网格结构，宜测量下弦中央节点及各方向下弦跨度四等分点的挠度。

4. 结构的垂直度

测量结构垂直度时，应将仪器架设在与倾斜方向成正交的方向线上，距被测目标 1～2 倍距离的位置，测定结构顶部相对于底部的水平位移与高差，然后，计算垂直度及标明倾斜方向。

2.5.6 检测结果评定

在建钢结构或构件的变形或位移，应符合设计要求和现行国家标准《钢结构设计标准》GB 50017 及《钢结构工程施工质量验收规范》GB 50205 等的相关规定。

2.6　涂装检测

在建钢结构涂装检测包括：涂装前钢材表面除锈检测、防腐涂装检测和防火涂装检测都需要分别进行外观检查和厚度测试。

2.6.1　涂装前钢材表面除锈质量的检测

1. 除锈质量的检测项目

1）在钢结构进行钢材表面除锈及涂装前，应进行环境温度、相对湿度及钢板表面温度的检测；

2）钢材除锈后，应对钢材表面除锈质量、粗糙度进行检测，必要时进行钢材表面盐污染检测。

2. 检测依据

《钢结构工程施工质量验收规范》GB 50205；

《涂覆涂料前钢材表面处理　表面清洁度的目视评定　第 1 部分：未涂覆过的钢材表面和全面清除原有涂层后的钢材表面的锈蚀等级和处理等级》GB/T 8923.1。

3. 检测数量

根据现行国家标准《钢结构工程施工质量验收规范》GB 50205 等的规定，构件除锈后，应按构件数抽查 10%，且同类构件不应少于 3 件。

4. 除锈质量的检测工具

除锈前及钢材表面除锈质量检测的常用工具有：

1）温度计，主要用来测量环境温度，常用的有液柱式温度计和电子温度计；

2）相对湿度计，主要用来测量空气中相对湿度，常用的有手摇干湿计（俗称摇表）、电子式湿度计；

3）除锈检测图片，主要用来检测钢材表面的除锈质量和等级；

4）表面粗糙度比较样块，表面比较样块根据抛丸或喷砂等不同磨料选用分为 G 样块（喷砂）和 S 样块（抛丸）；

5）表面粗糙度测量仪，主要用来测量钢材表面粗糙度，一般分为针式粗糙度测量仪和覆膜式粗糙度测量仪；

6）铲刀，用来检测钢材表面残留的氧化皮。

5. 除锈质量检测

1）检测要求

涂装前，钢材表面除锈等级应符合设计要求和国家现行有关标准的规定。处理后的钢材表面不应有焊渣、焊疤、灰尘、油污、水和毛刺等。

2）检测方法

（1）用铲刀检查钢材表面是否有残留氧化皮；

（2）按照现行国家标准《涂覆涂料前钢材表面处理 表面清洁度的目视评定 第1部分：未涂覆过的钢材表面和全面清除原有涂层后的钢材表面的锈蚀等级和处理等级》GB/T 8923.1规定的图片对照观察检查，由于标准图片的清晰度、颜色对比较测试结果有很大影响，建议使用原版标准的图片进行对比，不要使用翻拍、翻印的对比图片；

（3）按照现行国家标准《涂覆涂料前钢材表面处理 喷射清理后的钢材表面粗糙度特性 第2部分：磨料喷射清理后钢材表面粗糙度等级的测定方法 比较样块法》GB/T 13288.2规定的ISO比较样块进行除锈质量检测，见图2.6.1。

①将比较样块置于被检测表面上；

②用手指去感触检测孔内的状况，或借助于放大镜观察；

③与比较样块上四块样区相比较，确定检测的除锈粗糙度。

图2.6.1 钢材除锈质量ISO比较样块

（4）用粗糙度测试仪进行检测。

6. 除锈质量的评定

钢材表面的除锈质量应满足设计文件及相关标准的规定，当设计无要求时，钢材表面除锈等级应符合表2.6.1的规定[2.2]。

各种底漆或防锈漆要求最低的除锈等级　　　　　　　　　　　表2.6.1

涂料品种	除锈等级
油性酚醛、醇酸等底漆或防锈漆	St3
高氯化聚乙烯、氯化橡胶、氯磺化聚乙烯、环氧树脂、聚氨酯等底漆或防锈漆	Sa2½
无机富锌、有机硅、过氯乙烯等底漆	Sa2½

2.6.2　构件防腐涂装检测

1. 检测内容

防腐涂装完成后应分别对涂层外观、涂层厚度等进行检测。当钢结构处于有腐蚀介质环境、外露或设计有要求时，应进行涂层附着力测试。

2. 防腐涂装的外观检测

1）检测依据

《钢结构工程施工质量验收规范》GB 50205。

2）检测数量

全数检查。

3）检测方法

以目视检测为主，必要时辅以放大镜或涂层漏涂点测试仪。

4）检测结果评定

防腐涂装外观应符合现行国家标准《钢结构工程施工质量验收规范》GB 50205 等的要求。涂层不应有漏涂，表面不应存在脱皮、反锈、龟裂和起泡等缺陷，不应出现裂缝，涂层应均匀、无明显皱皮、流坠、乳突、针眼和气泡等，涂层与钢基材之间和各涂层之间应粘接牢固，无空鼓、脱层、明显凹陷、粉化松散和浮浆等缺陷。

3. 防腐涂装的涂层厚度检测

1）检测依据

《钢结构工程施工质量验收规范》GB 50205。

2）检测数量

按照构件数抽查 10%，且同类构件不应少于 3 件。

每个构件检测 5 处，每处的数值为 3 个相距 50mm 测点涂层干漆膜厚度的平均值。

漆膜厚度的允许偏差为 $-25\,\mu m$。

3）检测方法

用干漆膜测厚仪检测。

4）防腐涂装的检测工具

（1）湿膜测量卡，一般用于涂装工在涂装过程中对涂料喷涂厚度的测试和控制，见图 2.6.2，待油漆表干或实干后不能使用；

（2）涂层测厚仪，又称干膜测量仪，用于测量干燥后的漆膜厚度，根据现行国家标准《钢结构现场检测技术标准》GB/T 50621，涂层测厚仪的最大量程不应小于 1200 μm，最小分辨率不应大于 2 μm，示值相对误差不应大于 3%；

（3）涂层漏涂点测试仪，用于检测涂料漏涂或露底缺陷，一般可自动提示或报警。

5）干漆膜厚度的检测

（1）防腐涂层厚度应在涂层干燥后进行检测，检测时构件的表面不应有结露；

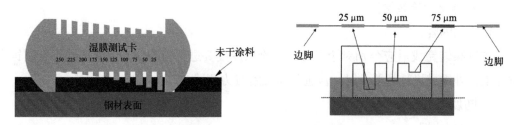

图 2.6.2 湿膜测量卡的使用

注：由最后一个沾上油漆的齿（图中观察湿膜厚介于 50μm 和 75μm 之间），根据涂料说明书，可推算出干燥后漆膜厚度值。

（2）选取具有代表性的检测区域，检测前应清除测试点表面防火涂层、灰尘、油污等；

（3）构件防腐涂层厚度通常采用涂层测厚仪进行检测，测试构件的曲率半径应符合仪器的使用要求，在弯曲试件的表面上测量时，应考虑弯曲对测试准确度的影响。使用涂层测厚仪检测时，应避免电磁干扰；

（4）对测试仪器进行二点校准，使用与被测构件基体金属具有相同性质的标准片进行校准，也可用待涂覆构件进行校准；

（5）测试时，测点距构件边缘或内转角处的距离不宜小于 20mm。探头与测点表面应垂直接触，接触时间宜保持 1～2s，读取仪器显示的测量值。

6）检测结果评定

当设计有厚度要求时，每处 3 个测点的涂层厚度平均值不应小于设计厚度的 85%，同一构件上 15 个测点的涂层厚度平均值不应小于设计厚度；当设计对涂层厚度无要求时，涂层干漆膜总厚度要求为：室外应为 150μm，室内应为 125μm，其允许偏差应为 −25μm。

4.防腐涂装的涂层附着力检测

1）检测依据

《钢结构工程施工质量验收规范》GB 50205；

《漆膜附着力测定法》GB 1720；

《色漆和清漆 漆膜的划格试验》GB/T 9286；

《色漆和清漆 拉开法附着力试验》GB/T 5210。

2）检测数量

按构件数抽查 1%，且不应少于 3 件，每件测 3 处。

3）检测设备

划格法：刻刀。

拉拔法：涂层附着力测试仪，又称拉力试验机，用于对涂料与钢材或下层涂料之间附着情况的检测。

4）检测方法

（1）漆膜的划格试验

切割数:每个构件上至少进行三个不同位置的切割,切割图形每个方向的切割数应为 6。

切割间距:每个方向切割的间距应相等;且切割的间距取决于涂层厚度,根据涂层厚度增大,切割间距可逐渐增大,一般取 1 ~ 3mm。

胶带粘贴:将胶带的中心放在网格上方,方向与一组切割线平行,然后用手指将网格区上方的胶带压平。

胶带拉开:在贴上胶带 5min 内,拿住胶带悬空的一端,以尽可能接近 60°的角度,在 0.5 ~ 1.0s 内平稳地撕离胶带。

检测结果:见表 2.6.2。

划格法试验结果分级　　　　　　　　　　　　　表 2.6.2

分级	说明	发生脱落的十字交叉切割区的表面外观
0	切割边缘完全平滑,无一格脱落	—
1	在切口交叉处有少许涂层脱落,但交叉切割面积受影响不能明显大于 5%	
2	在切口交叉处有少许涂层脱落,受影响的交叉切割面积明显大于 5%,但不能明显大于 15%	
3	涂层沿切割边缘部分或全部以大碎片脱落,和 / 或在格子不同部位上部分或全部剥落,受影响的交叉切割面积明显大于 15%,但不能明显大于 35%	
4	涂层沿切割边缘大碎片剥落,和 / 或一些方格部分或全部出现脱落。受影响的交叉切割面积明显大于 35%,但不能明显大于 65%	
5	剥落的程度超过 4 级	

(2) 拉开法附着力试验

检测环境:应在温度 (23 ± 2)℃、相对湿度 (50 ± 5)% 的条件下进行试验。

粘接试柱:按照说明书进行试柱在涂层上的粘接,要求试柱组合的各部分间产生牢固、连续的胶结面,并应立即除去多余的胶黏剂。

检测方法：在胶黏剂干燥 24h（或按照说明书）后，用拉力试验机进行拉开试验，通过拉力试验机读取拉开强度。

5）检测结果评定

（1）当使用划格法检测涂层附着力时，在检测的范围内，当涂层完整程度达到 70% 以上时，涂层附着力可认定达到质量合格标准的要求。表 2.6.2 中给出了 6 个分级，一般前 3 级为合格。

（2）当使用拉拔法检测涂层附着力时，拉开强度应符合设计要求，一般涂层要求附着力不小于 5MPa。

2.6.3 构件防火涂装检测

钢结构防火涂料分膨胀型和非膨胀型，主要有超薄型、薄型、厚型 3 种。防火涂料一般需要进行外观检测和涂层厚度检测。

防火涂层测试应在涂层干燥后进行。

1. 防火涂装外观检测

1）检测依据

《钢结构工程施工质量验收规范》GB 50205；

《钢结构防火涂料应用技术规范》CECS 24。

2）检测数量

按构件数抽查 10%，且同类构件不应少于 3 件。

3）检测方法

观察和用尺量检查。

4）检测结果评定

防火涂装不应有误涂、漏涂，涂层应闭合且无脱层、空鼓、明显凹陷、粉化松散和浮浆等外观缺陷，乳突已剔除。

超薄型防火涂料涂层表面不应出现裂纹；薄涂型防火涂料涂层表面裂纹宽度不应大于 0.5mm；厚涂型防火涂料涂层表面裂纹宽度不应大于 1.0mm。

2. 防火涂装涂层厚度检测

1）检测依据

《钢结构现场检测技术标准》GB/T 50621；

《钢结构工程施工质量验收规范》GB 50205；

《钢结构防火涂料应用技术规范》CECS 24。

2）检测数量

（1）按构件数抽查 10%，且同类构件不应少于 3 件；

（2）楼板和墙体防火涂层厚度检测时，可选用相邻纵、横轴线相交的面积为一个构件，在其对角线上，每米长度选 1 个测点，每个构件不应少于 5 个测点；

（3）全钢框架结构的梁和柱的防火涂层厚度测定，在构件长度内每隔 3m 取一截面，且每个构件不应少于 2 个截面，并按图 2.6.3-1 所示位置测试；

（4）桁架结构的上弦和下弦，每隔 3m 取一截面检测，其他腹杆每根取一截面检测。

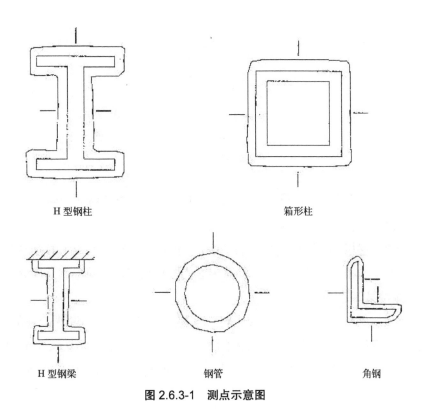

H 型钢柱　　　　　　　　　　　　　　箱形柱

H 型钢梁　　　　　　　钢管　　　　　　　　角钢

图 2.6.3-1　测点示意图

3）检测设备

膨胀型（超薄型、薄涂型）防火涂料采用涂层厚度测量仪，可参照本章第 2.6.2 节防腐涂装的方法进行检测。

非膨胀型（厚涂型）防火涂料的涂层厚度采用测针和卡尺进行检测[2.2]。用于检测的卡尺尾部应有可外伸的窄片；测针（厚度测量仪）由针杆和可滑动的圆盘组成，圆盘始终保持与针杆垂直，并在其上装有固定装置，圆盘直径不大于 30mm，以保证完全接触被测试件的表面。

检测设备的量程应大于被测的防火涂层厚度，且设备的分辨率不应低于 0.5mm。

4）检测方法与步骤

（1）检测前，应清除测试点表面的灰尘、附着物等，并应避开构件的连接部位；

（2）检测时，在测点处应将仪器的探针或窄片垂直插入防火涂层直至钢材防腐涂层表面（见图 2.6.3-2），并记录标尺读数，测试值应精确到 0.5mm；

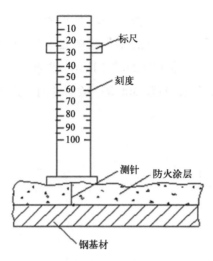

图 2.6.3-2　测厚度示意图

（3）当探针不易插入防火涂层内部时，可采取防火涂层局部剥除的方法进行检测。剥除面积不宜大于 15mm×15mm；

（4）检测时，楼板和墙面所选择的面积中，应至少测出 5 个点；梁和柱所选择的位置中，应分别测出 6 个点和 8 个点，并分别计算出它们的平均值，且精确到 0.5mm。

5）检测结果评定

膨胀型（超薄型、薄涂型）防火涂料、非膨胀型（厚涂型）防火涂料的涂层厚度及隔热性能应符合国家现行标准耐火极限的要求，且不应小于 -200μm。当采用厚涂型防火涂料涂装时，80% 及以上涂层面积应符合国家现行标准耐火极限的要求，且最薄处厚度不应低于设计要求的 85%。

2.7　安装质量检测

2.7.1　单层钢结构安装工程检测

1. 检测内容

单层钢结构安装工程检测主要包括：单层钢结构的主体结构、基础与支撑面、檩条及墙架等次要构件、钢平台、钢梯、防护栏杆等安装工程的安装质量检测[2.2]。

2. 检测依据

《钢结构工程施工质量验收规范》GB 50205。

3. 检测数量

1）单层钢结构安装工程的检查数量一般按安装数量抽查 10%，且不应少于 3 个。

2）对建筑物的定位轴线、基础柱的定位轴线、标高以及地脚螺栓（锚栓）规格、位置及紧固应进行全数检查。

3）单层钢结构主体结构的整体垂直度和整体平面弯曲，对结构的主要立面应全部检查。对每个所检查的立面，除两列角柱外，尚应至少选取一列中间柱。

4）钢平台、钢梯、栏杆的检查数量应按钢平台总数抽查 10%，栏杆、钢梯按总长度各抽查 10%，但钢平台不应少于 1 个，栏杆不应少于 5m，钢梯不应少于 1 跑。

4. 检测方法及检测工具

检测方法主要有：观察检测、拉线检查以及使用经纬仪、水准仪、全站仪和钢尺现场实测等。

5. 检测结果评定

1）基础和支承面检测

（1）建筑物的定位轴线、基础轴线和标高、地脚螺栓的规格及其紧固应符合设计要求。

（2）基础顶面直接作为柱的支承面、基础顶面预埋钢板或支座作为柱的支承面时，其支承面、地脚螺栓（锚栓）位置的允许偏差应符合表 2.7.1-1 的规定[2.2]。

支承面、地脚螺栓（锚栓）位置的允许偏差（mm）　　　　表 2.7.1-1

项　　目		允许偏差
支承面	标高	±3.0
	水平度	$l/1000$
地脚螺栓（锚栓）	螺栓中心偏移	5.0
预留孔中心偏移		10.0

（3）采用坐浆垫板时，坐浆垫板的允许偏差应符合表 2.7.1-2 的规定。

坐浆垫板的允许偏差（mm）　　　　表 2.7.1-2

项　　目	允许偏差
顶面标高	0.0 −3.0
水平度	$l/1000$
位置	20.0

（4）采用杯口基础时，杯口尺寸的允许偏差应符合表 2.7.1-3 的规定。

杯口尺寸的允许偏差（mm）　　　　表 2.7.1-3

项　　目	允许偏差
底面标高	0.0 −5.0

续表

项　目	允许偏差
杯口深度 H	±5.0
杯口垂直度	$H/100$，且不应大于 10.0
位置	10.0

　　(5) 地脚螺栓(锚栓)的螺纹应受到保护,地脚螺栓(锚栓)尺寸的偏差应符合表 2.7.1-4 的规定。

地脚螺栓（锚栓）尺寸的允许偏差（mm）　　　　　表 2.7.1-4

项　目	允许偏差
螺栓（锚栓）露出长度	+30.0 0.0
螺纹长度	+30.0 0.0

　　2) 安装和校正检测

　　(1) 钢构件外形尺寸应符合设计要求和规范的规定。运输、堆放和吊装等造成的钢构件变形及涂层脱落,应进行矫正和修补。

　　(2) 设计要求顶紧的节点,接触面紧贴不应少于 70%,且边缘最大间隙不应大于 0.8mm。

　　(3) 钢屋(托)架、桁架、梁及受压杆件的垂直度和侧向弯曲矢高的允许偏差应符合表 2.7.1-5 的规定。

钢屋（托）架、桁架、梁及受压杆件垂直度和侧向弯曲矢高的允许偏差（mm）　　表 2.7.1-5

项目	允许偏差		图　例
跨中的垂直度	$h/250$，且不应大于 15.0		
侧向弯曲矢高 f	$l \leqslant 30m$	$l/1000$，且不应大于 10.0	
	$30m < l \leqslant 60m$	$l/1000$，且不应大于 30.0	
	$l > 60m$	$l/1000$，且不应大于 50.0	

（4）单层钢结构主体结构的整体垂直度和整体平面弯曲的允许偏差应符合表 2.7.1-6 的规定。

整体垂直度和整体平面弯曲的允许偏差（mm）　　　　　　　　　　表 2.7.1-6

项　目	允许偏差	图　例
主体结构的整体垂直度	$H/1000$，且不应大于 25.0	
主体结构的整体平面弯曲	$L/1500$，且不应大于 25.0	

（5）钢柱等主要构件的中心线及标高基准点等标记应齐全。

（6）当钢桁架（或梁）安装在混凝土柱顶时，其支座中心对定位轴线的偏差不应大于 10mm；当采用大型混凝土屋面板时，钢桁架（或梁）间距的偏差不应大于 10mm。

（7）钢柱安装的允许偏差应符合表 2.7.1-7 的规定。

钢柱安装的允许偏差（mm）　　　　　　　　　　表 2.7.1-7

项目		允许偏差	图例	检验方法
柱脚底座中心线对定位轴线的偏移		5.0		用吊线和钢尺检查
柱基准点标高	有吊车梁的柱	+3.0 −5.0		用水准仪检查
	无吊车梁的柱	+5.0 −8.0		

续表

项目			允许偏差	图例	检验方法
弯曲矢高			$H/1200$，且不应大于 15.0		用经纬仪或拉线和钢尺检查
柱轴线垂直度	单层柱	$H \leqslant 10m$	$H/1000$		用经纬仪或吊线和钢尺检查
		$H>10m$	$H/1000$，且不应大于 25.0		
	多节柱	单节柱	$H/1000$，且不应大于 10.0		
		柱全高	35.0		

（8）钢吊车梁或直接承受动力荷载的类似构件，其安装的允许偏差应符合表 2.7.1-8 的规定。

钢吊车梁安装的允许偏差（mm）

表 2.7.1-8

项 目		允许偏差	图例	检验方法
梁的跨中垂直度		$h/500$		用吊线和钢尺检查
侧向弯曲矢高		$l/1500$，且不应大于 10.0		用拉线和钢尺检查
垂直上拱矢高		10.0		
两端支座中心位移	安装在钢柱上时，对牛腿中心的偏移	5.0		
	安装在混凝土柱上时，对定位的轴线的偏移	5.0		
吊车梁支座加劲板中心与柱子承压加劲板中心的偏移		$t/2$		用吊线和钢尺检查
同跨间内同一横截面吊车梁顶面高差	支座处	10.0		用经纬仪、水准仪和钢尺检查
	其他处	15.0		
同跨间内同一横截面下挂式吊车梁顶面高差		10.0		

续表

项目		允许偏差	图例	检验方法
同列相邻两柱间吊车梁顶面高差		$l/1500$，且不应大于 10.0		用水准仪和钢尺检查
相邻两吊车梁接头部位	中心错位	3.0		用钢尺检查
	上承式顶高差	1.0		
	下承式底面高差	1.0		
同跨间任一截面的吊车梁中心跨距		±10.0		用经纬仪和光电测距仪检查；跨度小时，可用钢尺检查
轨道中心地吊车梁腹板轴线的偏移		$t/2$		用吊线和钢尺检查

（9）檩条、墙架等次要构件安装的允许偏差应符合表 2.7.1-9 的规定。

墙架、檩条等次要构件安装的允许偏差（mm）　　　　表 2.7.1-9

项目		允许偏差	检验方法
墙架立柱	中心线对定位轴线的偏移	10.0	用钢尺方法
	垂直度	$H/1000$，且不应大于 10.0	用经纬仪或吊线和钢尺检查
	弯曲矢高	$H/1000$，且不应大于 15.0	用经纬仪或吊线和钢尺检查
抗风桁架的垂直度		$h/250$，且不应大于 15.0	用吊线和钢尺检查
檩条、墙梁的间距		±5.0	用钢尺检查
檩条的弯曲矢高		$L/750$，且不应大于 12.0	用拉线和钢尺检查
墙梁弯曲矢高			用拉线和钢尺检查

注：1. H 为墙架立柱的高度；
　　2. h 为抗风桁架的高度；
　　3. L 为檩条或墙梁的长度。

（10）钢平台、钢梯、栏杆安装，应符合现行国家标准《固定式钢梯及平台安全要求 第 1 部分：钢直梯》GB 4053.1、《固定式钢梯及平台安全要求 第 2 部分：钢斜梯》GB 4053．2 和《固定式钢梯及平台安全要求 第 3 部分：工业防护栏杆及钢平台》GB 4053．3 的规定。钢平台、钢梯和防护栏杆安装的允许偏差应符合表 2.7.1-10 的规定。

钢平台、钢梯和防护栏杆安装的允许偏差（mm） 表 2.7.1-10

项目	允许偏差	检验方法
平台高度	±15.0	用水准仪检查
平台梁水平度	$l/1000$，且不应大于 20.0	用水准仪检查
平台支柱垂直度	$H/1000$，且不应大于 15.0	用经纬仪或吊线和钢尺检查
承重平台梁侧向弯曲	$l/1000$，且不应大于 10.0	用拉线和钢尺检查
承重平台梁侧垂直度	$h/1000$，且不应大于 10.0	用吊线和钢尺检查
直梯垂直度	$l/250$，且不应大于 15.0	用吊线和钢尺检查
栏杆高度	±15.0	用钢尺检查
栏杆立柱间距	±15.0	用钢尺检查

（11）现场焊缝组对间隙的允许偏差应符合表 2.7.1-11 的规定。

现场焊缝组对间隙的允许偏差（mm） 表 2.7.1-11

项　目	允许偏差
无垫板间隙	+3.0 0.0
有垫板间隙	+3.0 −2.0

（12）钢结构表面应干净，结构主要表面不应有疤痕、泥沙等污垢。

2.7.2 多层及高层钢结构安装工程

1. 检测内容

多层及高层钢结构安装工程检测主要包括：多层及高层钢结构的主体结构、基础与支承面、檩条及墙架等次要构件、钢平台、钢梯、防护栏杆等安装工程的安装质量检测[2.2]。

2. 检测依据

现行国家标准《钢结构工程施工质量验收规范》GB 50205。

3. 检测数量

1）多层及高层钢结构安装工程的检查数量，一般按安装数量抽查 10%，且不应少于3个。

2）多层建筑的钢柱安装采用坐浆垫板时，应对坐浆垫板施工质检资料进行全数检查。

3）检查柱子安装时，标准柱应全部检查；非标准柱抽查10%，且不应少于3根。

4）主体结构的整体垂直度和平面弯曲，对主要立面应全部检查。所检查的每个立面，除两列角柱外，尚应至少选取一列中间柱。

5）检查钢构件安装允许偏差时，应按同类构件或节点数抽查10%，其中，柱和梁各不少于3件，主梁与次梁连接节点不应少于3个，支承压型金属板钢梁长度不应少于5m。

6）主体结构总高度的允许偏差，按标准柱列数抽查10%，且不应少于4列。

7）钢平台、钢梯、栏杆的检查数量，应按钢平台总数抽查10%，栏杆、钢梯按总长度各抽查10%，但钢平台不应少于1个，栏杆不应少于5m，钢梯不应少于1跑。

4. 检测方法及检测工具

检测方法主要有：观察检测、拉线检查以及使用经纬仪、水准仪、全站仪和钢尺现场实测等。

5. 检测结果评定

1）基础和支承面检测

(1) 建筑物的定位轴线、基础上柱的定位轴线和标高、地脚螺栓（锚栓）的规格和位置、地脚螺栓（锚栓）紧固应符合设计要求。当设计无要求时，应符合表2.7.2-1的规定。

建筑物定位轴线、基础上柱的定位轴线和标高、地脚螺栓（锚栓）的允许偏差（mm）　表 2.7.2-1

项　目	允许偏差	图　例
建筑物定位轴线	$l/20000$，且不应大于 3.0	
基础上柱的定位轴线	1.0	
基础上柱底标高	±2.0	
地脚螺栓（锚栓）位移	2.0	

（2）多层建筑结构以基础顶面直接作为柱的支承面，或以基础顶面预埋钢板或支座作为柱的支承面时，其支承面、地脚螺栓（锚栓）位置的允许偏差应符合本节表 2.7.1-1 的规定。

（3）多层建筑结构采用坐浆垫板时，坐浆垫板的允许偏差应符合本节表 2.7.1-2 的规定。

（4）当采用杯口基础时，杯口尺寸的允许偏差应符合本节表 2.7.1-3 的规定。

（5）地脚螺栓（锚栓）尺寸的允许偏差应符合本节表 2.7.1-4 的规定。地脚螺栓（锚栓）的螺纹应受到保护。

2）安装和校正检测

（1）钢构件应符合设计要求和规范的规定。运输、堆放和吊装等造成的钢构件变形及涂层脱落，应进行矫正和修补。

（2）柱子安装的允许偏差应符合表 2.7.2-2 的规定。

柱子安装的允许偏差（mm） 表 2.7.2-2

项 目	允许偏差	图 例
底层柱柱底轴线对定位轴线偏移	3.0	
柱子定位轴线	1.0	
单节柱的垂直度	$h/1000$，且不应大于 10.0	

（3）设计要求顶紧的节点，接触面紧贴不应少于 70%，且边缘最大间隙不应大于 0.8mm。

（4）钢主梁、次梁及受压杆件的垂直度和侧向弯曲矢高的允许偏差，应符合本节表 2.7.1-5 中有关钢屋（托）架允许偏差的规定。

（5）多层及高层钢结构主体结构整体垂直度，可采用激光经纬仪、全站仪测量，也可根据各节柱的垂直度允许偏差累计（代数和）计算。对于整体平面弯曲，可按产生的允许偏差累计（代数和）计算。

多层及高层钢结构主体结构的整体垂直度和整体平面弯曲的允许偏差应符合表2.7.2-3的规定。

整体垂直度和整体平面弯曲的允许偏差（mm）　　　　　　　　　　　　　　表 2.7.2-3

项　目	允许偏差	图　例
主体结构的整体垂直度	$(H/2500+10.0)$，且不应大于 50.0	
主体结构的整体平面弯曲	$l/1500$，且不应大于 25.0	

（6）钢结构表面应干净，结构主要表面不应有疤痕、泥沙等污垢。

（7）钢柱等主要构件的中心线及标高基准点等标记应齐全。

（8）钢构件安装的允许偏差应符合表 2.7.2-4 规定。

多层及高层钢结构中构件安装的允许偏差（mm）　　　　　　　　　　　　　表 2.7.2-4

项目	允许偏差	图例	检验方法
上、下柱连接处的错	3.0		用钢尺检查
同一层柱的各柱顶高度差	5.0		用水准仪检查
同一根梁两端顶面的高差	$l/1000$，且不应大于 10.0		用水准仪检查

续表

项目	允许偏差	图例	检验方法
主梁与次梁表面的高差	±2.0		用直尺和钢尺检查
压型金属板在钢梁上相邻列的错位	15.00		用直尺和钢尺检查

（9）主体结构总高度的允许偏差应符合表 2.7.2-5 的规定。

多层及高层钢结构主体结构总高度的允许偏差（mm）　　表 2.7.2-5

项目	允许偏差	图例
用相对标高度控制安装	$\pm \Sigma(\Delta_\mathrm{h} + \Delta_\mathrm{z} + \Delta_\mathrm{w})$	
用设计标高控制安装	$H/1000$，且不应大于 30.0 $-H/1000$，且不应小于 -30.0	

注：1.Δ_h 为每节柱子长度的制造允许偏差；
　　2.Δ_z 为每节柱子长度受荷载后的压缩值；
　　3.Δ_w 为每节柱子接头焊缝的收缩值。

（10）当钢构件安装在混凝土柱顶时，其支座中心对定位轴线偏差不应大于 10mm；当采用大型混凝土屋面板时，钢梁（或桁架）间距的偏差不应大于 10mm。

（11）多层及高层钢结构中钢吊车梁或直接承受动力荷载的构件，其安装的允许偏差应符合本节表 2.7.1-8 的规定。

（12）多层及高层钢结构中檩条、墙架等次要构件安装的允许偏差应符合本节表 2.7.1-9 的规定。

（13）多层及高层钢结构中钢平台、钢梯、栏杆安装应符合现行国家标准《固定式钢梯及平台安全要求 第 1 部分：钢直梯》GB 4053.1、《固定式钢梯及平台安全要求 第 2 部分：钢斜梯》GB 4033.2 和《固定式钢梯及平台安全要求 第 3 部分：工业防护栏杆及钢平台》GB 4053.3 的规定。钢平台、钢梯和防护栏杆安装的允许偏差应符合本节表 2.7.1-10 的规定。

（14）多层及高层钢结构中现场焊缝组对间隙的允许偏差应符合本节表 2.7.1-7 的规定。

2.7.3　空间结构安装工程

1. 检测内容

空间结构安装工程包括：钢管网架、网壳、索膜类空间结构，以及由钢管（圆管或方矩管）为主要受力杆件（或物件）的结构安装工程[2.2]。

空间结构安装工程检测内容包括：支座和地脚螺栓（锚栓）安装，钢网架、网壳结构安装，钢管桁架结构安装，索杆安装，膜结构安装等。

2. 支承面顶板和支承整块检测

1）检测依据

《钢结构工程施工质量验收规范》GB 50205。

2）检测数量

按支座数抽查 10%，且不应少于 4 处。

3）检测方法

观察和用经纬仪、水准仪、水平尺和钢尺实测。

4）检测结果评定

（1）钢网架、网壳结构支座定位轴线和标高的允许偏差，应符合表 2.7.3-1 的要求，支座锚栓的规格及紧固应符合设计要求。

定位轴线、基础上支座的定位轴线和标高的允许偏差　　　　　　表 2.7.3-1

项目	允许偏差（mm）	图例
结构定位轴线	l/20000 且不应大于 3.0	
基础上支座的定位轴线	1.0	
基础上支座底标高	±3.0	

（2）支座支承垫块的种类、规格、摆放位置和朝向，应符合设计要求和国家现行有关标准的规定。橡胶垫块与刚性垫块之间或不同类型刚性垫块之间不得互换使用。

（3）支承面顶板的位置、标高、水平度以及支座锚栓位置的允许偏差，应符合表 2.7.3-2 的规定。支座锚栓的紧固应符合设计要求。

支承面顶板、支座锚栓位置的允许偏差（mm）　　　　　　表 2.7.3-2

项　目		允许偏差
支承面顶板	位置	15.0
	顶面标高	0 −3.0
	顶面水平度	$l/1000$
支座锚栓	中心偏移	±5.0

注：l 为顶板长度。

（4）地脚螺栓（锚栓）尺寸的允许偏差，应符合本节表 2.7.1-4 的规定。支座锚栓的螺纹应受到保护。

3. 钢网架、网壳结构安装

1）检测依据

《钢结构工程施工质量验收规范》GB 50205；

《空间格构结构工程质量检验及评定标准》DG/T J08-89。

2）检测数量

按节点数抽查 5%，且不应少于 3 个。

3）检测方法

用普通扳手、塞尺实测及观察检查；用钢尺、经纬仪和全站仪等实测。

4）检测内容及检测结果评定

（1）钢网架、网壳结构总拼完成后及屋面工程完成后，应分别测量其挠度值，所测挠度值不应超过相应荷载条件下挠度计算值的 1.15 倍。

跨度 24m 及以下钢网架、网壳结构测量下弦中央一点；跨度 24m 以上钢网架、网壳结构测量下弦中央一点及各向下弦跨度的四等分点。

（2）螺栓球节点网架、网壳总拼完成后，高强度螺栓与球节点应紧固连接，连接处不应出现有间隙、松动等未拧紧现象。

（3）小拼单元的允许偏差应符合表 2.7.3-3 的规定。

小拼单元的允许偏差（mm）　　　　　　　　　　表 2.7.3-3

项目		允许偏差
节点中心偏移	$D ≤ 500$	2.0
	$D > 500$	3.0

续表

项目		允许偏差
杆件中心与节点中心的偏移	$d (b) \leqslant 200$	2.0
	$d (b) > 200$	3.0
杆件轴线的弯曲矢高	—	$l_1/1000$，且不应大于 5.0
网格尺寸	$l \leqslant 5000$	±2.0
	$l > 5000$	±3.0
锥体（桁架）高度	$h \leqslant 5000$	±2.0
	$h > 5000$	±3.0
对角线尺寸	$A \leqslant 7000$	±3.0
	$A > 7000$	±4.0
平面桁架节点处杆件轴线错位	$d (b) \leqslant 200$	2.0
	$d (b) > 200$	3.0

注：1. D 为节点直径；

2. d 为杆件直径，b 为杆件截面边长；

3. l_1 为杆件长度，l 为网格尺寸，h 为锥体（桁架）高度，A 为网格对角线尺寸。

（4）分条或分块单元拼装长度的允许偏差应符合表 2.7.3-4 的规定。

中拼单元的允许偏差（mm）　　　　　　　　　　表 2.7.3-4

项　目	允许偏差
分条、分块单元长度 ≤ 20m	±10.0
分条、分块单元长度 > 20m	±20.0

（5）钢网架、网壳结构安装完成后允许偏差应符合表 2.7.3-5 的规定。

钢网架结构安装的允许偏差（mm）　　　　　　　表 2.7.3-5

项　目	允许偏差	检验方法
纵向、横向长度	±l/2000，且不应超过 ±40.0	用钢尺实测
支座中心偏移	l/3000，且不应大于 30.0	用钢尺和经纬仪实测
周边支承网架、网壳相邻支座高差	l/400，且不应大于 15.0	用钢尺和水准仪实测
多点支承网架、网壳相邻支座高差	l_1/800，且不应大于 30.0	
支座最大高差	30.0	

注：1. l 为纵向、横向长度；

2. l_1 为相邻支座间距。

（6）钢网架、网壳结构安装完成后，其节点及杆件表面应干净，不应有明显的疤痕、泥沙和污垢。螺栓球节点应将所有接缝用油腻子填嵌严密，并应将多余螺孔密封。

4. 钢管桁架结构安装检测

1）检测依据

《钢结构工程施工质量验收规范》GB 50205；

《钢结构焊接规范》GB 50661。

2）检测内容

钢管桁架结构安装应检测钢管相贯节点焊缝的接头形式和坡口尺寸、焊缝质量等。

3）检测数量

钢管对接焊缝按同类接头抽查 20%，且不少于 5 个。其余均为全数检查。

4）检测方法

目视检查，用钢尺、塞尺、焊缝量规测量及用超声波探伤检测。

5）检测结果评定

（1）钢管桁架结构相贯节点焊缝的坡口角度、间隙、钝边尺寸及焊脚尺寸应符合设计要求，当设计无要求时，应符合现行国家标准《钢结构焊接规范》GB 50661 的要求。

（2）钢管对接焊缝的质量等级应符合设计要求。当设计无要求时，应符合《钢结构焊接规范》GB 50661 的规定。

（3）钢管对接焊缝或沿截面围焊焊缝构造应符合设计要求。当设计无要求时，对于壁厚小于等于 6mm 钢管，宜用 I 形坡口全周长加垫板单面全焊透焊缝；对于壁厚大于 6mm 钢管，宜用 V 形坡口全周长加垫板单面全焊透焊缝。

（4）钢管结构中相互搭接支管的焊接顺序和隐蔽焊缝的焊接方法应符合设计要求。

5. 索杆安装检测

1）检测内容

索杆结构安装施工检测内容包括：预应力施加顺序、分阶段张拉次数、各阶段张拉力和位移值等以及索杆节点外观等项目。

2）检查数量

全数检查。

3）检测方法

现场观察或现场用钢尺、经纬仪、全站仪、测力仪或压力油表检测。

4）检测结果评定

（1）索杆预应力施加方案包括预应力施加顺序、分阶段张拉次数、各阶段张拉力和位移值等应符合设计要求；各阶段张拉力值或位移变形值允许偏差为 ±10%。

（2）内力和位移测量调整后，索杆端锚具连接固定及保护措施应符合设计要求；索杆锚固长度、锚固螺纹旋合丝扣、螺母外侧露出丝扣等应满足设计要求，当设计无要求时，应符合表 2.7.3-6 的规定。

索杆端锚固连接构造要求　　　　　　　　　　　　　　　　表 2.7.3-6

项目	连接构造要求
锚固螺纹旋合丝扣	旋合长度不应小于 1.5d（d 为索杆直径）
螺母外侧露出丝扣	宜露出 2～3 扣

（3）预应力施加完毕，拉索、拉杆（含保护层）、锚具、销轴及其他连接件应无损伤。

6. 膜结构安装检测

1）检测内容

膜结构安装检测应包括：膜单元连接节点检测、膜结构预张力施工及施工后外观检测等。

2）检查数量

连接固定膜单元的耳板节点按同类连接件数抽查 10%，且不应少于 3 处。

其余全数检查。

3）检测方法

用钢尺、水准仪、经纬仪、全站仪等检测。

4）检测结果评定

预应力施加完毕，拉索、拉杆（含保护层）、锚具、销轴及其他连接件应无损伤。

膜结构安装应按照经审核的膜单元总装图和分装图进行安装。膜单元安装前，应在地面按设计要求施加预应力，且将膜边拉伸至设计长度。

膜结构预张力施加应以施力点位移和外形尺寸达到设计要求为控制标准，位移和外形尺寸允许偏差不应超过 ±10%

膜结构安装完毕后，其外形和建筑观感应符合设计要求；膜面应平整美观，无存水、漏水、渗水现象。

2.8　在建钢结构工程质量检测报告

2.8.1　检测报告的一般要求

在建钢结构工程检测报告，应给出所检测项目是否符合设计文件要求或相应验收规范规定的评定结论。

检测报告应结论准确、用词规范、文字简练。

2.8.2 检测报告的内容

在建钢结构工程检测报告应包括以下内容：

1）委托单位及委托情况

委托单位名称等；

委托情况，包括检测原因、检测目的、以往检测情况说明等。

2）工程概况

包括工程名称、结构类型、规模、施工日期、现状等；

还可包括建设单位、设计单位、监理单位及施工单位情况。

3）检测依据

包括相关法律法规、施工标准、现场检测适应的标准规范等；

设计文件及施工方案、监理方案以及现场施工过程记录文件等。

4）现场检测方案

现场检测方案的确定；

检测方法、工具、仪器的规格、数量等要求；

现场检测人员要求等。

5）现场检测情况

现场具体检测实施过程、检测试验项目及检测结果。

6）检测结论

根据现场检测结果，判定在建钢结构质量是否满足设计文件及现行国家标准《钢结构工程施工质量验收规范》GB 50205、《建筑工程施工质量验收统一标准》GB 50300 的相关要求，给出检测结论。

本章参考文献：

[2.1] GB/T 50344—2004 建筑结构检测技术标准 [S]. 北京：中国建筑工业出版社，2004.

[2.2] GB 50205—2001 钢结构工程施工质量验收规范 [S]. 北京：中国计划出版社，2001.

[2.3] 罗永峰. 国家标准《高耸与复杂钢结构检测与鉴定技术标准》编制简介 [J]. 钢结构 2014（4）：44-49.

[2.4] GB/T 50621—2010 钢结构现场检测技术标准 [S]. 北京：中国建筑工业出版社，2010.

[2.5] GB 50661—2011 钢结构焊接规范 [S]. 北京：中国建筑工业出版社，2011.

[2.6] DG/TJ 08—2011—2007 钢结构检测与鉴定技术规程 [S]. 上海：上海市建设和交通委员会，2007.

[2.7] GB/T 232—2010 金属材料 弯曲试验方法 [S]. 北京：中国标准出版社，2010.

[2.8]　GB/T 20066—2006 钢和铁 化学成分测定用试样的取样和制样方法 [S]. 北京：中国标准出版社，2006.

[2.9]　孙书青. 钢材化学成分分析方法对比 [J]. 工业与民用建筑工程技术，2011，20：157-161

[2.10]　GB/T 25774.1—2010 焊接材料的检验 第 1 部分 钢、镍及镍合金熔敷金属力学性能试样的制备及检验 [S]. 北京：中国标准出版社，2010.

[2.11]　GB/T 25777—2010 焊接材料熔敷金属化学分析试样制备方法 [S]. 北京：中国标准出版社，2010.

[2.12]　北京康桥隆盛工程检测有限公司. 建筑结构检测·鉴定·加固再设计手册 [M]. 北京：中国建筑出版社，2015.

[2.13]　JB/T 8428—2015 无损检测 超声试块通用规范 [S]. 北京：机械工业出版社，2015.

[2.14]　NB/T 47013.3—2015 承压设备无损检测 第 3 部分：超声检测 [S]. 北京：新华出版社，2015.

[2.15]　GB/T 3632 钢结构用扭剪型高强度螺栓连接副 [S]. 北京：中国标准出版社，2015.

[2.16]　GB/T 1231 钢结构用高强度大六角头螺栓、大六角螺母、垫圈技术条件 [S]. 北京：中国标准出版社，2015.

[2.17]　JGJ 82—2011 钢结构高强度螺栓连接技术规程 [S]. 北京：中国建筑工业出版社，2011.

[2.18]　GB 51008—2016 高耸与复杂钢结构检测与鉴定技术标准 [S]. 北京：中国计划出版社，2016.

[2.19]　CECS 235 铸钢节点应用技术规程 [S]. 北京：中国计划出版社，2008.

第 3 章　既有钢结构工程检测

3.1　概述

　　既有钢结构是已经正式投入使用或正在使用的钢结构，与正在建造的钢结构不同，这类钢结构的构件及节点等零部件均处于正在使用的结构中，因而，既有钢结构的检测通常只能是对在使用中的结构、构件及节点的检测。由于结构正在使用或现场检测条件难以满足或不完全具备等原因，既有钢结构现场检测的检测参数、测点抽样数量和检测测点位置往往不能像在建结构那样按某种理想的理论方法确定，而是要根据结构现场使用环境条件具体且有针对性地确定。另外，既有钢结构通常是使用十多年甚至数十年的钢结构，这类钢结构的设计、施工、维护资料往往不齐全，有的甚至没有保存相关资料，对这样的既有钢结构进行检测，就需要制定更为复杂完备的、具有针对性的检测方案，因此，既有钢结构的检测在很多方面不同于在建钢结构的检测，特别是现场检测的取样方法、抽样比例以及部分检测参数等 [3.1, 3.2]。

　　结构现场检测得到的测量数据，是既有钢结构及构件（节点）可靠性（安全性、适用性、耐久性）鉴定的依据。

3.1.1　既有钢结构检测项目

　　检测的主要项目包括 [3.3, 3.4]：结构材料性能检测、结构构件变形与损伤检测、连接与节点变形与损伤检测、结构整体变形与损伤检测、结构振动性能检测、构件疲劳性能检测、结构防腐与防火涂层质量检测以及结构性能荷载试验测试，必要时，尚应包括结构上荷载与作用的检测与核定。既有钢结构的检测项目与内容，应根据鉴定的需要确定。

3.1.2　既有钢结构现场勘查与初步分析

　　进行既有钢结构检测前，首先，应根据钢结构的体系特点及行业类型，确定检测应参照的国家及地方现行标准或规范，并根据委托方要求及结构体系构成确定检测范围，然后，进行钢结构现场勘查与初步分析，根据现场勘查分析结果提出初步勘查意见以及 / 或进一步详细检测技术方案。钢结构现场勘查与初步分析的内容包括：查阅结构设计与施工档案资料、调查结构使用与维护历史情况，现场调查结构实际状况、使用条件和环境，对结构可能存在的问题进行初步定性分析。

3.2　检测测点布置原则

既有钢结构检测测点布置原则可参考施工监测的研究及经验。结构测点布置内容包括 [3.5, 3.6]：结构测点分布和构件测点布置。测点的布置原则为：先根据结构分析结果选择关键监测参数，确定不同监测类型和监测参数以及测点在结构中的分布区域和在构件或节点上的布置位置，然后确定各测点的布置方法。

3.2.1　静力测点分布

静力测点为通过静力分析确定的测点，包括构件应力测点、结构变形或位移测点、温度测点以及风荷载测点，确定具体测点位置的原则为 [3.5, 3.6]：

1. 在结构中应力最大构件处布置应变测点，在变形最大节点处布置位移测点；

2. 在反映结构失效模式的特征应变和变形处布置相应测点；

3. 在反映结构状态变化的构件及节点处布置测点，主要包括内力变化较大构件的内力测点、位移变化较大节点的位移测点以及反力变化较大支座的反力测点；

4. 在反映结构重要区域或部位的结构受力状态处布置测点，如最高点处变形、支座处构件内力、应力集中处（支撑点）的应力等处布置相应测点；

5. 在温度变化较大的位置布置测点；

6. 在风荷载效应敏感部位布置测点。

3.2.2　动力测点分布

动力测点为通过结构动力分析确定的测点，包括构件应力测点、振动位移测点、加速度测点、频率测点以及运动速度测点。确定具体测点位置的原则为 [3.5, 3.6]：

1. 在结构构件应力响应最大处布置应变测点，在节点位移响应最大处布置位移测点；

2. 布置反映结构动力失效模式的特征测点，即特征点的动力位移测点；

3. 布置结构振型关键点的振动加速度测点。

3.3　结构用材料检测

在既有钢结构鉴定中，应了解结构用钢材的钢号，检验钢材的力学性能和化学成分，确定强度计算指标，评价其是否满足要求。

3.3.1　钢号检验

为了了解既有钢结构所用钢材的钢号，有以下几个途径：

1. 当结构设计和施工资料完整且被检验材料的性能指标随时间变化的影响可以忽略

不计时，可按下列情况之一确定材料的性能指标：

1）在施工资料中查阅材料质量证明书或材料复验报告；

2）查阅竣工图；

3）查阅以前的结构检测鉴定报告；

4）对设计施工质量较好的结构，可参考原设计图。

2. 当结构设计资料和施工资料丢失或被检验材料的性能指标随时间变化的影响不可忽略时，可采用在结构构件上直接取样进行材料性能试验或其他无损检测的方法进行检测。

通过材料性能试验确定钢号时，一般应进行力学性能试验和化学成分分析。然后，根据试验分析结果、参照结构建成年份、通过与当时的材料标准对比，确定钢号。我国各时期采用的钢材标准及其对应的钢结构常用钢材的钢号如表 3.3.1 所示。

钢结构所用钢材主要是普通碳素钢和强度较高的低合金钢，在一些特殊情况下，还采用性能较好的桥钢、优质碳素钢等。钢材冶炼方法有平炉、氧气顶吹转炉、侧吹碱性转炉等，早期钢结构主要采用平炉钢，现代钢结构主要采用氧气顶吹转炉钢。钢材按脱氧方法还分为沸腾钢、镇静钢和半镇静钢。

按照以前的标准选用钢材时，需要指明附加保证项目、冶炼方法（平炉或转炉）和脱氧方法（镇静钢、半镇静钢或沸腾钢）。按照现行国家标准《碳素结构钢》GB/T 700 和《低合金高强度结构钢》GB/T 1591 选用钢材时，根据需要选用不同的质量等级和脱氧方法，不需指明保证项目和冶炼方法。

我国各时期的钢材标准和钢结构常用钢材的钢号　　　　　　　表 3.3.1

钢种	标准代号	钢号	注释
普通碳素钢	ГOCT 380—50	CT0、CT2、CT3	苏联标准，包括平炉钢、侧吹转炉钢和镇静钢、沸腾钢
	ГOCT 380—60	CT2、CT3	
	GB 700—65	A3、A3F、AD3、AD3F	A 表示按机械性能供应；D、Y 表示氧气顶吹转炉钢，不带 D 或 Y 的为平炉钢；数字 3 表示 3 号钢；F 表示沸腾钢，不带 F 的为镇静钢
	GB 700—79	A3、A3F、AY3、AY3F	
	GB 700—88	Q235-A、Q235-AF、Q235-B、Q235-BF、Q235-C、Q235-D	Q 为屈服点"屈"字汉语拼音首位字母；235 为屈服点数值；A、B、C、D 表示质量等级；F 表示沸腾钢，不带 F 的为镇静钢
	GB/T 700—2006（现行）	Q235-A、Q235-AF、Q235-B、Q235-BF、Q235-C、Q235-D	Q 为屈服点"屈"字汉语拼音首位字母；235 为屈服点数值；A、B、C、D 表示质量等级；F 表示沸腾钢，不带 F 的为镇静钢

续表

钢种	标准代号	钢号	注释
桥用碳素钢	ГОСТ 6713—53	М16c	强度级别相当于 3 号钢，性能较好
优质碳素钢	GB 699—65	20 号钢	强度级别相当于 Q235，用于无缝钢管
	GB 699—88		
	GB/T 699—99	20 号钢	强度级别相当于 Q235，用于无缝钢管
	GB/T 699—2015（现行）	20 号钢	强度级别相当于 Q235，用于无缝钢管
低合金钢	ГОСТ 5058—49	НЛ1、НЛ2	苏联标准
	YB 13—69	16Mn	Mn 为锰元素，V 为钒元素
	GB 1591—79	16Mn、15MnV	
	GB 1591—88	16Mn、15MnV	
	GB/T 1591—94	Q345、Q390、Q420	Q 为屈服点"屈"字汉语拼音首位字母；数字表示屈服点数值；数字后加 A、B、C、D、E 表示质量等级
	GB/T 1591—2008（现行）	Q345、Q390、Q420	Q 为屈服点"屈"字汉语拼音首位字母；数字表示屈服点数值；数字后加 A、B、C、D、E 表示质量等级
桥梁用低合金钢	YB 168—70	16Mnq	Mn 为锰元素，V 为钒元素，q 表示桥梁用钢
	YB（T）10—81	16Mnq、15MnVq	

3.3.2　力学性能检测

1. 钢材力学性能检测

检测项目包括：屈服强度、抗拉强度、延伸率、冷弯性能和冲击韧性，其中冲击韧性又分常温（20℃）、0℃、−20℃和−40℃冲击韧性，分别对应现行国家标准《碳素结构钢》GB/T 700—2006 和《低合金高强度结构钢》GB/T 1591—2008 中的质量等级 B、C、D、E（Q235 无 E 级）。所选择检测项目应根据结构和材料的实际情况及鉴定需求确定。

钢材力学性能检验试件的取样数量、取样方法、试验方法和评定依据应符合表 3.3.2-1 的规定。当检验结果与调查获得的钢材力学性能基本参数信息不相符时，应加倍抽样检验[3.7]。

2. 螺栓连接副力学性能检测

检测项目应包括：螺栓材料性能、螺母和垫圈硬度。普通螺栓尚应包括螺栓实物最小拉力荷载检验。螺栓球节点用高强度螺栓力学性能的检测项目应包括拉力荷载试验、硬度试验。对接焊接接头试样应包括拉伸试样、弯曲试样和冲击试样。

钢结构紧固件力学性能检验试件的取样数量、试验方法和评定依据应符合表 3.3.2-2 的规定[3.7, 3.8]。

钢材力学性能检验项目、试验方法和评定依据　　　　　表 3.3.2-1

检验项目	最少取样数量	试验方法	评定依据
屈服强度 规定非比例延伸强度 抗拉强度 断后伸长率 断面收缩率 冷弯	2	《金属材料　拉伸试验第 1 部分：室温试验方法》GB/T 228.1 《金属材料　弯曲试验方法》GB/T 232；《焊接接头弯曲试验方法》GB/T 2653	《低合金高强度结构钢》GB/T 1591；《碳素结构钢》GB/T 700；《建筑结构用钢板》GB/T 19879；《低合金高强度结构钢》GB/T 1591；《碳素结构钢》GB/T 700；《建筑结构用钢板》GB/T 19879；
冲击韧性	3	《金属材料　夏比摆锤冲击试验方法》GB/T 229；《焊接接头冲击试验方法》GB/T 2650	
抗层状撕裂性能		《厚度方向性能钢板》GB/T 5313	《厚度方向性能钢板》GB/T 5313

钢结构紧固件力学性能检验项目、试验方法和评定依据　　　　　表 3.3.2-2

检验项目	最少取样数量	试验方法	评定依据
螺栓楔负载 螺母保证荷载 螺母和垫圈硬度	3	《钢结构用高强度大六角头螺栓、大六角螺母、垫圈技术条件》GB/T 1231；《钢结构用扭剪型高强度螺栓连接副》GB/T 3632；《钢网架螺栓球节点用高强度螺栓》GB/T 16939	《钢结构用高强度大六角头螺栓、大六角螺母、垫圈技术条件》GB/T 1231；《钢结构用扭剪型高强度螺栓连接副》GB/T 3632；《钢网架螺栓球节点用高强度螺栓》GB/T 16939；《钢结构工程施工质量验收规范》GB 50205
螺栓实物最小荷载及硬度		《紧固件机械性能螺栓、螺钉和螺柱》GB/T 3098.1；《紧固件机械性能螺母》GB/T 3098.2	《紧固件机械性能　螺栓、螺钉和螺柱》GB/T 3098.1；《紧固件机械性能螺母》GB/T 3098.2；《钢结构工程施工质量验收规范》GB 50205

3.3.3　化学成分检测

钢材的化学成分检测，可按本书 2.2.5 节的规定进行检测与评定。

3.3.4　表面硬度法推断钢材强度

随着建筑结构检测技术的发展，对于不能取样或不便取样的构件的钢材力学性能进行现场无损检测显得越来越有必要。研究表明，金属硬度与强度之间存在确定的对应关系。里氏硬度法推断钢材抗拉强度是一种无损检测技术，是一种动态硬度测试方法。

1）里氏硬度计原理

钢材的硬度和强度之间存在对应关系，具体可参照现行国家标准《黑色金属硬度及强度换算值》GB/T 1172，测得钢材硬度后，可根据该标准的测强曲线换算得到钢材抗拉强度。

里氏硬度计是根据弹性冲击原理制成的，用于测定金属材料的硬度。硬度计由冲击装置和显示装置两部分组成，其特点是：硬度值由数字显示，且体积小、重量轻，可以手握冲击装置直接对被测材料和工件进行硬度检验，特别适用于不易移动的大型工件和不易拆卸的大型部件及构件的硬度检验。因此，用来检测建筑结构用钢的硬度非常方便。

用硬度计的冲击装置，将冲击体（碳化钨或金刚石球头）从固定位置释放，冲击试样表面，测量冲击体在距试样表面 1mm 处时的冲击速度与反弹速度，则冲击试样的里氏硬度值可以用冲击体反弹速度与冲击速度之比来表示，计算公式如下：

$$HL = 1000 \times \frac{v_R}{v_A} \tag{3.3.4}$$

式中：HL——里氏硬度值（HL）；

　　　v_R——球头的冲击速度（m/s）；

　　　v_A——球头的反弹速度（m/s）。

里氏硬度计可配置六种不同的冲击头，即 D 型、DC 型、DL 型、C 型、G 型和 E 型[3.9]，其中 D 型冲击头为基本型，适用于普通硬度测试，其余五种用于各种特殊场合的硬度测试。不同的冲击头，里氏硬度计测量结果的表示方法不同。如采用 D 型头测量，则结果记为 ××HLD；如果是 C 型头，则结果记为 ×××HLC。

影响里氏硬度计硬度测试结果的因素很多，其中主要有试件表面曲率半径、表面粗糙度、试样重量、试样厚度及表面硬化层厚度、测试角度、冲击头类别、试样的应力状态等。

2）适用范围

表面硬度法适用于估算结构中钢材抗拉强度的范围，不能准确推定钢材的强度。由于里氏硬度法是通过里氏硬度计检测钢材表面硬度，从而推断钢材抗拉强度大致范围的一种方法，因此，不适用于表层与内部质量有明显差异或内部存在缺陷的钢结构构件的检测，当钢结构表面受到化学物质侵蚀或内部有缺陷时，就不能直接采用里氏硬度法检测。

3）检测方法[3.7]

（1）检测前，先进行构件测试部位表面处理。可用钢锉打磨构件表面，除去表面锈斑、油漆，然后，分别用粗、细砂纸打磨构件表面，直至露出金属光泽；

（2）按所用仪器的操作要求测定钢材表面的硬度；

（3）在测试时，构件及测试面不得有明显的颤动；

（4）根据所建立的专用测强曲线换算钢材的强度；

（5）可参考现行国家标准《黑色金属硬度及强度换算值》GB/T 1172 等的规定确定钢材的换算抗拉强度，但测试仪器和检测操作应符合相应标准的规定，并应对标准提供的换算关系进行验证。

表面硬度测试的具体操作方法，可参照《里氏硬度计现场检测建筑钢结构钢材抗拉强度技术规程》DGJ32/TJ 116。应用表面硬度法检测钢结构钢材抗拉强度时，应有取样检验钢材抗拉强度的验证。

3.3.5　钢材金相检测

钢材的金相检测，可按本书 2.2 节 2.2.7 的规定进行检测与评定。

3.3.6　钢材检测其他注意事项

1）力学性能试验的取样位置和试样制备要求，应符合现行国家标准《钢及钢产品 力学性能试验取样位置及试样制备》GB/T 2975 的规定。当取样条件困难时，可寻找方便位置取样。拉伸试验试样可采用圆形横截面试样。测定化学成分的取样可以在上述力学性能试验的取样位置取得原始样品，也可以从用作力学性能试验的材料上取得分析样品。在结构构件上取样进行试验测得的数据，仅可用于评价结构性能，不适合评价钢材产品质量[3.8]。

2）当被检验钢材的屈服点或抗拉强度不满足要求时，应补充取样进行拉伸试验。补充试验应将同类构件同一规格的钢材划为一批，每批抽样 3 个[3.8]。

3）从国家标准 GB/T 700—88、GB/T 1591—94 中规定的 Mn 元素含量可知，碳素结构钢与低合金高强度结构钢两者的 Mn 元素含量有较大差别，碳素钢的 Mn 含量低于 0.8%，而低合金钢的锰含量为 1.0% ~ 1.7%，因此，根据 Mn 元素含量可以较容易区分碳素结构钢和低合金高强度结构钢。但现行国家标准 GB/T 700—2006 中"取消了各牌号 Mn 含量下限，并提高 Mn 含量上限"，其中规定 Mn 含量不大于 1.4%，与低合金钢的 Mn 含量不大于 1.7% 区别不大，因此，2006 年以后生产的碳素结构钢无法通过化学成分分析与低合金钢进行区分。

4）我国钢结构设计标准对承重结构钢材的力学性能、化学成分，一般情况下要求保证屈服强度、抗拉强度和延伸率以及硫、磷含量，对焊接结构还应保证冷弯和碳含量，对承受动力荷载的吊车梁或类似结构还应保证冲击韧性。对承受动力荷载或处于低温环境的结构，要求不应采用沸腾钢。TJ 17—74、GBJ 17—88、GB 50017—2003 以及新颁布的《钢结构设计标准》GB 50017—2017 对焊接承重结构以及重要的非焊接承重结构均要求保证冷弯性能，非焊接重要结构（吊车梁、吊车桁架、有振动设备或有大吨位吊车厂房的屋架、托架，大跨度重型桁架等）以及需要弯曲成型的构件也都要求具有冷弯性能的保证。

5）承重构件的钢材应符合建造当年钢结构设计规范和相应产品标准的要求，如果构件的使用条件发生根本的改变，还应符合现行规范标准的要求，否则，应在确定承载能力和评级时考虑其不利影响。仅材料强度不满足要求时，可根据按拉伸试验结果确定的设计强度计算承载能力[3.8]。

6）由于累积损伤、腐蚀及灾害等原因可能造成材料性质发生改变时，应在鉴定对象上取样检验；进行检验组分批时，应考虑致损条件、损伤程度的同一性[3.8]。

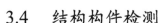

3.4　结构构件检测

3.4.1　概述

1. 钢结构构件检测内容主要包括 [3.3, 3.4]：几何尺寸、制作安装偏差与变形、缺陷与损伤、构造与连接、涂装与腐蚀。对于普通构件检测，上述检测内容宜全部进行检测；对于专项检测，可仅对指定检测内容进行检测。

2. 对钢结构构件进行检测时，一般可将其划分为柱构件、梁构件、杆构件、板构件、桁架和柔性构件，分类方法如下 [3.3, 3.4]：

1）柱构件：实腹柱一层中的一根柱为一个构件，格构柱一层中的整根柱（即含所有柱肢）为一个构件。

2）梁构件：一跨中的整根梁为一个构件；若仅鉴定一根连续梁时，可取整根为一个构件。

3）杆构件：仅承受拉或压的一根为一个构件；

4）板构件：一个计算单元为一个构件；

5）桁架：一榀为一个构件；

6）柔性构件仅承受拉力的一根索杆棒等为一个构件。

上述划分方法是对一般结构而言，大型复杂构件与结构系统没有明显的界线（如桁架组合截面柱等），因此，对具体工程的构件划分可灵活确定。

3. 钢结构检测的检测方案主要有全数检测和抽样检测两种，钢构件的构件数量及检测项目往往很多，一般不可能全数检测，而通常采用抽样检测法，即从检测批中抽出少量个体组成样本，对样本进行规定项目的检测，再由样本检测参数去推断检验批的检测参数。钢构件检测抽样数量可根据检测项目的特点，按下列原则确定 [3.3, 3.4]：

1）构件外部缺陷与损伤、涂装与腐蚀，宜全数普查；缺陷与腐蚀是造成钢结构工程事故的主要因素，故将钢构件缺陷与腐蚀的检测按主控项目考虑，宜选用全数检测方案。

2）当受检范围较小或构件数量较少时，或者构件质量状况差异较大时，宜采用全数检测方案。

3）构件几何尺寸、制作安装偏差与变形，应根据现场实际情况确定抽样数量与位置；将几何尺寸偏差与变形按一般项目考虑，宜选用一次或二次计数抽样方案。

4）构件的构造与连接，应选择对结构安全影响大的部位进行检测。构件的连接构造对同批次构件往往具有共性，故可选择对结构安全影响大的部位进行抽样。

5）在建钢结构按检验批检测时，其抽样检测的比例及合格判定应符合现行国家标准《钢结构工程施工质量验收规范》GB 50205 的规定。

6）既有钢结构计数抽样检测时，其每批抽样检测的最小样本容量不应小于现行国家标准《钢结构现场检测技术标准》GB/T 50621 表 3.4.4 的规定以及《高耸与复杂钢结构检测与鉴定标准》GB 51008 的规定。

当委托方指定检测对象或检测范围时，或者检测对象是因环境侵蚀、火灾、水灾、爆炸、高温以及人为等因素造成部分损伤的构件，此时，检测对象可以是单个构件或部分构件，但检测结论不得扩大到未检测的构件或范围。

3.4.2　构件外形与定位尺寸检测

1. 检测内容与检测方法

构件的外形与定位几何尺寸应包括：构件轴线或中心线尺寸、主要零部件布置定位尺寸以及零部件规格尺寸、构件外形尺寸。

2. 检测数量

抽样检测构件的数量，可根据具体情况确定，但不应少于现行国家标准《建筑结构检测技术标准》GB/T 50344 表 3.3.13、《钢结构现场检测技术标准》GB/T 50621 表 3.4.4 或《高耸与复杂钢结构检测与鉴定标准》GB 51008 规定的相应检测类别的最小样本容量。

3. 检测设备

可采用游标卡尺、卷尺、直尺进行测量。尺寸测量仪器应经过计量认证并在有效期内。

4. 检测方法

构件外形尺寸检测的范围为所抽样构件的全部外形尺寸。每个尺寸在构件的 3 个部位量测，取 3 处测试值的平均值作为该尺寸的代表值。

5. 检测依据及检测结果评定依据

1）对检测批构件的重要尺寸，应按照现行国家标准《建筑结构检测技术标准》GB/T 50344 表 3.3.14-1 或表 3.3.14-2 进行检测批的合格判定。

2）对检测批构件一般尺寸的判定，应按照现行国家标准《建筑结构检测技术标准》GB/T 50344 表 3.3.14-3 或表 3.3.14-4 进行检测批的合格判定。

3）特殊部位或特殊情况下，应选择对构件安全性影响较大的部位或损伤有代表性的部位进行检测。

4）钢构件的外形与定位尺寸偏差应以最终设计文件规定的尺寸为基准进行计算。偏差的允许值，应符合下列规定：

（1）焊接 H 型钢偏差的允许值，依据现行国家标准《钢结构工程施工质量验收规范》GB 50205 附录 C 中表 C.0.1 的规定确定，截面高度 $h < 500mm$，允许偏差为 $\pm2.0mm$；截面高度 $500 \leqslant h < 1000mm$，允许偏差为 $\pm3.0mm$；截面高度 $h \geqslant 1000mm$，允许偏差为 $\pm4.0mm$；截面宽度 b 的允许偏差为 $\pm3.0mm$。

（2）钢管杆件偏差的允许值，依据现行国家标准《直缝电焊钢管》GB/T 13793 第 5.1.2 条规定确定，外径 $20mm < D < 50mm$，允许偏差为 $\pm0.5mm$；外径 $D \geqslant 50mm$ 范围内的钢管，允许偏差为 $\pm1\% D$。

3.4.3　构件厚度检测

钢结构构件厚度检测，可按本书 2.3.4 节的规定进行检测与评定。

3.4.4　构件变形与安装偏差检测

1. 检测内容与检测方法

钢结构构件变形检测的内容包括构件垂直度、弯曲变形、扭曲变形、跨中挠度，钢构件的垂直度、侧向弯曲矢高、扭曲变形应根据测点间相对位置差计算确定。

2. 抽样数量

钢结构构件变形与安装偏差主控项目可采用钢尺检查，并应全数检查，主控项目内容见现行国家标准《钢结构工程施工质量验收规范》GB 50205 表 8.5.1；钢结构构件变形与安装偏差一般项目按构件数量抽查 10%，且不应少于 3 件，一般项目检测内容见现行国家标准《钢结构工程施工质量验收规范》GB 50205 附录 C 中表 C.0.3～表 C.0.9。

3. 检测依据及检查结果评定

钢结构构件的变形与安装偏差宜符合下列规定：

1）钢结构构件变形与安装偏差主控项目的允许偏差应符合现行国家标准《钢结构工程施工质量验收规范》GB 50205 表 8.5.1 的要求：单层柱、梁、桁架受力支托（支承面）表面至第一个安装孔距离允许偏差为 ±1.0mm；多节柱铣平面至第一个安装孔距离允许偏差为 ±1.0mm；实腹梁两端最外侧安装孔距离允许偏差 ±3.0mm；构件连接处的截面几何尺寸允许偏差为 ±3.0mm；梁、柱连接处的腹板中心线偏移允许偏差为 2.0mm；受压构件（杆件）弯曲矢高允许偏差为 $L/1000$，且不应大于 10.0mm。

2）钢结构构件变形与安装偏差一般项目的允许偏差应符合现行国家标准《钢结构工程施工质量验收规范》GB 50205 附录 C 中表 C.0.3～表 C.0.9 的规定。

3.4.5　构件缺陷与损伤检测

1. 检测内容与检测方法

钢结构构件缺陷与损伤检测的内容应包括：裂纹、局部变形、人为损伤、腐蚀等项目。钢结构构件表面裂纹与人为损伤可采用观察和渗透的方法检测，钢结构构件的内部裂纹可采用超声波探伤法或射线法检测；钢结构构件的局部变形可采用观察和尺量的方法检测。

2. 检测数量

根据现行国家标准《高耸与复杂钢结构检测与鉴定标准》GB 51008 第 5.1.3 条的规定，钢结构构件的缺陷与损伤宜全部普查。

3. 评定依据

根据现行国家标准《高耸与复杂钢结构检测与鉴定标准》GB 51008 第 5.4.5 条的规定，

当构件存在裂纹或部分断裂时，应根据损伤程度评定为 c_u 级或 d_u 级；当吊车梁受拉区或吊车桁架受拉杆及其节点板有裂纹时，应根据损伤程度评定为 c_u 级或 d_u 级。

3.4.6　构件材料强度检测

1. 抽样原则

构件强度检测抽样构件的数量，可根据具体情况确定，但不应少于现行国家标准《建筑结构检测技术标准》GB/T 50344 中表 3.3.13 规定的相应检测类别的最小样本容量。

2. 检测方法和评定依据

可按照本书 3.3.2 节和 3.3.4 节确定。

3.4.7　构件腐蚀检测

1. 检测内容

构件腐蚀检测的内容应包括腐蚀损伤程度、腐蚀速度。钢结构及构件的腐蚀与腐蚀环境密切相关。腐蚀环境是相对的，主要根据构件宏观腐蚀情况划分，区分腐蚀环境的目的是为详细检查选点。实际操作中，应注意调查防腐维修情况，避免被新近的防腐涂层误导。

钢结构使用环境腐蚀性等级，宜根据建筑物所处区域的生产或生活环境评定。根据使用环境长期作用对钢结构的腐蚀状况，可将使用环境分为：严重腐蚀、一般腐蚀、轻微腐蚀和无腐蚀四个等级。

常温下气态介质对钢结构的腐蚀性等级，可根据介质类别以及环境相对湿度，按表 3.4.7-1[3.2] 的规定评定。当介质含量低于表中下限时，环境腐蚀性等级可降低一级。

气态介质对钢结构的腐蚀等级　　　　　　　表 3.4.7-1

介质类别	介质名称	介质含量（mg/m³）	环境相对湿度（%）	腐蚀性等级
Q1	氯	1 ~ 5	>75	严重腐蚀
			60 ~ 75	一般腐蚀
			<60	一般腐蚀
Q2		0.1 ~ 1	>75	一般腐蚀
			60 ~ 75	一般腐蚀
			<60	轻微腐蚀
Q3	氯化氢	1 ~ 15	>75	严重腐蚀
			60 ~ 75	严重腐蚀
			<60	一般腐蚀

续表

介质类别	介质名称	介质含量（mg/m³）	环境相对湿度（%）	腐蚀性等级
Q4	氯化氢	0.05 ～ 1	>75	严重腐蚀
			60 ～ 75	一般腐蚀
			<60	轻微腐蚀
Q5	氮氧化物（折合二氧化氮）	5 ～ 25	>75	严重腐蚀
			60 ～ 75	一般腐蚀
			<60	一般腐蚀
Q6		0.1 ～ 5	>75	一般腐蚀
			60 ～ 75	一般腐蚀
			<60	轻微腐蚀
Q7	氯化氢	5 ～ 100	>75	严重腐蚀
			60 ～ 75	一般腐蚀
			<60	一般腐蚀
Q8		0.01 ～ 5	>75	一般腐蚀
			60 ～ 75	一般腐蚀
			<60	轻微腐蚀
Q9	氟化氢	5 ～ 50	>75	严重腐蚀
			60 ～ 75	一般腐蚀
			<60	一般腐蚀
Q10	二氧化硫	10 ～ 200	>75	严重腐蚀
			60 ～ 75	一般腐蚀
			<60	一般腐蚀
Q11		0.5 ～ 10	>75	一般腐蚀
			60 ～ 75	一般腐蚀
			<60	轻微腐蚀
Q12	硫酸酸雾	大量作用	>75	严重腐蚀
Q13		少量作用	>75	严重腐蚀
			<60	一般腐蚀
Q14	醋酸酸雾	大量作用	>75	严重腐蚀
Q15		少量作用	>75	严重腐蚀
			≤ 75	一般腐蚀

续表

介质类别	介质名称	介质含量（mg/m³）	环境相对湿度（%）	腐蚀性等级
Q16	二氧化碳	>2000	>75	一般腐蚀
			60～75	轻微腐蚀
			<60	轻微腐蚀
Q17	氨	>20	>75	一般腐蚀
			60～75	一般腐蚀
			<60	轻微腐蚀
Q18	碱雾	少量作用	—	轻微腐蚀

常温下固态介质（含气溶胶）对钢结构的腐蚀性等级，可根据介质类别和环境相对湿度，按表 3.4.7-2[3.2] 的规定评定。当偶尔有少量介质作用时，腐蚀性等级可降低一级。

固态介质对钢结构的腐蚀等级

表 3.4.7-2

介质类别	介质在水中的溶解度	介质的吸湿性	介质名称	环境相对湿度（%）	腐蚀性等级
G1	难溶	—	硅酸盐、磷酸盐与铝酸盐，钙、钡、铅的碳酸盐和硫酸盐，镁、铁、铬、硅的氧化物和氢氧化物	>75	轻微腐蚀
				60~75	
				<60	
G2			钠、钾、锂的氯化物	>75	严重腐蚀
				60~75	严重腐蚀
	易溶	难吸湿		<60	一般腐蚀
G3			钠、钾、铵、锂的硫酸盐和亚硫酸盐，铵、镁的硝酸盐，氯化铵	>75	严重腐蚀
				60~75	一般腐蚀
				<60	轻微腐蚀
G4			钠、钾、钡、铅的硝酸盐	>75	一般腐蚀
				60~75	一般腐蚀
				<60	轻微腐蚀
G5	易溶	难吸湿	钠、钾、铵的碳酸盐和碳酸氢盐	>75	一般腐蚀
				60~75	轻微腐蚀
				<60	无腐蚀
G6			钙、镁、锌、铁、铟的氯化物	>75	严重腐蚀
				60~75	一般腐蚀
				<60	一般腐蚀

续表

介质类别	介质在水中的溶解度	介质的吸湿性	介质名称	环境相对湿度（%）	腐蚀性等级
G7	易溶	难吸湿	镉、镁、镍、锰、锌、铜、铁的硫酸盐	>75	严重腐蚀
				60~75	一般腐蚀
				<60	一般腐蚀
G8			钠、锌的亚硝酸盐，尿素	>75	一般腐蚀
				60~75	一般腐蚀
				<60	轻微腐蚀
G9			钠、钾的氢氧化钠	>75	一般腐蚀
				60~75	一般腐蚀
				<60	轻微腐蚀

若钢结构使用环境中有多种介质同时存在时，腐蚀性等级应取最高者。

钢结构使用环境的相对湿度，宜采用地区年平均相对湿度或构配件所处部位的实际相对湿度。室外环境相对湿度，可根据地区降水情况，比年平均相对湿度适当提高。不可避免结露的部位和经常处于潮湿状态的部位，环境相对湿度应大于 75%。

2. 检测方法

检测前应先清除待测表面积灰、油污、锈皮；对均匀腐蚀情况，测量腐蚀损伤板件的厚度时，应沿其长度方向选取 3 个腐蚀较严重的区段，且每个区段选取 8～10 个测点测量构件厚度，取各区段量测厚度的最小算术平均值，作为该板件实际厚度，腐蚀严重的，测点数应适当增加；对局部腐蚀情况，测量腐蚀损伤板件的厚度时，应在其腐蚀最严重的部位选取 1～2 个截面，每个截面选取 8～10 个测点测量板件厚度，取各截面量测厚度的最小算术平均值，作为该板件实际厚度，并记录测点位置，腐蚀严重时，测点数可适当增加。

3. 检测数量

钢构件的腐蚀损伤可根据现行国家标准《高耸与复杂钢结构检测与鉴定标准》GB 51008 第 5.1.3 条的规定，全部普查。

4. 检测结果评定

1）板间腐蚀损伤量应取初始厚度减去实际厚度。初始厚度应根据构件未腐蚀部分实测厚度确定。在没有未腐蚀部分的情况下，初始厚度应取下列两个计算值中的较大者：所有区段全部测点的算数平均值加上 3 倍的标准差；公称厚度减去允许负公差的绝对值。

2）构件后期的腐蚀速度可根据构件当前腐蚀程度、受腐蚀的时间以及最近腐蚀环境扰动等因素综合确定，并可结合结构的后续目标使用年限，判断构件在后续目标使用年限内的腐蚀残余厚度。对于均匀腐蚀，当后续目标使用年限内的使用环境基本保持不变时，构件的腐蚀耐久性年限可根据剩余腐蚀牺牲层厚度、以前的年腐蚀速度确定。对于均匀腐蚀，且后续目标使用年限内的使用环境基本保持不变的情况下，钢结构构件板件的耐久性年限可按下列公式计算：

$$Y = \alpha t / v \tag{3.4.7}$$

式中：Y——构件的剩余耐久年限（a）；

α——与腐蚀速度有关的修正系数，年腐蚀量为 0.01 ～ 0.05mm 时取 1.0，小于 0.01mm 时取 1.2，大于 0.05mm 时取 0.8；

t——剩余腐蚀牺牲层厚度（mm），按设计规定（或结构承载能力鉴定分析）允许的腐蚀牺牲层厚度减去已经腐蚀厚度计算；

v——以前的年腐蚀速度（mm/a）。

3）对其他情况，应根据检测结果综合判断。

4）根据现行国家标准《高耸与复杂钢结构检测与鉴定标准》GB 51008 第 5.4.3 条的规定，腐蚀钢构件评定其承载力安全等级时，应按下列规定考虑腐蚀对钢材性能和截面损失的影响：

（1）若腐蚀损伤量不超过初始厚度的 25% 且残余厚度大于 5mm，可不考虑腐蚀对钢材强度的影响；对于普通钢结构，若腐蚀损伤量超过初始厚度的 25% 或残余厚度不大于 5mm，钢材强度应乘以 0.8 的折减系数；对于冷弯薄壁钢结构，若截面腐蚀大于 10% 时，钢材强度应乘以 0.8 的折减系数。

（2）强度和整体稳定性验算时，构件截面积和模量的取值应考虑腐蚀对截面的削弱。

（3）疲劳验算时，若构件表面发生明显的锈坑，但腐蚀损伤量不超过初始厚度的 5% 时，构件疲劳计算类别不得高于 4 类；若腐蚀损伤量超过初始厚度的 5%，构件疲劳计算类别不得高于 5 类。

3.4.8 构件防腐涂层检测

1. 检测内容

根据现行国家标准《高耸与复杂钢结构检测与鉴定标准》GB 51008 第 5.3.7 条的规定，涂层的检测项目包括外观质量、涂层完整性和涂层厚度。

2. 检测抽样数量

根据现行国家标准《高耸与复杂钢结构检测与鉴定标准》GB 51008 第 5.3.7 条的规定，钢结构构件涂层外观质量可采用观察检查，宜全数普查；涂层裂纹可采用观察检查和尺量检查，构件抽查数量不应少于 10%，且不应少于 3 根；涂层完整性可采用观察检查，宜全数普查；涂层厚度构件抽查数量不应少于 10%，且不应少于 3 根。

3. 检测设备

钢结构构件防腐涂层厚度通常采用涂层测厚仪进行检测，依据现行国家标准《钢结构现场检测技术标准》GB/T 50621，涂层测厚仪的最大量程不应小于 1200μm，最小分辨率不应大于 2μm，示值相对误差不应大于 3%。

涂层测厚仪测试原理如下：

涂层测厚仪一般采用电磁感应法测量涂层的厚度。将处于工作状态的测量探头放置于被测部件表面，由此产生一个闭合的磁回路，随着移动探头与铁磁性材料间距离的改变，该磁回路将产生不同程度的改变，从而引起磁阻及探头线圈电感的变化。利用这一原理，可以精确地测量探头与铁磁性材料间的距离，该距离即所测的涂层厚度。

目前，国内使用最为普遍的是磁性法和涡流法的测厚仪，测量方法对涂层无损伤，既不破坏被测工件覆层也不破坏基材。

4. 检测方法

依据现行国家标准《钢结构现场检测技术标准》GB/T 50621，防腐涂层厚度的检测应在涂层干燥后进行，同一构件应检测 5 处，每处应检测 3 个相距 50mm 的测点。测点部位的涂层应与钢材附着良好，且应在外观检查合格后进行检测，检测时应避免电磁干扰。测试步骤如下：

1）选取具有代表性的检测区域，检测前应清除测试点表面防火涂层、灰尘、油污等；

2）对测试仪器进行二点校准，使用与被测构件基体金属具有相同性质的标准片进行校准，也可用待涂覆构件进行校准；

3）测试时，测点距构件边缘或内转角处的距离不宜小于 20mm。探头与测点表面应垂直接触，接触时间宜保持 1 ~ 2s，读取仪器显示的测量值。

5. 检查结果评定

依据现行国家标准《钢结构现场检测技术标准》GB/T 50621 及《钢结构工程施工质量验收规范》GB 50205，当设计有厚度要求时，每处 3 个测点的涂层厚度平均值不应小于设计厚度的 85%，同一构件上 15 个测点的涂层厚度平均值不应小于设计厚度；当设计对涂层厚度无要求时，涂层干漆膜总厚度要求为：室外应为 150μm，室内应为 125μm，其允许偏差应为 -25μm。

3.4.9　构件防火涂层检测

钢结构构件防火涂层，可按本书 2.6.3 节的规定进行检测与评定。

3.5　连接与节点检测

3.5.1　焊缝连接的检测与鉴定

1. 一般要求

焊缝连接鉴定必须基于焊缝的实际几何尺寸、构造形式、施工质量和损伤退化程度进行可靠性评定，准确检测焊缝现状是评定焊缝的前提条件和基础[3.8]。

焊缝检测的抽样应保证抽样具有代表性，抽样方法应符合以下规定[3.10]：

1）焊缝处数量的计数方法：工厂制作焊缝长度小于等于 1000mm 时，每条焊缝为 1 处；长度大于 1000mm 时，将其划分为每 300mm 为 1 处；现场安装焊缝每条焊缝为 1 处；

2）检查批可按下列方法确定：

（1）多层框架结构可以每节柱的所有构件组成批；

（2）安装焊缝可以区段组成批；多层框架结构可以每层（节）的焊缝组成批。

3）批的大小宜为 300 ~ 600 处；

4）抽样检查除特别指定焊缝外，其他均应采用随机取样方式。

2. 焊缝外观质量检测

1）主控项目检测

质量要求：焊缝表面不得有裂纹、焊瘤等缺陷。一级、二级焊缝不得有表面气孔、夹渣、弧坑裂纹、电弧擦伤等缺陷，且一级焊缝不许有咬边、未焊满、根部收缩等缺陷。

检查数量：每批同类构件抽查 10%，且不应少于 3 件；被抽查构件中，每一类型焊缝按条数抽查 5%，且不应少于 1 条；每条检查 1 处，总抽查数不应少于 10 处。

检验方法：观察检查或使用放大镜、焊缝量规和钢尺检查，当存在疑义时，采用渗透或磁粉探伤检查。

2）一般项目检验

（1）二级、三级焊缝外观质量：应符合现行国家标准《钢结构工程施工质量验收规范》GB 50205 附录 A 中表 A.0.1 的规定。三级对接缝应按二级焊缝标准进行外观质量检验。

检查数量：每批同类构件抽查 10%，且不应少于 3 件；被抽查构件中，每一类型焊缝按条数抽查 5%，且不应少于 1 条；每条检查 1 处，总抽查数不应少于 10 处。

检验方法：观察检查或使用放大镜、焊缝量规和钢尺检查。

（2）角焊缝外观质量：直接焊接成凹形的角焊缝，焊缝金属与母材间应平缓过渡；加工成凹形的角焊缝，不得在其表面留下切痕。

检查数量：每批同类构件抽查 10%，且不应少于 3 件。

检验方法：观察检查。

（3）焊缝其他外观质量：外形均匀、成型良好，焊道与焊道、焊道与基本金属间过渡较平滑，焊渣和飞溅物基本清除干净。

检查数量：每批同类构件抽查 10%，且不应少于 3 件；被抽查构件中，每种焊缝按数量各抽查 5%，总抽查处不应少于 5 处。

检验方法：观察检查。

3. 焊脚尺寸检测

T 形接头、十字接头、角接接头等要求熔透的对接和角对接组合焊缝及设计有疲劳验算要求的吊车梁或类似构件的腹板与上翼缘连接焊缝，均应进行焊脚尺寸检测。

1）主控项目

T 形接头、十字接头、角接接头等要求熔透的对接和角对接组合焊缝，其焊脚尺寸不应小于 $t/4$[图 3.5.1(a)、(b)、(c)]；设计有疲劳验算要求的吊车梁或类似构件的腹板与上翼缘连接焊缝的焊脚尺寸为 $t/2$[图 3.5.1(d)]，且不应大于 10mm。焊脚尺寸的允许偏差为 0 ~ 4mm。

检查数量：资料全数检查；同类焊缝抽查 10%，且不应少于 3 条。

检验方法：观察检查，用焊缝量规抽查测量。

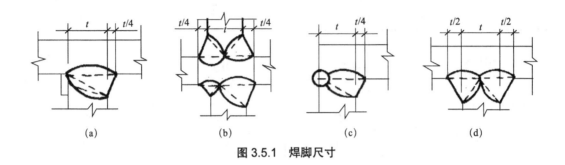

(a)　　　　　　(b)　　　　　　(c)　　　　　　(d)

图 3.5.1　焊脚尺寸

2）一般项目

焊缝尺寸允许偏差应符合现行国家标准《钢结构工程施工质量验收规范》GB 50205 附录 A 中表 A.0.2 的规定。

检查数量：每批同类构件抽查 10%，且不应少于 3 件；被抽查构件中，每种焊缝按条数各抽查 5%，但不应少于 1 条；每条检查 1 处，总抽查数不应少于 10 处。

检验方法：用焊缝量规检查。

4. 焊缝内部探伤检验

质量要求：原设计要求全焊透的一、二级焊缝应采用超声波探伤进行内部缺陷检验，超声波探伤不能对缺陷做出判断时，应采用射线探伤。焊缝内部缺陷分级及探伤方法应符合现行国家标准《焊缝无损检测　超声检测　技术、检测等级和评定》GB/T 11345 或《金属熔化焊焊接接头射线照相》GB 3323 的规定。

焊接球节点网架焊缝、螺栓球节点网架焊缝及圆管 T、K、Y 形节点相贯线焊缝，内部缺陷分级及探伤方法应分别符合现行标准《钢结构超声波探伤及质量分级法》JG/T 203、《钢结构焊接规范》GB 50661 的规定。

检查数量：每批同类构件抽查 10%，且不应少于 3 件；被抽查构件中，每种焊缝按数量各抽查 5%，总抽查处不应少于 5 处。

检验方法：超声波探伤检测，特殊情况下可采用射线探伤检测。

5. 焊缝质量评定

1）焊缝外观质量评定标准

焊缝外观质量检验应符合现行国家标准《钢结构工程施工质量验收规范》GB 50205 的规定，且应符合本书第 2 章表 2.4.1-1 的要求。

2）焊缝内在质量评定

一级、二级焊缝的内在质量等级应符合现行国家标准《钢结构工程施工质量验收规范》GB 50205 即表 3.5.1 的规定。

一、二级焊缝质量等级及缺陷分级　　　　表 3.5.1

焊缝质量等级		一级	二级
内部缺陷 超声波探伤	评定等级	Ⅱ	Ⅲ
	检验等级	B 级	B 级
	探伤比例	100%	20%
内部缺陷 射线探伤	评定等级	Ⅱ	Ⅲ
	检验等级	AB 级	AB 级
	探伤比例	100%	20%

注：探伤比例的计数方法应按以下原则确定：(1) 对工厂制作焊缝，应按每条焊缝计算百分比，且探伤长度应不小于 200mm，当焊缝长度不足 200mm 时，应对整条焊缝进行探伤；(2) 对现场安装焊缝，应按同一类型、同一施焊条件的焊缝条数计算百分比，探伤长度应不小于 200mm，并应不少于 1 条焊缝。

6. 焊缝质量检测评定其他注意事项

1）严重腐蚀的焊缝，应检测并记录焊缝截面的腐蚀程度，剩余焊缝的长度、高度，焊缝承载能力分析应考虑其影响；

2）当焊缝截面严重腐蚀削弱时，除考虑截面损失对承载能力的影响之外，还应考虑焊缝受力条件改变可能产生的不利影响；

3）焊缝的强度和构造等级，应根据实际检测的焊缝几何尺寸、构造形式、工作状态和质量，进行计算和评定[3.8]；

4）焊缝连接的安全性与耐久性评定应符合国家现行标准《高耸与复杂钢结构检测与鉴定标准》GB 51008 的规定；

5）焊缝质量和构造要求不符合现行规范要求的焊缝直接认定为失效焊缝。

3.5.2　螺栓连接的检测与鉴定

1. 抽样原则

紧固件检测的抽样数量和部位应具有代表性，同时要考虑实际操作的工作量。常规检测采用抽样的方法，需要先对节点进行分类，每类节点的抽检数量应不少于 10% 和 3 个，每个检测节点上抽取一定数量的铆钉和螺栓进行详细检测[3.3, 3.8]。

2. 既有钢结构普通螺栓连接检测

1）普通螺栓连接检测的内容：包括螺栓断裂、松动、脱落、螺杆弯曲、螺纹外露圈数、连接零件是否齐全和锈蚀程度。

2）普通螺栓连接检测的方法：宜为观察、锤击检查等方法。

3）普通螺栓连接检测抽样：对于常规性检测，抽检比例不应少于节点总数的 10%，且不应少于 3 个节点；对于有损伤的节点和指定要检测的节点，必须 100% 检测。抽查位置应为结构的大部分区域以及不同连接形式的区域。

4）当出现下列情况之一时，则判定该普通螺栓连接失效或应评定为 d_u 级：

（1）部分连接螺栓出现断裂、松动、脱落、螺杆弯曲等损坏；

（2）连接板出现翘曲或连接板上部分螺孔产生挤压破坏；

（3）螺栓间距严重不符合规范，影响正常使用安全。

5）当普通螺栓连接出现松动、脱落、螺杆弯曲、连接板翘曲、连接板螺孔挤压破坏等损伤时，承载能力分析应考虑损伤对节点的不利影响。

3. 既有钢结构高强度螺栓连接检测

1）高强度螺栓连接检测的内容：包括螺栓断裂、松动、脱落、螺杆弯曲、螺纹外露圈数、滑移变形、连接板螺孔挤压破坏、连接零件是否齐全和锈蚀程度。

2）高强度螺栓连接检测的方法：观察、锤击检查等方法。

3）高强度螺栓连接检测抽样：对于常规性检查检测，抽检比例不应少于相同节点总数的 10%，且不应少于 3 个节点；对于有损伤的节点和指定要检测的节点，必须 100% 检测。抽查位置应为结构的大部分区域以及不同连接形式的区域。

4）当出现下列情况之一时，则应判定该高强度螺栓连接失效或应评定为 d_u 级：

（1）连接中部分高强度螺栓出现断裂、松动、脱落、螺杆弯曲等损坏；

（2）连接板出现滑移变形、翘曲或连接板部分螺孔挤压破坏；

（3）螺栓间距严重不符合规范，且影响正常使用安全。

5）当高强度螺栓连接出现断裂、松动、脱落、螺杆弯曲、滑移变形、连接板翘曲、连接板螺孔挤压破坏等损伤时，承载能力分析应考虑损伤对节点的不利影响。

6）扭剪型高强度螺栓的连接质量，可通过检查螺栓端部的梅花头是否已拧掉进行评定，未拧掉梅花头的螺栓数不应大于该节点螺栓数的 5%。

7）高强度螺栓连接的丝扣外露应为 2 至 3 扣。允许有 10% 的螺栓丝扣外露 1 扣或 4 扣。

4. 螺栓连接的安全性、适用性、耐久性等级

螺栓连接的安全性、适用性、耐久性等级评定应符合现行国家标准《高耸与复杂钢结构检测与鉴定标准》GB 51008 的规定。

3.5.3 铆钉连接检测

1. 铆钉连接检测的内容：包括铆钉断裂、松动、脱落、滑移变形、连接板钉孔挤压破坏和锈蚀程度以及铆钉连接部分铆钉的规格、数量和布置形式。

2. 铆钉连接检测的方法：宜采用观察、锤击检查等方法，必要时可截取试样进行材料力学性能检验。

3. 铆钉连接检测抽样：对于常规性检测，抽检比例不应少于相同节点总数的 10%，且不应少于 3 个节点；对于有损伤的节点和指定要检测的节点，必须 100% 检测。抽查位置应为结构的大部分区域以及不同连接形式的区域。

4. 当铆钉连接出现下列情况时，则应判定该铆钉连接失效或评定为 d_s 级：

1）部分铆钉断裂、松动、脱落、滑移变形等现象；

2）铆钉头发生锈蚀，致使不足以防止铆钉脱落；

3）连接板出现翘曲或连接板上部分钉孔产生挤压破坏；

4）铆钉间距严重不符合规范要求，且影响正常使用安全。

5. 当铆钉连接出现断裂、松动、脱落、滑移变形等损伤时，承载能力分析应考虑损伤对节点的不利影响。

6. 铆钉连接的安全性、适用性、耐久性等级的评定应符合现行国家标准《高耸与复杂钢结构检测与鉴定标准》GB 51008 的规定。

3.5.4 钢结构常见节点的检测

1. 梁柱、梁梁节点检测

1）检测内容：节点及其零部件的尺寸、构造。对于采用端板连接的梁柱连接，应重点检测端板是否变形、开裂，其厚度是否满足设计或规范要求；梁（柱）与端板的连接焊缝是否开裂；端板的连接螺栓是否松动、脱落。

2）检测抽样：检测节点类型和数量应具有代表性，节点的抽检数量应不少于 3 个[3.3]。

3）计算评定：节点的安全性必须基于节点的实际几何尺寸、构造形式、施工质量和工作状态建立计算模型，并进行计算和评定[3.3]。对于采用栓焊或全焊的框架梁柱、梁梁连接，还应验算节点承载力是否满足抗震规范要求。

2. 吊车梁连接节点的检测

1）检测内容：吊车梁上翼缘（或吊车桁架上弦）与柱的连接板是否变形、开裂；吊车梁与连接板及连接板与柱连接角钢（或连接板）的连接螺栓是否松动、脱落或损坏；连接板与柱翼缘的焊缝是否有裂纹；吊车梁上翼缘与制动系统的连接螺栓是否有松动、脱落，焊缝有无开裂；吊车梁（或吊车桁架）支座底部垫板有无缺损、磨损、不平现象；吊车梁的凸缘支座是否变形、磨损；制动系统与柱的连接板是否开裂，螺栓有无松动、脱落；有柱间支撑的跨间，应检测单侧连接板及高强螺栓是否破坏或松动。

吊车梁其他检测内容：吊车梁轨道中心与吊车梁腹板中心是否有偏差；吊车梁端节点位置偏差；吊车轨道的磨损状况；吊车轨道联结是否松动、变形或开裂；吊车车挡的变形损伤程度以及车挡螺栓是否松动、脱落或断裂。

2）检测抽样：检测节点类型和数量应具有代表性，节点的抽检数量应不少于 3 个。[3.3]

3）计算评定：节点的安全性必须基于节点的实际几何尺寸、构造形式、施工质量和工作状态建立计算模型，并进行计算和评定[3.3]。

3. 网架螺栓球节点和焊接球节点检测

1）检测内容：网架节点零件原材料、尺寸、焊缝；螺栓球节点网架现场检测还包括螺栓断裂、锥头或封板裂纹、套筒松动和节点锈蚀程度；焊接球节点网架现场检测还包括球壳壁厚、球壳变形、两个半球对口错边量、球壳裂纹、焊缝裂纹和节点锈蚀程度等。

2）检测抽样：检测节点类型和数量应具有代表性，节点的抽检数量应不少于 3 个[3.3]。

3）计算评定：节点的安全性必须基于节点的实际几何尺寸、构造形式、施工质量和工作状态建立计算模型，并进行计算和评定[3.3]。

4. 相贯节点检测

1）检测内容：包括相贯节点处杆件尺寸配比、杆件壁厚、杆件相贯关系、焊缝尺寸、母材或焊缝的裂纹损伤、杆件的屈曲变形以及节点插件的损伤状况。

2）检测抽样：检测节点类型和数量应具有代表性，节点的抽检数量应不少于 3 个[3.3]。

3）计算评定：节点的安全性必须基于节点的实际几何尺寸、构造形式、施工质量和工作状态建立计算模型，并进行计算和评定[3.3]。

若相贯节点处的焊缝尺寸、杆件几何尺寸出现不符合设计或异常变形的情况，则应根据实际情况重新验算节点承载力。

5. 钢索连接节点检测

1）检测内容：包括索节点锚具（锚杯）的裂纹损伤、索与锚具（锚杯）或夹具间的滑移、索节点处索保护层的损伤、索中钢丝破断数量、索节点锚塞的密实程度、索节点其他零件的工作状态和损伤状况。

2）检测方法：索节点不同的零部件采用不同的方法，锚具（锚杯）的裂纹损伤，可采用放大镜或其他无损检测方法检测；索与锚具（锚杯）或夹具间的滑移量可用百分表测量；索节点处保护层的损伤可用目测检查，索中钢丝破断状况可采用无损检测方法检测；索节点锚塞的密实程度可采用放大镜检查；索节点其他零件工作状态和损伤检测应采用相应的无损检测方法。

3）检测抽样：检测节点类型和数量应具有代表性，节点的抽检数量应不少于 3 个[3.3]。

4）计算评定：节点的安全性必须基于节点的实际几何尺寸、构造形式、施工质量和工作状态建立计算模型，并进行计算和评定[3.3]。

6. 铸钢节点检测

1）检测内容：包括节点原材料、几何形状和尺寸、裂纹、内部缺陷和锈蚀程度。

2）检测方法：铸钢节点的几何尺寸可采用三维坐标测量仪进行测量；裂纹、冷缩、缩孔、疏松等内部缺陷可采用无损探伤方法进行检测。

3）检测抽样：检测节点类型和数量应具有代表性，节点的抽检数量应不少于 3 个 [3.3]。

4）计算评定：节点的安全性必须基于节点的实际几何尺寸、构造形式、施工质量和工作状态建立计算模型，并进行计算和评定 [3.3]。

7. 支座节点检测

1）节点类型：包括屋架支座、桁（托）架支座、柱脚、网架（壳）支座。

2）检测内容：包括支座偏心与倾斜、支座沉降、支座锈蚀、连接焊缝裂纹、锚栓变形或断裂、螺帽松动或脱落、限位装置是否有效、铰支座能否自由转动或滑动等。

3）检测抽样：检测节点类型和数量应具有代表性，节点的抽检数量应不少于 3 个 [3.3]。

4）计算评定：节点的安全性必须基于节点的实际几何尺寸、构造形式、施工质量和工作状态建立计算模型，并进行计算和评定 [3.3]。

8. 其他形式的节点检测

其他形式的节点，应根据其构造和受力特点确定检测内容、检测方法、抽样比例和评定标准。

3.5.5　钢结构节点性能及损伤评定

1. 钢结构节点的可靠性评定

节点的安全性等级应按构造和承载能力评定，当节点存在缺陷、腐蚀和过大变形时，应考虑对结构承载能力的影响；节点的适用性等级应按照变形和损伤项目评定；节点的耐久性等级应根据腐蚀程度及涂层质量评定。节点的安全性、适用性和耐久性可参照现行国家标准《高耸与复杂钢结构检测与鉴定标准》GB 51008 的规定评定。

2. 特殊情况钢结构节点可靠性的直接评定

1）当网架节点出现下列现象时，可分别评定为 c_u 级或 d_u 级：

（1）螺栓球节点的高强度螺栓断裂或锥头（封板）或焊缝有裂纹，评定为 d_u 级；

（2）焊接球节点球壳或焊缝有裂纹，评定为 d_u 级；

（3）焊接球节点球壳产生可见的变形，评定为 c_u 级；

（4）螺栓球节点套筒松动，评定为 c_u 级。

2）若相贯节点处母材或焊缝出现裂纹或构件出现可观察到的屈曲变形，则该节点失效，应评定为 d_u 级。

3）若钢索连接节点出现下列任何一种现象，则判定为失效，评定为 d_u 级：

（1）索与锚具（锚杯）间出现可观察到的滑移；

（2）索中钢丝破断数量超过索中钢丝总数的 5%；

（3）索节点锚塞出现可观察到的渗水裂缝；

（4）索中钢丝出现肉眼可见的明显的锈蚀损伤。

4）若索节点处索保护层出现可观察到的明显损伤，则应评定为 c_s 级。

5）当铸钢节点出现裂纹时，节点失效，评定为 d_u 级。

6）当铰支座不能自由转动或滑动时，评定为 c_u 级。当支座焊缝出现裂纹或锚栓变形或断裂时，节点失效，应评定为 d_u 级。

3.6 变形或位移检测

3.6.1 钢结构变形检测的内容与要求

钢结构变形检测的主要内容包括：结构和构件的挠度、垂直度、结构主体倾斜、结构水平位移、结构动态变形（沉降速率）、结构不均匀沉降以及构件变形等。

变形检测可分为两大类，即结构整体变形与构件变形。结构整体变形包括结构整体垂直度与整体平面弯曲；构件变形包括构件垂直度、构件侧向弯曲变形与构件跨中挠度。

在进行钢结构或构件变形检测前，宜先清除构件饰面层（如涂层、浮锈等）。当构件各测试点饰面层厚度基本一致、且不明显影响评定结果时，也可不清除饰面层。

3.6.2 仪器设备

用于钢结构构件变形检测的测量仪器主要有水准仪、经纬仪、激光垂准仪和全站仪等。测量仪器及其精度可参照现行行业标准《建筑变形测量规范》JGJ 8 的要求选择确定，变形测量精度可分为三级。

3.6.3 检测方法

变形或位移检测，可按本书 2.5.5 节的规定。

3.6.4 检查结果评定

钢结构或构件变形应符合现行国家标准《钢结构设计标准》GB 50017、《钢结构工程施工质量验收规范》GB 50205 等的要求。

对既有建筑的整体垂直度检测，当发现有个别测点超过规范要求时，宜进一步核实其是否由外饰面不平或结构施工时超标引起的。

当钢结构或构件变形，在进行结构安全性鉴定时应考虑其不利影响。

3.7 结构体系检测

3.7.1 既有钢结构体系检测的目的

了解和分析结构的整体组成、结构体系类型和构件布置，确定结构的整体性，定性评定结构的刚度分布以及结构和构件的传力路径。

3.7.2 既有钢结构体系检测的内容

结构体系检测内容包括：结构整体体系与组成、构件布置、主要构件选型、主要节点连接和构造。结构类型不同，结构体系检测的具体内容应有所区别。

1. 多高层钢结构体系检测的内容包括：结构体系形式、结构平面布置和竖向布置、楼盖结构布置、基础形式、构件选型以及节点连接构造。

2. 大跨度及空间钢结构体系检测的内容包括：结构体系形式、支撑系统布置、主要构件形式、主要节点构造、支座节点布置与构造及支座节点功能。

3. 厂房钢结构体系检测的内容包括：结构体系形式、梁柱构件选型、节点连接构造；围护结构布置及节点构造和连接；屋面及柱间支撑布置及节点连接；山墙抗风系统布置及连接构造；吊车梁选型和连接、制动系统构造和连接、辅助系统及其连接。

4. 高耸钢结构体系检测的内容包括：结构体系形式、柱肢及主要构件形式、主要节点构造及柱脚构造、基础结构形式。

5. 其他钢结构如设备支架、人行天桥、城市雕塑等钢结构体系检测的内容与上述几类结构基本相同，必要时，应增加荷载支承点或支座处的构造检测。

3.7.3 既有钢结构体系的检测方法

1. 现场复核实际结构与设计图纸的符合程度，包括：结构体系、构件布置、构件选型、节点连接构造等。

2. 宏观检查结构整体变形、主要构件变形、支座节点变形和移位或沉降。

3. 宏观检查主要构件损伤、主要节点损伤。

4. 宏观检查数量：主要构件、主要节点均 100% 检查。

3.8 结构振动测试

3.8.1 结构动力学理论

每个结构都有自己的动力特性，惯称自振特性。了解结构的动力特性是进行结构抗震设计和结构损伤检测的重要步骤。目前，在结构地震反应分析中，广泛采用振型叠加原理的反应谱分析方法，但需要以确定结构的动力特性为前提。具有 n 个自由度的结构体系的振动方程如下：

$$[M]\left\{\ddot{y}(t)\right\}+[C]\left\{\dot{y}(t)\right\}+[K]\left\{y(t)\right\}=\left\{p(t)\right\}$$

(3.8.1-1)

式中：$[M]$、$[C]$、$[K]$——分别为结构的总体质量矩阵、阻尼矩阵、刚度矩阵，均为 n 维矩阵；

　　　　$\{p(t)\}$——外部作用力的 n 维随机过程列阵；

　　　　$\{y(t)\}$——位移响应的 n 维随机过程列阵；

　　　　$\{\dot{y}(t)\}$——速度响应的 n 维随机过程列阵；

　　　　$\{\ddot{y}(t)\}$——加速度响应的 n 维随机过程列阵。

表征结构动力特性的主要参数是结构的自振频率 f（其倒数即自振周期 T）、振型 $Y(i)$ 和阻尼比 ζ，这些数值在结构动力计算中经常用到。

任何结构都可看作是由刚度、质量、阻尼矩阵（统称结构参数）构成的动力学系统，结构一旦出现破损，结构参数也随之变化，从而导致系统频响函数和模态参数的改变，这种改变可视为结构破损发生的标志。这样，可利用结构破损前后的测试动态数据来诊断结构的破损，进而提出修复方案，现代"结构破损诊断"技术就是这样一种方法。其最大优点是将导致结构振动的外界因素作为激励源，诊断过程不影响结构的正常使用，能方便地完成结构破损的在线监测与诊断。从传感器测试设备到相应的信号处理软件，振动模态测量方法已有几十年发展历史，积累了丰富的经验，振动模态测量在桥梁损伤检测领域的应用发展也很快。随着动态测试、信号处理、计算机辅助试验技术的提高，结构的振动信息可以在桥梁运营过程中利用环境激振来监测，并可得到比较精确的结构动态特性（如频响函数、模态参数等）。目前，许多国家在一些已建和在建桥梁上进行该方面有益的尝试。

测量结构物自振特性的方法很多，目前主要有稳态正弦激振法、传递函数法、脉动测试法和自由振动法。稳态正弦激振法是给结构以一定的稳态正弦激励力，通过频率扫描的办法确定各共振频率下结构的振型和对应的阻尼比。传递函数法是用各种不同的方法对结构进行激励（如正弦激励、脉冲激励或随机激励等），测出激励力和各点的响应，利用专用的分析设备求出各响应点与激励点之间的传递函数，进而可以得出结构的各阶模态参数（包括振型、频率、阻尼比）。脉动测试法是利用结构物（尤其是高柔性结构）在自然环境振源（如风、行车、水流、地脉动等）的影响下所产生的随机振动，通过传感器记录、经谱分析，求得结构物的动力特性参数。自由振动法是通过外力使被测结构沿某个主轴方向产生一定的初位移后突然释放，使之产生一个初速度，以激发起被测结构的自由振动。

以上几种方法各有其优点和局限性。利用共振法可以获得结构比较精确的自振频率和阻尼比，但其缺点是，采用单点激振时只能求得低阶振型时的自振特性，而采用多点激振需较多的设备和较高的试验技术；传递函数法应用于模型试验，常常可以得到满意的结果，但对于尺度很大的实际结构要用较大的激励力才能使结构振动起来，从而获得比较满意的传递函数，这在实际测试工作中往往有一定的困难。

利用环境随机振动作为结构物激振的振源，来测定并分析结构物固有特性的方法，是近年来随着计算机技术及 FFT 理论的普及而发展起来的，现已被广泛应用于建筑物的动力分析研究中，对于斜拉桥及悬索桥等大型柔性结构的动力分析也得到了广泛的运用。斜拉桥或悬索桥的环境随机振源来自两方面：一方面指从基础部分传到结构的地面振动及由于大气变化而影响到上部结构的振动（根据动力量测结果，可发现其频谱是相当丰富的，具有不同的脉动卓越周期，反映了不同地区地质土壤的动力特性），另一方面主要来自过桥车辆的随机振动。如果没有车辆的行驶，斜拉桥将始终处于微小而不规则的振动中，可以发现斜拉桥脉动源为平稳的各态历经的随机过程，其脉动响应亦为振幅极其微小的随机振动。通过这种随机振动测试结果，即可确定各测试自由度下的频响函数或传递函数、响应谱等参数，进而可对结构模态参数（固有频率、振型、阻尼比等）进行识别。

通常斜拉桥的环境随机振动检测往往是在限制交通的情况下进行的，采用风振及地脉动作为环境振源，很少采用桥上车辆的振动作为振源。这是因为一般斜拉桥甚至各种其他桥梁的振动检测往往在桥梁运营的前期进行；另一方面车辆振动作为输入信号截至目前还没有成熟的理论和实践支持，目前的成果仅停留在通过测试车辆对桥梁的振动响应来求算冲击系数。然而，对斜拉桥进行健康监测、破损诊断，必须提取运营期间的动力指纹，健康监测占用时间长（全天候的），因此，无法限制交通；振动监测应该真实反映桥梁实际状态下固有的振动特性，限制交通无法反映这种真实的状态。因此，采用车辆振动作为振源，进行斜拉桥模态参数识别成为未来健康诊断的必然趋势。

实际工程结构比较复杂，有些因素难以完全在数学模型中得到反映，影响到结构动力特性求解的精度。因此，实测方法是确定结构动力特性的重要途径，也是校核各种数学模型和各种简化公式的重要手段。计算无法得到结构阻尼比，只能通过实测获得。结构自振特性的测试方法很多，下面只介绍常用的方法。

1. 稳态正弦激振法（扫频法）

稳态正弦激振法是使用最早至今仍被广泛应用的方法。其特点是：原理简明、分析方便、结果直观可靠，可以直接提供高阶振型参数，但必须有提供稳定谐波激振的装置。此种方法通常在试验室中应用于模型或体积较小的原型试验，也可以在现场用起振机对原型设备进行测试。

此种方法的试验步骤为：沿被测结构的主轴方向，将起振机或激振器安装在适当的加载部位，固定对被测结构的激振力；或者将试件安装在振动台上，固定振动台台面的加速度，进行正弦扫描振动。测量被测结构有代表性部位的某种物理参量（如位移、速度、加速度等）的稳态迫振反应幅值对激振频率的曲线，称共振曲线[3.11]。

基本原理：在以谐振力 $P_0 \sin \omega t$ 进行扫描时，如结构的各阶自振频率并不密集，可略去其相邻振型间的耦合影响，则各个主要峰值附近的共振曲线段，可近似地看作与单自由度体系的共振曲线相似，对于 i 阶频率，两者仅差一个称作振型参与系数 η_i（常数）。位移的反应幅值 u 可表示为：

$$u = \eta \frac{P_0}{K} \left[\left(1 - a^2\right)^2 + (2\xi a)^2 \right]^{\frac{1}{2}} = \eta \beta \frac{P_0}{K} \qquad (3.8.1\text{-}2)$$

式中：a——频率比，即迫振频率 f 和结构无阻尼自振频率 f_0 之比；

β——动力放大系数，表示单自由度体系中动静位移幅值比；

K——被测设备（试件）的刚度；

ξ——被测结构的阻尼比。

相位滞后角 θ 可表示为：

$$\theta = \tan^{-1} \frac{2\xi a}{1 - a^2} \qquad (3.8.1\text{-}3)$$

显然，P_0/K 为激振力 $P_0 \sin\omega t$ 作用下被测结构的静态位移。若试验是在试验台进行的，那么 $P_0 = m\omega^2 u_\mathrm{g}$，$\omega^2 u_\mathrm{g}$ 为试验台台面加速度幅值，而 u_g 为测点对台面的相对位移反应值，m 为被测质点质量。

由对应位移反应峰值 $u_{\max}$ 的频率，可求得被测结构的自振频率 f_0，将对应 f_0 的各测点的位移反应值按其中的最大值归一化，并考虑相互间的相位关系（与最大值同向或反向），即可求得被测结构的振型。

进一步可从共振曲线确定振型阻尼比。由式（3.8.1-2）知，动力放大系数 β 为

$$\beta = \left[\left(1 - a^2\right)^2 + (2\xi a)^2 \right]^{-\frac{1}{2}} \qquad (3.8.1\text{-}4)$$

可以解得其峰值 $\beta_{\max}$ 和对应的频率比 a_m，即

$$\beta_{\max} = \left[2\xi\sqrt{1 - 2\xi^2} \right]^{-1} \qquad (3.8.1\text{-}5)$$

$$a_\mathrm{m} = f_\mathrm{m}/f_0 = \left[1 - 2\xi^2 \right]^{\frac{1}{2}} \qquad (3.8.1\text{-}6)$$

一般钢结构的阻尼比 ξ 值都很小，所以，可近似地从无阻尼共振状态 $a_0 = 1$ 时的动力放大系数 $\beta_0 = 1/2\xi$ 求得阻尼比 ξ 为：

$$\xi = \frac{1}{2\beta} \qquad (3.8.1\text{-}7)$$

实际上，直接按式（3.8.1-7）求阻尼比值是很困难的，因为对作为多自由度体系的实际结构，从其实测共振曲线求动力放大系数 β 时，要先求出振型参与系数 η。按照定义，在沿结构 X 主轴向振动时的振型参与系数 η_x 为

$$\eta_x = \frac{\displaystyle\sum_{x=1}^{n} m_i x_i}{\displaystyle\sum_{i=1}^{n} m_i \left(x_i^2 + y_i^2 + z_i^2 \right)} \qquad (3.8.1\text{-}8)$$

式中：x_i, y_i, z_i——振型位移在 x, y, z 方向的分量；

$\quad\quad\quad\quad m_i$——集聚在 i 点的质量。

2. 半功率法或带宽法

由于复杂结构的质量分布很难正确求得，而反应测点又有限，所以，振型参与系数 η 难以简单算出；并且在用激振器等激振时，结构在力 P_0 作用下的各点静态位移 P_0/K 也是未知的。因此，不能直接从共振曲线求得动力放大系数 β。

目前，通常都采用半功率法或带宽法，从实测的共振曲线直接求得阻尼比值。这个方法的原理如下。

首先在共振曲线峰值 u_{max} 两边取其幅值为 $u_{max}/\sqrt{2}$ $(0.707u_{max})$ 的两点，在这两点处输入功率为共振频率时的一半，其相应的频率比，可将 $u_{max}/2$ 代入式（3.8.1-2）左端解得。因为 $u_{max} \approx \dfrac{1}{2\eta\xi}$，故得

$$\frac{1}{8\xi^2} = \frac{1}{\left(1-a^2\right)^2 + \left(2a\xi\right)^2} \tag{3.8.1-9}$$

解此方程得出频率比 a 为

$$a^2 = 1 - 2\xi^2 \pm 2\xi\sqrt{1+\xi^2} \tag{3.8.1-10}$$

当阻尼比 ξ 很小时，$\xi^2 \ll 1$，式（3.8.1-10）右端第二项根号中的 ξ^2 与 1 相比可以略去。从而可得

$$a_1^2 \approx 1 - 2\xi - 2\xi^2, \quad a_2^2 \approx 1 + 2\xi - 2\xi^2 \tag{3.8.1-11}$$

或者
$$f_1^2 \approx f_0\left(1 - 2\xi - 2\xi^2\right), \quad f_2^2 \approx f_0\left(1 + 2\xi - 2\xi^2\right)$$

由此
$$f_2^2 - f_1^2 \approx 4f_0\xi$$

因为
$$f_0 \approx \frac{f_1 + f_2}{2}$$

所以
$$\xi = \frac{f_2 - f_1}{f_2 + f_1} \approx \frac{\Delta f}{2f_0}$$

其中，$\Delta f = f_2 - f_1$

显然，用半功率法求阻尼比 ξ 的精度取决于半功率范围内共振曲线的精度，并限于 ξ 值很小的情况下。

3.8.2　测试仪器设备

传感器测试参数可分为位移计、速度计、加速度计和应变计，按工作原理可分为电阻式、电容式、电动势式和电量式等类型，每种类型的传感器都有一定的使用特性，同一种类型的传感器有不同的测量范围，在选择传感器时应考虑被测参数的频率、幅值的

要求，综合确定适合的传感器。在满足被测结构动态响应的同时，尽可能地提高输出信号的信噪比。

目前，常用的振动传感器有电涡流型、速度型和加速度型。

1）电涡流位移传感器基本原理（图 3.8.2）

根据法拉第电磁感应原理，块状金属导体置于变化的磁场中或在磁场中作切割磁力线运动时，导体内将产生感应电流，以上现象称为电磁感应现象。

前置器中高频振荡电流通过延伸电缆流入探头线圈，在探头头部的线圈中产生交变的磁场。当被测金属体靠近这一磁场，则在此金属表面产生感应电流，与此同时该电涡流场也产生一个方向与头部线圈方向相反的交变磁场，由于其反作用，使头部线圈高频电流的幅度和相位得到改变（线圈的有效阻抗），这一变化与金属体磁导率、电导率、线圈的匝数、电流频率以及头部线圈到金属导体表面的距离等参数有关。通常假定金属导体材质均匀且性能是线性和各向同性，则线圈和金属导体系统的物理性质可由金属导体的电导率 6、磁导率 ξ、线圈匝数 τ、头部体线圈与金属导体表面的距离 D、电流强度 I 和频率 ω 参数来描述。则线圈特征阻抗可用 $Z=F（\tau，\xi，6，D，I，\omega）$ 函数来表示。通常能控制 τ、ξ、6、I、ω 这几个参数在一定范围内不变，则线圈的特征阻抗 Z 就成为距离 D 的单值函数，虽然整个函数是非线性的，其函数特征为"S"形曲线，但可以选取它近似为线性的一段。于此，通过前置器电子线路的处理，将线圈阻抗 Z 的变化，转化成电压或电流的变化输出信号的大小随探头到被测体表面之间的间距而变化，电涡流传感器就是根据这一原理实现对金属物体的位移、振动等参数的测量[3.11]。

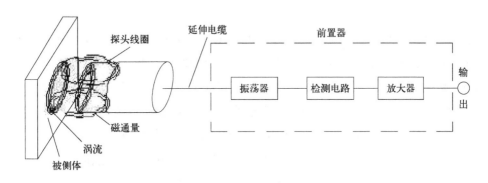

图 3.8.2　电涡流传感器示意图

2）速度传感器基本原理

速度传感器实际上是一个往复式永磁小发电机。传感器外壳固定在被测物体上，与被测物体一起振动。动线圈用两个很小的簧片固定在外壳上，其自振频率 ω_n 很低。当被测物体振动频率 $\omega \geq 4\omega_n$ 时，动线圈处于相对静止状态。线圈与磁钢之间发生相对运动，线圈切割磁力线而产生感应电压。根据电磁感应定律 $E=BLV$，输出电压正比于振动速度，所以将它称为速度传感器。

3）加速度传感器基本原理

加速度传感器利用的是压电材料的压电特性，当有外力作用在压电材料上时，便产生电荷，蝶形簧片通过质量块和导电片与压电晶体片紧密接触。将这些部件装在不锈钢外壳内，晶体片的电荷通过导线引出。压电晶体片输出电荷正比于作用在晶体片上的力。当物体振动时，晶体片上受到的作用力正比于质量块的质量和振动加速度的乘积。因此当质量块的质量一定时，传感器输出电荷与振动加速度成正比。

4）应注意的事项

（1）合适的位移计、速度计、加速度计和应变计应根据被测参数选择，检测时的测试频率应落在传感器的频率响应范围内。

（2）检测前应根据预估被测参数的最大幅值，选择合适的传感器和动态信号测试仪的量程范围，并应提高输出信号的信噪比。

（3）根据测试的需要，保留有用的频段信号，对无用的频段信号、噪声进行抑制，从而提高信噪比。为防止部分频谱的相互重叠，一般选择采样频率为处理信号中最高频率的 2.5 倍或更高，对 0.4 倍采样频率以上频段进行低通过滤波，防止离散的信号频谱与原信号频谱不一致。

（4）动态信号测试系统由传感器、动态信号测试仪组成，动态信号测试系统的精度、分辨率、线性度、时漂等参数应满足相关规范的要求。

3.8.3 振动测试方法

1. 自由振动法

自由振动法在现场和室内试验都可应用，其主要原理是：通过外力使被测结构沿某个主轴方向产生一定的初位移后，突然释放。或者借助瞬时冲击荷载，使之产生一个初速度，以激发起被测结构的自由振动。其中的高阶振型由于阻尼较大，很快衰减，只剩下基本振型的自由衰减振动。从而可以简捷地直接求得被测结构的基本振型频率 f_0 和阻尼比 ξ，通过同一时刻量测的各点反应幅值，可求得其基本振型。基本振型的自由振动是一个按指数规律衰减的简谐运动，其自振周期 T_1 或自振频率 f_1 可以很方便地从时程曲线中获得。通常取相隔 m 周的反应波峰计算阻尼比 ξ 的近似值：

$$\xi = \frac{1}{2\pi m} \ln\left(\frac{u_n}{u_{n+m}}\right)$$

2. 随机测试法

随机测试法是利用被测结构对随机振动源的反应，按随机振动理论分析其动力特性。现场的随机振动源是指由于机械、车辆等人为活动和风、浪、气压等自然原因引起的极微弱地面振动（即地脉动），室内试验一般采用对振动台或激振器施加白噪声信号。

1）地脉动

（1）由于地脉动无固定振源，其影响因素众多，且不断变化，因而具有完全的随机性，是典型的随机过程。其统计特征基本与时间无关，是具有各态历经特性的平稳随机过程，而且在足够长时间的一次取样过程中就包含体系样本总体的全部统计特征。

（2）地脉动为微幅振动，其最大振幅一般不超过 1mm，频带较宽，包含从 0.1 秒到数十秒的周期分量；且无固定的传播方向。在地脉动作用下，地面上的结构有类似滤波和放大作用，在其反应中突出了结构本身的动力特性。

2）白噪声随机波

所谓白噪声随机波是由无限多个等能量的频率分量组成的平稳各态历经随机过程。室内振动试验的随机振动源，可通过白噪声发生器或由计算机数字模拟产生。实际上不可能由包含无限多个频率分量的理想白噪声随机波，而只是在足够宽的有限频带内具有相同功率谱密度的有限带宽白噪声随机波 [3.11]。

3）利用地脉动测定结构动力特性时应注意的问题

（1）排除某些特殊的干扰因素，保证地脉动的随机性。

（2）地脉动波的信息中不但有被测结构的共振反应，而且也有地面运动的卓越周期，分析时要注意判断。一般，被测结构的共振反应要比地基共振反应显著得多。

（3）测试仪器要有足够的灵敏度和稳定性。此外，在这些微幅振动下测出的阻尼比往往偏低。

3.8.4　数据分析与处理

振动信号的分析和处理技术一般可分为时域分析、频域分析、时频分析和时间序列建模分析等。这些分析处理技术从不同的角度对信号进行观察和分析，为提取与建筑物有关的特征信息提供了不同的手段。

1．数据的时域分析

时域分析包括时域统计分析、时域波形分析和时域相关分析。

1）时域统计分析

时域统计分析常用的统计特征值包括均值、最大值、最小值、均方值、方根幅值、斜度、峭度、峰值指标、脉冲指标、裕度指标、峭度指标和概率密度分布（概率密度分布有的也算作幅值域分析）等，它是对振动信号进行幅值上的各种处理。振动信号的时域均值反映平均振动能量；而最大值、最小值、峰值指标在一定程度上反映处振动信号是否含有冲击成分；斜度则反映幅值概率密度对于纵坐标的不对称性，不对称越厉害，斜度越大；峭度、裕度和脉冲指标对于冲击类型故障比较敏感，特别是对早期故障有较高的敏感性。

2）时域波形分析

时域波形分析的特点是信号的时间顺序，即数据产生的先后顺序。它可以直观地描述振动随时间的变化情况，粗略地估量振动平稳与否及对称程度。时间波形有直观、易于理解等特点，由于是原始信号，所以包含的信息量大，对于某些故障信号，其波形具有明显的特征，这时可以利用时间波形做出初步判断。

3）时域相关分析

时域相关分析包括自相关分析和互相关分析。自相分析是研究信号在振动过程中不同时刻的相关程度。用自相关函数可以区别信号的类型，检测随机噪声中的确定性信号。互相关分析是描述两个振动过程中在不同时刻的相关程度。它可以找出两个信号之间的关系和相似之外，也可以找出同一信号的现在值与过去值的关系，或者根据过去值、现在值来估算未来值。相关分析可以协助找出振动的振源，也可以在噪声背景下提取有用信息。

2. 数据的频域分析

对评价振动和故障诊断而言，时域分析往往是初步的，最重要的是振动信号的频域分析。通过频域分析把复杂的时间历程经傅里叶分解为若干单一的谐波分量，可以获得信号的频率结构以及各谐波幅值和相位信息。根据信号的性质及变换方法的不同，常用的频域分析方法有：频谱、自功率谱、互功率谱、倒频谱、细化谱、相干函数、频响函数分析等。这些频域分析的核心算法是快速傅里叶变换。

1）幅值谱、相位谱、功率谱分析

频域分析是基于频谱分析展开的，即在频率域将一个复杂的信号分解为简单信号的叠加，这些简单信号对应各种频率分量并同时体现幅值、相位、功率及能量与频率的关系。频谱分析中常用的有幅值谱、功率谱以及相位谱。幅值谱表示了振动参数（位移、速度、加速度）的幅值随频率分布的情况；功率谱表示了振动参量的能量随频率的分布。

频谱分析能够分析信号的能量（或功率）的频率分布，因此频谱分析在工业建筑故障诊断中查找振源、分析寻找故障原因、部位、类型等方面具有极为广泛的用途。频谱分析计算是以傅里叶变换为基础的，它将复杂信号分解为有限或无限个频率的简谐分量。

2）倒频谱分析

倒频谱分析亦称为二次频谱分析，是近代信号分析科学中的一项新技术。倒频谱分析可以将输入信号与传递函数区分开来，便于识别，还能区分出因调制引起的功率谱中的周期量，找出调制源。倒频谱分析是对功率谱取对数再进行傅里叶正变换等运算，得到输入信号的幅值。因而倒频谱分析能将响应信号中的输入效应和传输途径效应区分开来，使分析结果受传输途径的影响减小，倒频谱识别能将原来谱图上成簇的边频带谱线简化为单根谱线，以便观察。利用这一特点，可识别出复杂频谱图上的周期结构，分离和提出去密集泛频信号的周期成分，这对于具有周期成分及多成分变频等复杂信号的识别尤为有效。

3）细化分析

在故障诊断中，故障的特征信息往往只集中在某些频段内，根据故障敏感频段内各频率成分的变化情况，便可以知道故障产生的原因和程度。为了提高诊断的准确性和可靠性，需在该频段内有较高的频率分辨率。细化分析对信号频谱中某一频段进行局部放大，使得分析频段的频率分辨率和频谱分析精度大为提高，它是非常重要的一种高精度谱分析手段。

4）相干函数分析

相干函数分析是谱相关分析的重要参数，它类似于时域相关系数，特别是在系统辨识中，相干函数可以判明输入与输出之间的关系。

5）频响函数分析

频响函数分析是动力学系统的动态特性在频域上的最完善的描述。频响函数测量和分析是振动测试与分析中的重要内容。

3. 信号的时频分析

对非平稳或时变信号的分析方法统称为时频分析，它在时间、频率域上对信号进行分析。时频分析将时域和频域组合成一体，兼顾到非平稳信号的要求。它的主要特点在于时间和频率的局部变化，通过时间轴和频率轴两个坐标组成的相平面，可以得到整体信号在局部时域内的频率组成，或者看出整体信号各个频带在局部时间上的分布和排列情况。它的基本任务是建立一个函数，要求这个函数不仅能够同时用时间和频率描述信号的能量分布密度，还能够以同样的方式计算信号的其他特征能量。时频分析中最重要的是短时傅里叶变换、小波变换和 Wigner-Ville 时频分析。

1）短时傅里叶变换

短时傅里叶变换是研究非平稳信号最广泛使用的方法，它的基本思想是：把信号划分成许多小的时间间隔，用傅里叶变换分析每一个时间间隔，以便确定在那个时间间隔存在的频率。这些频谱的总体就表示了频谱在时间上是怎么变化的。

短时傅里叶变化通过对信号的分段截取来处理时变信号，是基于对所截取的每一段信号认为是线性、平稳的。因此，严格地说，短时傅里叶变换是一种平稳信号分析法，只适用于对缓变信号的分析。

2）小波变换

小波分析是一种优良的时频分析方法，可把任何信号正交分解到独立的频带内，同时从时域和频域给出信号特征，为在不同频带内检测故障提供了有效手段。小波变换核心是多分辨分析，是近年来出现的一种研究非平稳信号有力的时频域分析工具，它在不同尺度下由粗到精的处理方式，使其不仅能反映信号的整体特性，同时也能反映信号的局部信息。由于小波变换的分析精度可调，使其既能对信号中的短时高频成分进行定位，又能对信号中的低频率成分进行分析，并较短时傅里叶变换能提取更详尽的信号信息。

虽然小波变换分析取得了很大的成功，但也存在缺点：首先，小波变换的本质是线性的；其次，参数选择的敏感性，基小波的选择要依赖信号的先验信息，目前，基小波的选择在理论上和实际应用上都还是一个难点；再次，小波分析是非自适应的，一旦基本小波函数选定，那么分析所有的数据都必须用此小波函数，因此有可能该基小波在全局上是最佳的，但对某个局部区域来说可能是最差的，从而使某些特征因应用小波分解而失去其本身的物理意义；最后，小波变换本质上是窗口可调的傅里叶变换，其小波窗内的信号则视为平稳状态，因而没有摆脱傅里叶变换的局限，基小波的有限长会造成信号能量的泄露。使信号能量 - 时间 - 频率分布很难定量给出。

3）Wigner-Ville 时频分析

Wigner-Ville 分布真正将一维的时间或频率函数映射为时间 - 频率的二维函数，比较准确地反映了信号能量随时间和频率的分布情况，但是该方法存在频率干涉现象，难以将含有多成分的信号表示清楚。

4.时间序列分析

与经典的基于 FFT 的分析方法不同，时间序列分析方法是对采集到的振动信号建立时间序列模型，通过对模型参数的分析识别系统的特性和状态。

时间序列模型有自回归滑动平均模型（ARMA），自回归模型（AR）和滑动平均模型（MA）三种。因自回归模型建模比较方便快捷，在建筑物监测等方面获得了很好的应用。自回归谱具有频率精度高、幅值非线性的特点。因时间序列分析是对采集的数据建立差分方程模型，因而用来进行趋势分析和预报比较方便。

3.8.5　结构动力特性测试一般步骤

1.以建筑物动力特性测试为例：首先应在接近建筑物的刚度中心的位置布置传感器，便于识别平移振动信号；尚应在建筑物两端布置传感器，以获得明显的扭转信号。将输出导线连接到电荷放大器的电荷输入端，再将电荷放大器的输出导线接到数据采集器的通道上，并将数据采集器与计算机连接。

2.首先打开数据采集器开关，指示灯亮，再打开计算机，调出采集程序。再打电荷放大器开关，指示灯亮，用示波器界面检查传感器通道是否正常。

3.建立采集文件、输入采集频率（Hz）、采集时间（s）、采集开始通道和采集结束通道，当试验就绪以后，激励实验模型，按"开始采集"按钮开始采集，采集过程将持续若干秒（采集时间参数）。

4.建立频谱分析文件对采集数据文件进行频谱分析。

5.根据采集数据文件的自由衰减时程曲线计算基频阻尼比。

6.编写实验报告，要求描述实验过程，给出时程记录曲线图和频谱图，给出测试的自振频率（两阶）和阻尼比，根据模型实际尺寸和质点质量计算模型的自振频率。

3.8.6　测试应注意的问题

检测前应了解被测结构的结构形式、材料特性、结构或构件的截面尺寸等，选择检测采用的激励方式，估计被测参数的幅度变化和频率响应范围。对于复杂结构，宜通过计算分析来确定其范围。检测前制定完整详细的检测方案，准备好检测设备。

振动测试时，振动信号的采样频率需满足奈奎斯特采样定律，采样频率 f_s 与截止频率 f_s 的比值应为 3 ~ 6，振动数据采集时，在信号进行模拟转换前应进行抗滤波器处理。

环境随机振动激励无需测量荷载，直接从响应信号中识别模态参数，可以对结构实现在线模态分析，能够比较真实地反映结构的工作状态，而且测试系统相对简单，但由于精度不高，应特别注意避免产生虚假模态；对于复杂的结构，单点激励能量一般较小，很难使整个结构获得足够能量振动起来，结构上的响应信号较小，信噪比过低，不宜单独使用，在条件允许的情况下，宜采用多点激励方法；对于相对简单结构，可采用初始位移法、重物撞击法等方法进行激励；对于复杂重要结构，在条件允许的情况下，采用稳态正弦激振方法。

信号的时间分辨率和采样间隔有关，采样间隔越小，时域中取值点之间越细密。信号的频域分辨率和采样时长有关，信号长度越长，频域分辨率越高。根据测试需要，选择适合的采样间隔和采样时长，同时必须满足采样定理的基本要求。

传感器的安装谐振频率是控制测试系统频率的关键，传感器与被测物的连接刚度和传感器的质量本身构成一个弹簧和质量的二阶单自由度系统，安装谐振频率越高，测试的响应信号越能反映结构实际响应状态。一般而言，以下几种安装方式的安装谐振频率由高到低依次为：

1）传感器与被测物采用螺栓直接连接（一般成为刚性连接）；

2）传感器与被测物通过薄层胶、石蜡等直接粘贴；

3）用螺栓将传感器安装在垫座上；

4）传感器吸附在磁性垫座上；

5）传感器吸附在厚磁性垫座上，垫座与被测物体采用钉子连接固定，且垫座与被测物体间悬空；

6）传感器通过触针与被测物体接触。

当节点处某些模态无法被激发出来时，传感器安装位置应远离节点，尽可能选择能量输出较大的位置，提高传感器信号输出信噪比。

结构动力特性测试作业时，应保证不产生对结构性能有明显影响的损伤，也应避免环境对测试系统的干扰。

3.8.7　检测数据分析与评价

对原始信号进行分析前，应仔细核对，避免产生差错。

周期振动、随机振动、瞬态振动等不同类型振动信号，应采用相应的数据分析和评估方法。

对记录的原始信号进行转换、滤波、放大等处理，提高信号的信噪比，为信号的计算分析做好准备。

根据检测中采用的激励方式，选择适合的信号处理方法，减少信号因截断、转换等造成的分析误差，提供所测结构的相关模态参数。

采用频域方法进行数据处理时，宜根据信号类型选择不同的窗函数处理。

冲击信号的幅值分析，可采用时域分析方法，应读取 3 个以上的连续冲击周期中的最大峰值，比较后选取最大的数值作为测试结果。

对于稳态周期振动，可在时域范围分析，将测试信号中所有幅值在测试区间内进行平均；亦可运用幅值谱分析的数据作为测试结果。数据样本可取 1024 个点，宜加窗函数处理，频域上的总体平均次数不宜小于 20 次。

随机信号的分析，应对随机信号的平稳性进行评估；对于平稳随机过程可采用总体平滑的方法提高测试精度；FFT 或频谱分析时，每个样本数据宜取 1024 个，宜加窗函数处理，频域上的总体平均次数不应小于 32 次。

每个测点记录振动数据的次数不得少于 2 次。当 2 次测试结果与其算术平均值的相对误差在 ±5% 以内时，可取该平均值作为测试结果。

检测数据处理后，应根据需要提供所测结构的自振频率、阻尼比和振型以及动力反应最大幅值、时程曲线、频谱曲线等分析结果。

3.9 钢结构疲劳检测与评定

3.9.1 疲劳检测的对象和位置

疲劳检测的对象：为直接承受动力荷载的钢结构构件及其连接，例如工业建筑中直接承受吊车荷载的重级工作制吊车梁和重级、中级工作制吊车桁架及其制动系统[3.8]。

重级工作制吊车梁和重级、中级工作制吊车桁架是工业厂房中最经常出现问题的结构构件。一般投入使用十年以上，就很有可能出现问题。对结构安全影响最大的是吊车梁和吊车桁架本体上的疲劳裂缝，其次是制动结构、支撑、与柱子连接部位的断裂、焊缝开裂、螺栓铆钉松动脱落、杆件弯曲变形等[3.8]。

钢构件疲劳性能检测的位置：应包括构件上应力幅较大的部位、构造复杂的部位、应力集中部位、出现裂纹的部位。例如，吊车梁本体上的疲劳裂缝多发生在焊缝附近和截面突变应力集中部位。支承此类吊车梁的钢柱柱头也会出现疲劳裂缝，也应归入吊车梁系统进行检查[3.8]。

3.9.2 疲劳损伤检测方法

疲劳损伤检测的方法有目测法和无损探伤的方法。

目测可辅以放大镜进行检查，若目测不能确定损伤时，就需要采用磁粉、渗透或超声波探伤等无损探伤检测方法 [3.7]。

3.9.3　欠载效应的等效系数测试

吊车梁或吊车桁架疲劳强度可按现行国家标准《钢结构设计标准》GB 50017 进行验算。欠载效应的等效系数实测值大于规范建议值时，应采用实测值。对炼钢加料跨、连铸接受跨、出坯跨等类似车间的重级工作制吊车梁，宜实测在正常生产状态下的应力 - 时间变化关系，确定吊车荷载的繁重程度，按实测数据评估吊车梁的疲劳性能 [3.8]。

3.9.4　应力谱测试

对于变幅（应力循环内的应力幅值随机变化）疲劳，若能预测结构在使用寿命期内各种荷载的频率分布、应力幅水平以及频次分布总和所构成的应力谱，则可将变幅疲劳转化为等效常幅疲劳，依据现行国家标准《钢结构设计标准》GB 50017 的规定进行疲劳强度验算。

应力谱也可根据结构控制部位实测的应力 - 时间变化关系利用雨流法或其他有效方法统计确定。应力 - 时间变化关系的测量应在正常生产状态下进行，每次连续测量时间应至少包括一个完整的生产循环过程，测量总时间不宜少于 24h[3.8]。

3.9.5　吊车梁疲劳性能的安全等级

吊车梁疲劳性能的安全等级应根据疲劳强度验算结果和现场疲劳裂缝检查结果评定。对没有出现疲劳裂缝的吊车梁，可按表 3.9.5 评定等级 [3.8]。

吊车梁或吊车桁架疲劳性能评定等级　　　　　　　　　　　　　　表 3.9.5

a	b	c
$[\Delta\sigma]/\Delta\sigma \geqslant 1.00$	$1.00 > [\Delta\sigma]/\Delta\sigma \geqslant 0.95$	$[\Delta\sigma]/\Delta\sigma < 0.95$

注：$\Delta\sigma$ 为考虑欠载效应的等效系数的计算应力幅；$[\Delta\sigma]$ 为循环次数为 2×10^6 次的容许应力幅。

吊车梁腹板受压区附近存在疲劳裂缝但不影响静力承载能力时可以评为 c 级，吊车梁受拉区或吊车桁架受拉杆及其节点板存在疲劳裂缝时，应评为 d 级。表中没有 d 级，这是因为很多情况下验算时还没有到达要出现裂缝时间，同时从裂缝出现到裂缝扩展到破坏也需要一定时间，在这个时间内可对吊车梁采取安全措施 [3.8]。

重级工作制钢吊车梁和中级以上工作制钢吊车桁架，因结构形式或受力状态发生改变，疲劳验算不满足要求或在检查中发现疲劳破坏的迹象时，可根据控制部位实测的应力 - 时间变化关系进行剩余疲劳寿命评估 [3.8]。

测量部位剩余疲劳寿命的评估值按下式计算[3.8]：

$$T = \frac{C \cdot T^*}{\varphi \sum n_i^* \Delta \sigma_i^\beta} - T_0 \tag{3.9.5}$$

式中：T^*——测量总时间；

C 和 β——与构件和连接类别有关的参数，按照现行国家标准《钢结构设计标准》GB 50017 确定；

T_0——该结构已经使用过的时间；

φ——附加安全系数，取为 1.5 ~ 3.0，与检查制度有关，能够检查并有定期检查制度时取 1.5，不可检查时取 3.0；

$\Delta \sigma_i$——根据应力 - 时间曲线用雨流法统计得到的测量部位第 i 个级别的应力幅值(N/ mm^2)；

n_i^*——在测量时间 T^* 内，$\Delta \sigma_i$ 的循环次数；

T——剩余疲劳寿命的评估时间，其单位应与 T^*、T_0 一致。

3.10 结构性能荷载试验

3.10.1 概述

当按现有计算手段尚不能准确评定构件的安全性或构件验算缺少应有的参数时，宜通过荷载试验进行安全性评定。目前，现行国家标准《建筑结构检测技术标准》GB 50344 附录 H 和《高耸与复杂钢结构检测与鉴定标准》GB 51008 附录 A 关于钢结构性能的静力荷载试验均给出了相应的规定，两本标准的规定均适用于普通钢结构性能的静力荷载检验，不适用于冷弯型钢和压型钢板以及钢 - 混凝土组合结构性能和普通钢结构疲劳性能的检验。

1. 钢结构性能的静力荷载试验检验类型

钢结构性能的静力荷载试验检验类型可分为使用性能检验、承载力检验和破坏性检验。

1）使用性能检验试验，用于验证结构或构件在规定荷载作用下出现设计允许的弹性变形，经过检验且满足要求的结构或构件应能正常使用，使用性能试验在规定的荷载作用下，某些结构或构件可能会出现局部变形，但这些变形的出现应是事先确定的，且不表明结构或构件受到损伤；

2）承载力检验试验，用于验证结构或构件的设计承载力；

3）破坏性检验用于确定结构或模型的实际承载力，进行破坏性检验试验前，宜先进行设计承载力的检验，并应根据检验情况估算被检验结构的实际承载力。

使用性能试验和承载力性能试验的对象可以是实际的结构或构件，也可以是足尺寸的模型；破坏性检验的对象叮以是不再使用的结构或构件，也可以是足尺寸的模型。当需要通过试验检验结构受弯构件的承载力、刚度性能时，或对结构的理论计算模型进行验证时，可进行非破坏性的现场荷载试验。进行现场荷载试验的结构构件应具有代表性，且宜位于受荷最大、最薄弱的部位。缩尺模型应注意考虑模型相似性问题，同时对模型与实际结构之间在荷载及作用方式、边界约束条件、几何上的差异所引起的受力性能差异应给予充分考虑。

2. 试验方案

试验应委托具有足够设备能力的专门机构进行。试验前应制定详细的试验方案，并应在实验前经过有关各方的同意。试验方案宜包括下列内容：

1）试验目的：试验的背景及需要达到的目的。

2）试验方案：试验试件设计、预制构件试验中试件的选择、结构原位加载试验中试件或试验区域的选取等。

3）加载方案：试件的支承及加载模式、荷载控制方法、荷载分级、加载限值、持荷时间、卸载程序等。

4）量测方案：确定试验所需的量测项目、测点布置、仪器选择、安装方式、量测精度、量程复核等。

5）判断准则：根据试验目的，确定试验达到不同临界状态时的试验标志，作为判断结构性能的标准。

6）安全措施：保证试验人员人身安全以及设备、仪表安全的措施。对结构进行原位加载试验和结构监测时，宜避免结构出现不可恢复的永久性损伤。

3. 试验记录

试验过程应做好试验记录，且应在试验现场完成，关键性数据宜实时进行分析判断。现场试验记录的数据、文字、图表应真实、清晰、完整，不得任意涂改。结构试验的原始记录应由记录人签名，并宜包括下列内容：

1）钢材材料力学性能的检测结果；

2）试验试件形状、尺寸的量测与外观质量的观察检查记录；

3）试验加载过程的现象观察描述；

4）试验过程中仪表测读数据记录及裂缝草图；

5）试件变形、应变、承载力极限等临界状态的描述；

6）试件破坏过程及破坏形态的描述；

7）试验影像记录。

4. 试验报告

试验结束后应撰写试验报告，试验报告应准确全面，并应满足试验目的和试验方案的要求；试验报告中的图表应准确、清晰；必要时还应进行试验参数与试验结果的误差分析。

试验报告应包括下列内容：

1）试验概况：试验背景、试验目的、构件名称、试验日期、试验单位、试验人员和记录编号等；

2）试验方案：试件设计、加载设备及加载方式、量测方案；

3）试验记录：记录记载程序、仪表读数、试验现象的数据、文字、图像及视频资料；

4）结果分析：试验数据的整理，试验现象及受力机理的初步分析；

5）试验结论：根据试验及分析结果得出的判断及结论。

3.10.2 材料性能试验

1．取样

钢结构性能静力荷载试验中用于计算和分析的有关材料性能的参数应通过实测确定。当采用模型试验时，钢材试样应在制作试件的同批钢材中抽取，每批抽样 3 个；当采用原位试验时，若工程尚有与结构同批的钢材时，可以将其加工成试件，进行钢材力学性能检验，若工程没有与结构同批的钢材时，可在构件上截取试样，但应确保结构构件的安全，其取样方法按照现行国家标准《钢及钢产品 力学性能试验取样位置及试样制备》GB 2975 的相关规定执行。

2．测试的性能参数

钢材力学性能测试应根据需要测定钢材的屈服强度、抗拉强度、弹性模量和伸长率，试验方法参见现行国家标准《金属材料 拉伸试验 第 1 部分：室温试验方法》GB/T 228.1，钢材的材性实测值应取钢材材性试样测试结果的平均值；当试验有需要时，可测定钢材的应力 - 应变曲线。

3.10.3 试验支承装置

1．试件的支承

试验试件的支承应满足下列要求：

1）支承装置应保证试验试件的边界约束条件和受力状态符合试验方案的计算简图；

2）支承试件的装置应有足够的刚度、承载力和稳定性；

3）试件的支承装置不应产生影响试件正常受力和测试精度的变形；

4）为保证支承面紧密接触，支承装置上下钢垫板宜预埋在试件或支墩内；也可采用砂浆或干砂浆将钢垫板与试件、支墩垫平。当试件承受较大支座反力时，应进行局部承压验算。

2．试件的支座

1）当试验对象为简支受弯构件时，其支座应符合下列要求：

（1）简支支座应提供垂直于跨度方向的竖向反力；

（2）单跨试件和多跨连续试件的支座，除一端为固定支座外，其他应为滚动铰支座；

（3）固定铰支座应限制试件在跨度方向的位移，但不应限制试件在支座处的转动；滚动铰支座不应影响在跨度方向的变形和位移，以及在支座处的转动；

（4）各支座的轴线布置应符合计算简图的要求；当试件平面为矩形时，各支座的轴线应彼此平行，且垂直于试件的纵向轴线；各支座轴线间的距离应等于试件的试验跨度。

2）当试验对象为受压试件时，其端支座应符合下列规定：

（1）支座对试件只提供沿试件轴向的反力，无水平反力，也不应发生水平位移；试件端部能够自由转动，无约束弯矩；

（2）轴心受压试件和双向偏压试件两端宜设置球形支座，单向偏心受压试件两端宜设置沿偏压方向的刀口支座，也可采用球形支座，刀口支座和球形支座中心应与加载点重合；

（3）对于刀口支座，刀口的长度不应小于试件截面的宽度；安装时上下刀口应在同一平面内，刀口的中心线应垂直于试件发生纵向弯曲的平面，并应与试验机或荷载架的中心线重合；刀口中心线与试件截面形心间的距离应取为加载设定的偏心距；

（4）对于球形支座，轴心加载时支座中心正对试件截面形心；偏心加载时支座中心与试件截面形心间的距离取为加载设定的偏心距；当在压力试验机上作单向偏心受压试验时，若试验机的上、下压板之一布置球铰时，另一端也可以设置刀口支座；

（5）侧向稳定性较差的屋架、桁架等受弯试件进行加载试验时，应根据试件的实际情况设置平面外支撑或加强顶部的侧向刚度，保持试件的侧向稳定。平面外支撑及顶部的侧向加强设施的刚度和承载力应符合试验要求，且不应影响试件在平面内的正常受力和变形。不单独设置平面外支撑时，也可采用构件拼装组合后的形式进行加载试验。

3. 试件支座下的支墩和地基

试验时试件支座下的支墩和地基应符合下列规定：

1）支墩和地基在试验最大荷载作用下的总压缩变形不应超过试件挠度值的 1/10；

2）连续梁、四角支承和四边支承双向板等试件需要两个以上的支墩时，各支墩的刚度应相同；

3）单向试件两个铰支座的高差应符合支座设计的要求，其允许偏差为试件跨度的 1/200；双向板试件支墩在两个跨度方向的高差和偏差均应满足上述要求；

4）多跨连续试件各中间支墩宜采用可调式支墩，并宜安装力值量测仪表，根据支座反力的要求调节支墩的高度。

3.10.4　试验加载方式

1. 试验装备

实验室试验加载所采用的各种试验机，应定期检验校准，有处于有效期内的合格证书，设备的精度、误差应符合下列规定：

1）万能试验机、拉力试验机、压力试验机的精度不应低于 1 级；

2）电液伺服结构试验系统的荷载量测允许误差为量程的 ±1.5%。

2. 加载方式

1）非实验室条件进行的预制构件试验、原位加载试验等受场地、条件限制时，可采用满足试验要求的其他加载方式，加载量值的允许误差为 ±5.0%。

2）当采用千斤顶进行加载时，宜选用荷载传感器和弹簧式测力仪测量集中加载力值。对非实验室条件进行的试验，也可采用油压表测定千斤顶的加载量。对非实验室条件进行的试验，也可采用油压表测定千斤顶的加载量。油压表的精度不应低于 1.5 级，并应与千斤顶配套进行标定，绘制标定的油压表读值—荷载曲线，曲线的重复性允许误差为 ±5.0%。同一油泵带动的各个千斤顶，其相对高差不应大于 5m。

3）对需在多处加载的试验，可采用分配梁系统进行多点加载。采用分配梁进行试验加载时，分配比例不宜大于 4∶1；分配级数不应大于 3 级；加载点不应多于 8 点。分配梁的刚度应满足试验要求，其支座应采用单跨简支支座。

4）当通过滑轮组、板链等机械装置悬挂重物或依托地锚进行集中力加载时，宜采用拉力传感器直接测定加载量，拉力传感器宜串联在靠近试件一端的拉索中；当悬挂重物加载时，也可通过称量加载物的重量控制加载值。

5）当采用重物进行加载时，应符合下列规定：

（1）加载物应重量均匀一致，形状规则；

（2）不宜采用有吸水性的加载物；

（3）铁块、混凝土块、砖块等加载物重量应满足加载分级的要求，单块重量不宜大于 250N；

（4）试验前应对加载物称重，求得其平均重量；

（5）加载物应分堆码放，沿单向或双向受力试件跨度方向的堆积长度宜为 1m 左右，且不应大于试件跨度的 1/6 ~ 1/4；

（6）堆与堆之间宜预留不小于 50mm 的间隙，避免试件变形后形成拱作用。

6）当采用散体材料进行均布加载时，应满足下列要求：

（1）散体材料可装袋称量后计数加载，也可在构件上表面加载区域周围设置侧向围挡，逐级称量加载并均匀摊平；

（2）加载时应避免加载散体外漏。

3.10.5　试验荷载

1. 使用性能检验试验的荷载，在无明确要求条件下，应取 1.0× 实际自重 + 1.15× 其他恒载 + 1.25× 可变荷载。

2. 承载力检验的荷载，应采用永久荷载和可变荷载适当组合的承载力极限状态设计荷载的 1.2 倍。

3. 破坏性检验试验在进行前，宜先进行设计承载力的检验，并应根据检验情况估算被检验结构的实际承载力。

3.10.6　试验加载方法

对于结构强度、刚度、稳定等问题的研究性试验及鉴定性试验，通常只加短期作用的静荷载。在试验前除需确定荷载类型、加载位置、使用荷载值与破坏荷载以及是否加至破坏荷载等问题外，还需要确定加载方法。根据观察、测读仪表和分析数据的需要，采用分级加载的方法对结构施加荷载。

检验的荷载，应分级加载，每级荷载不宜超过最大荷载的 20%，在每级加载后应保持足够的静止时间，并检查构件是否存在断裂、屈服、屈曲的迹象。

达到使用性能或承载力检验的最大荷载后，应持荷至少 1h，每隔 15min 测取一次荷载和变形值，直到变形值在 15min 内不再明显增加为止。然后分级卸载，在每一级荷载和卸载全部完成后测取变形值。对新型结构和跨度较大的试件取为 12h，也可根据需要确定时间。

3.10.7　数据量测

1. 量测方案

结构试验的量测方案应符合下列原则：

1）应根据试验目的及探讨规律所需的参数，确定量测项目。

2）量测仪表布置的位置应有代表性，能够反映试件的结构性能。

3）量测仪表以及支架等附属设备应能够满足量测量程和精度的要求。

4）除基本测点外，尚应布置一定数量的校核性测点。

5）在满足试验分析需要的条件下，宜简化量测方案，控制量测数量。

6）量测仪表应定期检定或校准、有处于有效期内的合格证书。人工读数的仪表应进行估读，读数应比所用量测仪表的最小分度值小一位。仪表的预估试验量程宜控制在量测仪表满量程的 30% ～ 80% 范围之内。

7）为及时记录试验数据并对量测结果进行初步整理，宜选用具有自动数据采集和初步整理功能的配套仪器、仪表系统。

2. 数据测读

结构静力试验采用人工测读时，应符合下列规定：

1）应按一定的时间间隔进行测读，全部测点读数时间应基本相同。

2）分级加载时，宜在持荷开始时预读，持荷结束时正式测读。

3）环境温度、湿度对量测结果有明显影响时，宜同时记录环境的温度和湿度。

3. 力值量测仪表及加载

各种力值量测仪表的测量应符合下列规定：

1）荷载传感器的精度不应低于 C 级；对于长期试验，精度不应低于 B 级；荷载传感器仪表的最小分度值不宜大于被测力值总量的 1.0%，示值允许误差为量程的 1.0%。

2）弹簧式测力仪的最小分度值不应大于仪表量测的 2.0%，示值允许误差为量程的 1.5%。

3）当采用分配梁及其他加载设备进行加载时，宜通过荷载传感器直接量测施加于试件的力值，利用试验机读数或其他间接量测方法计算力值时，应计入加载设备的重量。

4）当采用悬挂重物加载时，可通过直接称量加载物的重量计算加载力值，并应计入承载盘的重量；称量加载物及承载盘重量的仪器允许误差为量程的 ±1.0%。

5）当采用均布加载时，应按下列规定确定施加在试件上的荷载：

（1）重物加载时，以每堆加载物的数量乘以重量，再折算成区格内的均布加载值；称量加载物重量的衡器允许误差为量程的 ±1.0%；

（2）散体装在容器内倾倒加载，称量容器内的散体重量，以加载次数计算重量，再折算成均布加载值；称量容器内散体重量的衡器允许误差为量程的 ±1.0%；

（3）水加载以量测水的深度，再乘以水的重度计算均布加载值，或采用精度不低于 1.0 级的水表按水的流量计算加载量，再换算为荷载值。

4. 位移量测的仪器、仪表

1）位移量测的仪器、仪表可根据精度及数据采集的要求，选用电子位移计、百分表、千分表、水准仪、经纬仪、倾角仪、全站仪、激光测距仪、直尺等。试验中应根据试件变形量测的需要布置位移量测仪表，并由量测的位移值计算试件的挠度、转角等变形参数。

2）各种位移量测仪器、仪表的精度、误差应符合下列规定：

（1）百分表、千分表和钢直尺的误差允许值应符合国家现行相关标准的规定；

（2）水准仪和经纬仪的精度分别不应低于 DS_3 和 DJ_2；

（3）位移传感器的准确度不应低于 1.0 级；位移传感器的指示仪表的最小分度值不宜大于所测总位移的 1.0%，示值允许误差为量程的 1.0%。

5. 位移量测

试件位移量测应符合下列规定：

1）应在试件最大位移处及支座处布置测点；对宽度较大的试件，尚应在试件的两侧布置测点，并取量测结果的平均值作为该处的实测值。

2）位移量测应采用仪表测读。对于试验后期变形较大的情况，可拆除仪表改用水准仪—标尺量测或采用拉线—直尺等方法进行量测。

3）对屋架、桁架挠度测点应布置在下弦杆跨中或最大挠度的节点位置上，需要时也可在上弦杆节点处布置测点。

4）对屋架、桁架和具有侧向推力的结构构件，还应在跨度方向的支座两端布置水平测点，量测结构在荷载作用下沿跨度方向的水平位移。

6. 应变量测

应变的量测宜采用电阻应变计、振弦式应变计、光纤光栅应变计和引伸计等进行量测。当采用电阻应变计量测应变时，应有可靠的温度补偿措施。在温度变化较大的地方采用机械式应变仪量测应变时，应对温度影响进行修正。各种应变量测仪表的精度及其他性能应符合下列规定：

1）金属黏贴式电阻应变计或电阻片的技术等级不应大于 C 级，其应变计电阻、灵敏系数、蠕变和热输出等工作特性应符合相应等级的要求。

2）电阻应变仪的准确度不应低于 1.0 级，其示值误差、稳定度等技术指标应符合该级别的相应要求。

3）振弦式应变计的允许误差为量程的 ±1.5%。

4）光纤光栅应变计的允许误差为量程的 ±1.0%。

5）手持式引伸计的准确度不应低于 1 级，分辨率不宜大于标距的 0.5%，示值允许误差为量程的 1.0%。

6）当采用千分表或位移传感器等位移计构成的装置测量应变时，其标距允许误差为±1.0%，最小分度值不宜大于被测总应变的 1.0%。

3.10.8　评定标准

1. 使用性能检验试验

检验试验的结构或构件，应满足下列要求：

1）荷载 - 变形曲线，应基本为线性。

2）卸载后，残余变形不应超过所记录到最大变形值的 20%。

3）当不满足第 2）项要求时，可重新进行检验试验。第二次检验试验中的荷载 - 变形基本上呈现线性，新的残余变形不得超过第二次检验中所记录到的最大变形的 10%。

2. 承载力检验

检验结果的鉴定，在检验荷载作用下，结构或构件的任何部分不应出现屈曲破坏或断裂破坏，卸载后，结构或构件的残余变形不应超过总变形量的 20%。

3. 破坏性检验

检验的加载应先分级加到设计承载力的检验荷载，然后根据荷载 - 变形曲线确定随后的加载增量，最后加载到不能继续加载为止，此时的承载力即为结构的实际承载力。

基于试验的承载力设计值，应由下式确定：

$$R_d \leq \frac{\left(\dfrac{R_{min}}{k_t}\right)}{\gamma_R^t} \qquad (3.10.8\text{-}1)$$

式中　R_d——基于试验的承载力设计值；

　　　R_{min}——承载力试验结果的最小值；

　　　k_t——考虑结构试件变异性的因子，根据结构特性变异系数 k_{sc} 按表 3.10.8 取用；

　　　γ_R^t——基于试验的抗力分项系数，可依据试验原型设计时对应的可靠指标 β 确定，$\gamma_R^t = 1.0 + 0.15\,(\beta - 2.7)$。

考虑结构试件变异性的因子 k_t　　　　　　　　表 3.10.8

试件数量	结构特性变异系数 k_{sc}					
	5%	10%	15%	20%	25%	30%
1	1.18	1.39	1.63	1.92	2.25	2.63
2	1.13	1.27	1.42	1.60	1.79	2.01
3	1.10	1.22	1.34	1.48	1.63	1.79
4	1.09	1.19	1.29	1.40	1.52	1.65
5	1.08	1.16	1.25	1.35	1.45	1.56
10	1.05	1.10	1.16	1.22	1.29	1.34
100	0.99	0.98	0.96	0.95	0.94	0.93

表 3.10.8 中的结构特性变异系数 k_{sc}，可由下式计算

$$k_{sc} = \sqrt{k_f^2 + k_m^2} \qquad (3.10.8\text{-}2)$$

式中　k_f——几何尺寸不定性变异系数，对于连接可取 0.10；

　　　k_m——材料强度不定性变异系数，对于连接可取 0.10。

3.10.9　结构构件现场荷载试验方法

1. 原位加载试验

下列情况可进行原位加载试验：

1）对怀疑有质量问题的结构或构件进行结构性能检验；

2）改建、扩建再设计前，确定设计参数的系统检验；

3）对资料不全、情况复杂或存在明显缺陷的结构，进行结构性能评估；

4）采用新结构、新材料、新工艺的结构或难以进行理论分析的复杂结构，需通过试验对计算模型或设计参数进行复核、验证或研究其结构性能和设计方法；

5）需修复的受灾结构或事故受损结构。

2. 原位加载试验受检构件的选择

结构原位试验的试验结果应能反映被检测结构的基本性能。受检构件的选择应遵守下列原则：

1）受检构件应具有代表性，且宜处于荷载较大、抗力较弱或缺陷较多的部位；

2）受检构件的试验结果应能反映整体结构的主要受力特点；

3）受检构件不宜过多；

4）受检构件应能方便地实施加载和进行测量；

5）对处于正常服役期的结构，加载试验造成的构件损伤不应对结构的安全性和正常使用功能产生明显影响。

3. 加载方式

1）现场试验宜采用均布加载，对大跨度复杂钢结构体系（如钢屋架、桁架、网架等）也可采用集中吊载，对小型构件还可根据自平衡原理，设计专门的反力装置，利用千斤顶进行集中加载。若试验荷载与目标使用期内荷载的形式不同，应按荷载等效原则换算。

2）对于构件中的单向连续板，应分别按图 3.10.9-1 所示的 3 种情况进行均布加载，承载力检验荷载实测值取三者的最低值。

3）对于构件中的双向连续板，应分别按图 3.10.9-2 所示的 2 种情况进行均布加载，承载力检验荷载实测值取两者中的较低值。

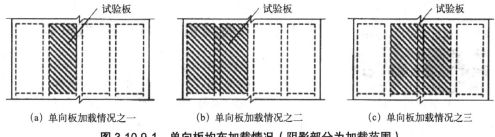

(a) 单向板加载情况之一　　　(b) 单向板加载情况之二　　　(c) 单向板加载情况之三

图 3.10.9-1　单向板均布加载情况（阴影部分为加载范围）

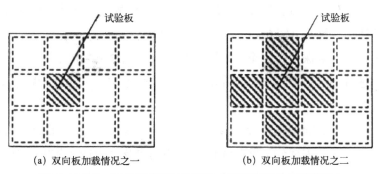

(a) 双向板加载情况之一　　　　　　　(b) 双向板加载情况之二

图 3.10.9-2　双向板均布加载情况（阴影部分为加载范围）

4）对于构件中的连续梁，应分别按图 3.10.9-3 所示的 2 种情况进行均布加载，承载力检验荷载实测值取二者的较低值。

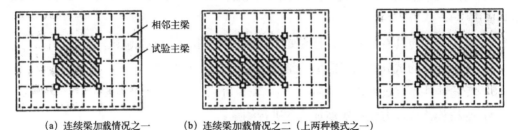

（a）连续梁加载情况之一　　　　（b）连续梁加载情况之二（上两种模式之一）

图 3.10.9-3　连续梁均布加载情况（阴影部分为加载范围）

5）试验应采用分级加载，每级荷载不应大于最大试验荷载的 20%。构件的自重应作为第一级加载的一部分。加载至最大试验荷载后，应分级卸载。每级加、卸载完成后，应持续 15min；在最大试验荷载作用下，应持续 1h 以上。在持续时间内，应观察试验构件的反应。持续时间结束时，应观察并记录各项读数。

3.10.10　试验安全

1. 结构试验方案应包含保证试验过程中人身和设备仪表安全的措施及应急预案。试验前，试验人员应学习、掌握试验方案中的安全措施及应急预案；试验中，应设置熟悉试验工作的安全员，负责试验全过程的安全监督。

2. 制定结构加载方案时，应采用安全性高、有可靠保护措施的加载方式，避免在加载过程中结构破坏或加载能量释放伤及试验人员或造成设备、仪表损坏。

3. 在试验准备工作中，试验试件、加载设备、荷载架等的吊装，设备仪表、电气线路等的安装，试验后试件和试验装置的拆除，均应符合有关建筑安装工程安全技术规定的要求。吊车司机、起重工、焊工、电工等试验人员需经专业培训，且具有相应的资质。试验加载过程中，所有设备、仪表的使用均应严格遵守有关的操作规程。

4. 试验用的荷载架、支座、支墩、脚手架等支承及加载装置应有足够的安全储备，现场试验的地基应有足够的承载力和刚度。安装试件的固定连接件、螺栓等应经过验算，并保证发生破坏时不致弹出伤人。

5. 试验过程中应确保人员安全，试验区域应设置明显的标志。试验过程中，试验人员测读仪表、进行加载等操作均有可靠的工作台或脚手架。工作台和脚手架不应妨碍试验结构的正常变形。

6. 试验人员应与试验设施保持足够的安全距离，或设置专门的防护装置，将试件与人员和设备隔离，避免因试件、堆载或试验设备倒塌及倾覆造成伤害。对可能发生试件脆性破坏的试验，应采取屏蔽措施，防止试件突然破坏时碎片等物体飞出危及人身、仪表和设备的安全。

7. 对桁架、屋架等容易倾覆的大型结构构件，以及可能发生断裂、坠落、倒塌、倾覆、平面外失稳的试验试件，应根据安全要求设置支架、撑杆或侧向安全架，防止试件倒塌危及人员及设备安全。支架、撑杆或侧向安全架与试验试件之间应保持较小间隙，且不应影响结构的正常变形；悬吊重物加载时，应在加载盘下设置可调整支垫，并保持较小间隙，防止因试件脆性破坏造成的坠落。

8. 试验用的千斤顶、分配梁、仪表等应采取防坠落措施。仪表宜采用防护罩加以保护。当加载至接近试件极限承载力时，宜拆除可能因结构破坏而损坏的仪表，改用其他量测方法；对需继续量测的仪表，应采取有效的保护措施。

3.11　既有钢结构工程检测报告

3.11.1　检测报告要求

1. 检测报告应给出所检测项目的评定结论，是否符合设计文件要求或相应验收规范的规定，并能为结构的鉴定提供可靠的依据。

2. 检测报告应结论准确、用词规范、文字简练，对于当事方容易混淆的术语和概念可书面予以解释。

3.11.2　检测报告内容

检测报告至少应包括以下内容 [3.3, 3.7]：

1）委托单位名称；

2）建筑工程概况，包括工程名称、结构类型、规模、施工日期及现状等；

3）设计单位、施工单位及监理单位名称；

4）检测原因、检测目的，以往检测情况概述；

5）检测项目、检测方法及依据的标准；

6）抽样方案及数量；

7）检测日期，报告完成日期；

8）检测项目的主要分类检测数据和汇总结果；检测结果、检测结论；

9）主检、审核和批准人员的签名。

本章参考文献：

[3.1]　罗永峰，张立华，贺明玄. 上海市《钢结构检测与鉴定技术规程》编制简介 [J]. 钢结构，2009，24（10）：57-61.

[3.2]   罗永峰．国家标准《高耸与复杂钢结构检测与鉴定标准》编制简介 [J]．钢结构，2014，29（4）：44-49.

[3.3]   GB 51008—2016 高耸与复杂钢结构检测与鉴定标准 [S]．北京：中国计划出版社，2016.

[3.4]   DG/TJ 08—2011—2007 钢结构检测与鉴定技术规程 [S]．上海：上海市建筑建材业管理总站，2007.

[3.5]   罗永峰，叶智武，陈晓明，等．空间钢结构施工过程监测关键参数及测点布置研究 [J]．建筑结构学报．2014，35（11）：108-115.

[3.6]   叶智武．大跨度空间钢结构施工过程分析及监测方法研究 [D]．上海：同济大学，2015.

[3.7]   GB/T 50621—2010 钢结构现场检测技术标准 [S]．北京：中国建筑工业出版社，2010.

[3.8]   GB 50144—2008 工业建筑可靠性鉴定标准 [S]．北京：中国计划出版社，2009.

[3.9]   DGJ32/TJ 116—2011 里氏硬度计现场检测建筑钢结构钢材抗拉强度技术规程 [S]．江苏：江苏科学技术出版社，2011.

[3.10]   YB 9257—96 钢结构检测评定及加固技术规程 [S]．北京：冶金工业出版社，1997.

[3.11]   北京市建设工程质量检测和房屋建筑安全鉴定行业协会．建设工程质量检测技术及应用 [M]．北京：中国建筑工业出版社，2015.

第4章 既有钢结构可靠性鉴定

4.1 既有钢结构可靠性鉴定的工作内容

4.1.1 既有钢结构可靠性鉴定的内容

既有钢结构可靠性鉴定的内容包括[4.1, 4.2]：安全性鉴定、适用性鉴定和耐久性鉴定。根据现行规范体系，国内外结构可靠性鉴定[4.3, 4.4]的内容均不包括结构抗震性能鉴定，而结构抗震性能鉴定需另外单独制定标准并实施完成且出具专项鉴定报告，因此，钢结构抗震性能鉴定也需单独实施并出具专项鉴定报告。

4.1.2 既有钢结构可靠性鉴定工作的主要内容和步骤

既有钢结构可靠性鉴定工作的主要内容和步骤包括[4.1, 4.2]：调查和收集结构建造及加固改造的信息资料并进行实地查勘；调查、检测、核定结构上的荷载、作用及使用条件；调查、检测结构的缺陷、变形与损伤；根据检测数据建立计算模型分析结构受力状态；根据检测和计算结果评定结构构件、节点及结构整体的安全性、适用性以及耐久性。

4.1.3 既有钢结构构件可靠性鉴定的内容

既有钢结构构件可靠性鉴定的内容包括[4.1, 4.2]：构件的安全性、适用性和耐久性鉴定。

4.1.4 既有钢结构连接和节点可靠性鉴定的内容

既有钢结构连接和节点可靠性鉴定的内容分别包括[4.1, 4.2]：连接的安全性和适用性鉴定；节点的安全性、适用性和耐久性鉴定。

目前，既有钢结构连接主要包括[4.1, 4.2]：焊缝连接、螺栓连接和铆钉连接；而节点则是将汇交于同一个几何点的构件连接在一起的部件，目前，既有钢结构节点的主要类型包括 [4.1]：构件拼接节点、梁柱节点、梁梁节点、支撑节点、吊车梁节点、螺栓球节点、焊接球节点、钢管相贯焊接节点、桁架节点板节点、管桁架直接焊接节点、拉索节点、柱脚、支座节点等，其中一些复杂节点可能采用铸钢节点。

4.1.5 既有钢结构系统整体可靠性鉴定的内容

既有钢结构系统整体可靠性鉴定的内容包括：结构安全性、适用性、耐久性鉴定。

钢结构类型不同，既有钢结构系统整体可靠性鉴定的内容有差别，现行国家标准《高耸与复杂钢结构检测与鉴定标准》GB 51008[4.1] 按照不同的结构类型，分别规定了结构系统整体可靠性鉴定的内容。该标准涉及的结构类型包括：多高层钢结构、大跨度及空间钢结构、厂房钢结构以及高耸钢结构。

既有钢结构可靠性鉴定的依据是国家现行标准《高耸与复杂钢结构检测与鉴定标准》GB 51008[4.1]，当钢结构所在地有地方鉴定标准时，既有钢结构构件可靠性鉴定尚应符合地方鉴定标准的规定。

4.2 既有钢结构的计算分析

4.2.1 既有钢结构的荷载、作用调查及取值

荷载与作用应包括[4.3, 4.5, 4.6] 永久作用、可变作用和灾害作用（偶然作用）三类。

其中，永久作用包括两大类，第一类包括：结构构件、建筑配件、楼地面装修、固定设备等自重荷载；第二类包括：水土压力、地基变形、预应力等作用。

可变作用包括：楼屋面活荷载、积灰荷载、冰雪荷载、风荷载、温度作用、动力作用、吊车荷载等。

灾害作用（偶然作用）包括：地震作用、爆炸撞击火灾、洪水滑坡泥石流、飓风龙卷风等。

对于民用建筑，一般情况下，荷载标准值按照现行国家标准《建筑结构荷载规范》GB 50009 取值，但对于自重差异大、规范未给出比重值及有怀疑时，应现场抽样称量确定。另外，对于楼面活荷载、基本风雪压，根据不同的目标试用期，应按表 4.2.1 进行修正。

基本雪压、基本风压及楼面活荷载的修正系数			表 4.2.1
下一目标试用期（年）	10	20	30 ~ 50
雪荷载或风荷载	0.85	0.95	1.0
楼面活荷载	0.85	0.9	1.0

对于工业建筑，一般情况下，荷载标准值同样按照现行国家标准《建筑结构荷载规范》GB 50009 取值。对于自重差异大、规范未给出比重值及有怀疑时，应现场抽样称量，并根据《建筑结构可靠度设计统一标准》GB 50068 有关的原则确定标准值。

对于积灰荷载，应调查积灰范围、厚度分布、积灰速度和清灰制度，测试干、湿重度，并结合调查情况确定积灰荷载。

对于吊车荷载，当运行状况不正常时或对资料有怀疑时，还应进行专项调查和检测。对于其他设备荷载，应查阅设备和物料运输荷载资料，了解工艺和实际使用情况。当设备振动对结构影响较大时，尚应了解设备的扰力特性及其制作和安装质量，必要时应进

行测试。

荷载调查时，应特别注意：是否有密集书柜或其他较大使用荷载；屋面是否有堆载；对于机械、冶金、水泥等企业，应重点关注积灰荷载；对于设置重级工作制吊车的厂房，应重点关注卡轨力的不利影响；对于通信塔架等，应关注裹冰荷载；暴雪地区应关注高低跨等部位的积雪影响；沿海及西部应关注大风的影响。同时，应关注是否有私自改造增加的荷载、是否有邻近深基坑及受降水影响、是否有较大的温度作用等。

4.2.2　既有钢结构的材料力学性能和几何参数取值

对于材料强度标准值、弹性模量等力学性能 [4.3, 4.5]，当原设计文件有效，且不怀疑结构有严重的性能退化或有设计、施工偏差时，可采用原设计的标准值和规范推荐值。当不符合上述情况时，应通过现场检测、并按照有关检测标准或鉴定标准的要求确定材料强度标准值、弹性模量等力学性能指标。

对于结构或构件的几何参数应采用实测值，并应计入锈蚀、腐蚀、裂缝、缺陷、损伤以及施工偏差等的影响。

4.2.3　既有钢结构的结构分析方法及计算模型

既有钢结构验算的分析方法，应符合国家现行标准《钢结构设计标准》GB 50017 和《高耸与复杂钢结构检测与鉴定标准》GB 51008 的规定。

既有钢结构验算的计算模型，应符合其实际受力与构造状况。

既有钢结构和构件应按承载力极限状态校核，需要时还应按正常使用极限状态进行校核。

4.3　既有钢结构的鉴定评级

4.3.1　一般规定

1. 既有钢结构可靠性鉴定层次

国家现行标准《高耸与复杂钢结构检测与鉴定标准》GB 51008[4.1] 规定，既有钢结构的可靠性按照结构构件及节点、结构系统两个层次分别进行鉴定并评定等级。

2. 钢构件及节点可靠性评定等级

1）安全性评定分为 4 个等级，具体规定为：a_u 级——在目标使用期内安全，不必采取措施；b_u 级——在目标使用期内不显著影响安全，可不采取措施；c_u 级——在目标使用期内显著影响安全，应采取措施；d_u 级——危及安全，必须及时采取措施。

2）适用性评定分为 3 个等级，具体规定为：a_s 级——在目标使用期内能正常使用，不必采取措施；b_s 级——在目标使用期内尚可正常使用，可不采取措施；c_s 级——在目标使用期内影响正常使用，应采取措施。

3）耐久性评定分为 3 个等级，具体规定为：a_d 级——在正常维护条件下，能满足耐久性要求，不必采取措施；b_d 级——在正常维护条件下，尚能满足耐久性要求，可不采取措施；c_d 级——在正常维护条件下，不能满足耐久性要求，应采取措施。

3. 钢结构系统可靠性评定等级

1）安全性评定分为 4 个等级，具体规定为：A_u 级——在目标使用期内安全，不必采取措施；B_u 级——在目标使用期内无显著影响安全的因素，可不采取措施或有少数构件或节点应采取适当措施；C_u 级——在目标使用期内有显著影响安全的因素，应采取措施；D_u 级——有严重影响安全的因素，必须及时采取措施。

2）适用性评定分为 3 个等级，具体规定为：A_s 级——在目标使用期内能正常使用，不必采取措施；B_s 级——在目标使用期内尚能正常使用，可不采取措施或有少数构件或节点应采取适当措施；C_s 级——在目标使用期内有影响正常使用的因素，应采取措施。

3）耐久性评定分为 3 个等级，具体规定为：A_d 级——在正常维护条件下，能满足耐久性要求，不必采取措施；B_d 级——在正常维护条件下，能满足耐久性要求，可不采取措施或有少数构件或节点应采取适当措施；C_d 级——在正常维护条件下，不能满足耐久性要求，应采取措施。

4. 钢结构可靠性（安全性、适用性、耐久性）等级的评定方法

具体评定方法与步骤，需要根据检测鉴定参数、实际检测结果以及鉴定计算结果按照现行国家及行业（包括地方标准）鉴定标准的规定确定。下面几节分别说明不同类型建筑钢结构的构件及节点、结构系统两个层次的鉴定评级。

4.3.2 既有钢结构民用建筑可靠性鉴定评级

1. 既有钢构件可靠性鉴定评级

1）钢构件安全性按其承载力和构造两个项目分别进行安全性等级评定，然后取两个项目中的较低等级作为构件安全性鉴定等级 [4.1]。钢构件承载力计算内容和评定方法与分级标准、钢构件构造项目评定方法与分级标准，可参照国家现行标准《高耸与复杂钢结构检测与鉴定标准》GB 51008 第 5.4 节的规定确定。

2）钢构件的适用性按其变形、制作安装偏差、构造、损伤、防火涂层质量等项目分别进行等级评定，然后取其中的最低等级作为构件适用性鉴定等级。构件变形、制作安装偏差、构造、损伤、防火涂层质量等项目的评定方法与分级标准，可参照国家现行标准《高耸与复杂钢结构检测与鉴定标准》GB 51008 第 5.5 节的规定确定。

3）钢构件的耐久性根据其防腐涂层或外包裹防护质量及腐蚀两个基本项目分别进行等级评定，然后取两个项目中较低等级作为构件耐久性鉴定等级。构件防腐涂层或外包裹防护质量及腐蚀现状的评定方法与分级标准，可参照国家现行标准《高耸与复杂钢结

构检测与鉴定标准》GB 51008 第 5.6 节的规定确定。

2. 既有钢结构节点与连接可靠性鉴定评级

1）焊缝连接的安全性按其承载力和构造两个项目分别评定等级，然后取两个项目中的较低等级作为其安全性等级[4.1]。对于腐蚀严重的焊缝，计算焊缝承载力时，应考虑焊缝受力条件改变以及腐蚀损失的不利影响。焊缝连接承载力和构造的评定方法与分级标准，可参照国家现行标准《高耸与复杂钢结构检测与鉴定标准》GB 51008 第 6.2 节的规定确定。

焊缝连接无须进行适用性鉴定。

2）螺栓和铆钉连接的安全性按其承载力和构造两个项目分别评定等级，然后取两个项目中的较低等级作为其安全性鉴定等级。螺栓和铆钉连接安全性的评定方法与分级标准，可参照国家现行标准《高耸与复杂钢结构检测与鉴定标准》GB 51008 第 6.3 节的规定确定。

螺栓和铆钉连接的适用性等级按其变形（包括滑动和松动）和损伤（包括脱落）状况两个项目分别评定等级，然后取两个项目中的较低等级作为其适用性鉴定等级。螺栓和铆钉连接变形和损伤的评定方法与分级标准，可参照国家现行标准《高耸与复杂钢结构检测与鉴定标准》GB 51008 第 6.3 节的规定确定。

3）节点的安全性按其承载力、构造和连接三个项目分别评定等级，然后取三个项目中的最低等级作为其安全性鉴定等级。节点承载力计算内容和评定方法与分级标准、节点构造项目评定方法与分级标准以及连接的评定方法与分级标准，可参照国家现行标准《高耸与复杂钢结构检测与鉴定标准》GB 51008 第 6.4 节的规定确定。

节点的适用性按其变形和损伤状况以及功能状态分别评定等级，然后取其中的最低等级作为其适用性鉴定等级。节点变形和损伤状况以及功能状态的评定方法与分级标准，可参照国家现行标准《高耸与复杂钢结构检测与鉴定标准》GB 51008 第 6.4 节的规定确定。

节点的耐久性鉴定与钢构件相同。

3. 既有钢结构系统可靠性鉴定评级

总体而言，既有钢结构系统的整体安全性[4.1]应先分别按其结构整体性、主要构件的承载力和稳定性、主要节点的强度、结构整体变形、结构整体稳定性分别评定等级，然后取其中的最低等级作为其安全性鉴定等级；既有钢结构系统的适用性[4.1]应先分别按其结构整体变形、主要构件变形评定等级，然后取其中的较低等级作为其适用性鉴定等级，对于高层建筑钢结构及有人驻留的高耸钢结构还应进行舒适度和振动的等级评定，最后取其中的最低等级作为其适用性鉴定等级；既有钢结构系统的耐久性[4.1]应先分别按钢结构的防护现状和腐蚀状况进行等级评定，然后取其中的较低等级作为其耐久性鉴定等级。以下针对不同类型结构，分别说明可靠性鉴定评级方法。

1）多高层钢结构可靠性鉴定

多高层钢结构安全性的评定方法为：先对结构整体性、结构承载安全性两个项目分别评定等级，然后取两个项目中的较低等级作为其安全性鉴定等级；

多高层钢结构的适用性的评定方法为：先对结构侧向位移变形和楼面挠曲变形两个项目分别评定等级，然后取其中的较低等级作为适用性鉴定等级，对于高层钢结构系统，还应根据风激振动评定舒适性等级，最后取其中的最低等级作为其适用性鉴定等级；

多高层钢结构耐久性的评定方法为：先对结构防护现状与防火现状两个项目分别评定等级，然后取其中的较低等级作为耐久性鉴定等级。

多高层钢结构安全性、适用性、耐久性的具体评定方法与分级标准，可参照国家现行标准《高耸与复杂钢结构检测与鉴定标准》GB 51008 第 8.2 节的规定确定。

2）大跨度及空间钢结构可靠性鉴定

大跨度及空间钢结构安全性的评定方法为：先对结构整体性和结构承载安全性（对于需要验算整体稳定性的结构,还应包括结构整体稳定等级评定）两个项目分别评定等级，然后取其中的较低等级作为安全性鉴定等级；

大跨度及空间钢结构适用性的评定方法为：先对结构整体挠曲变形、支座变形或位移两个项目分别评定等级，然后应取其中的较低等级作为适用性鉴定等级；

大跨度及空间钢结构耐久性评定与多高层钢结构相同。

大跨度及空间钢结构安全性、适用性、耐久性的具体评定方法与分级标准，可参照国家现行标准《高耸与复杂钢结构检测与鉴定标准》GB 51008 第 8.3 节的规定确定。

3）高耸钢结构可靠性鉴定

高耸钢结构安全性的评定方法为：先对结构整体性和结构承载安全性两个项目分别评定等级，然后取其中的较低等级作为安全性鉴定等级；

高耸钢结构适用性的评定方法为：先对结构整体倾斜、柱肢弯曲变形、柱脚变形或位移、结构整体角位移和有人驻留处的舒适性三个项目分别评定等级，最后取其中的最低等级作为适用性鉴定等级；

高耸钢结构耐久性评定与多高层钢结构相同。

高耸钢结构安全性、适用性、耐久性的具体评定方法与分级标准，可参照国家现行标准《高耸与复杂钢结构检测与鉴定标准》GB 51008 第 8.5 节的规定确定。

4. 既有钢结构整体可靠性鉴定等级评定

结构整体可靠性鉴定的内容包括结构安全性、适用性与耐久性的鉴定 [4.4]，在分别进行结构安全性、适用性与耐久性三个项目鉴定的同时，是否需要根据该三个项目的鉴定结果,综合给出结构整体可靠性的鉴定等级,不同的标准规定不同。我国现行国家标准《高耸与复杂钢结构检测与鉴定标准》GB 51008，只分别进行既有钢结构的安全性、适用性与耐久性鉴定并给出鉴定等级,不再进行所谓的结构整体可靠性鉴定,也就没有综合给出整体结构的可靠性鉴定等级。

现行国家标准《民用建筑可靠性鉴定标准》GB 50292[4.3] 第 10.0.2 条规定，当不要求给出结构整体可靠性等级时，民用建筑各层次的可靠性可通过直接给出其安全性等级和使用性等级的形式表示，也就是不再综合评定可靠性等级；同时，第 10.0.3 条规定，当需要给出民用建筑各层次的可靠性等级时，则可根据其安全性和正常使用性的评定结果确定可靠性等级，具体评定方法见该标准第 10.0.3 条。现行《民用建筑可靠性鉴定标准》GB 50292 将民用建筑可靠性鉴定评级分为构件、子单元和鉴定单元三个层次进行评定，构件可靠性有 4 级，即 a、b、c、d，子单元可靠性有 4 级，即 A、B、C、D，鉴定单元可靠性亦有 4 级，即 Ⅰ、Ⅱ、Ⅲ、Ⅳ，民用建筑不同层次、不同等级可靠性的具体定义，可参见《民用建筑可靠性鉴定标准》GB 50292 第 3.3.3 条的规定。

4.3.3　既有钢结构工业建筑可靠性鉴定评级

1. 评级层次

既有钢结构工业建筑可靠性鉴定评级[4.5]，应划分为构件、结构系统、鉴定单元三个层次；其中构件和结构系统两个层次的鉴定评级，应包括安全性等级和使用性等级评定，需要时可由此综合评定其可靠性等级；安全性分四个等级，使用性分三个等级，各层次的可靠性分四个等级，当不要求评定可靠性等级时，可直接给出安全性和正常使用性评定结果。

2. 构件层次评级

钢构件的安全性等级应按承载能力（包括构造和连接）项目评定，并取其中最低等级作为构件的安全性等级。

钢构件的使用性等级应按变形、偏差、一般构造和腐蚀等项目评定，并取其中最低等级作为构件的使用性等级。

3. 结构系统层次评级

第二层次的结构系统分为地基基础、上部承重结构和围护结构三个系统。

地基基础的安全性等级评定宜根据地基变形观测资料和建（构）筑物现状进行评定。必要时可按地基基础的承载力进行评定。

地基基础的使用性等级宜按照上部承重结构和围护结构使用状况评定。

上部承重结构的安全性等级，应按结构整体性和承载功能两个项目评定，并取其中较低的评定等级作为上部承重结构的安全性等级，必要时应考虑过大水平位移或明显振动对该结构系统或其中部分结构安全性的影响。

上部承重结构的使用性等级应按上部承重结构使用状况和结构水平位移两个项目评定，并取其中较低的评定等级作为上部承重结构的使用性等级，必要时尚应考虑振动对该结构系统或其中部分结构正常使用性的影响。

围护结构系统的安全性等级，应按承重围护结构的承载功能和非承重围护结构的构造连接两个项目进行评定，并取两个项目中较低的评定等级作为该围护结构系统的安全性等级。

围护结构系统的使用性等级，应按承重围护结构的使用状况和围护系统的使用功能两个项目进行评定，并取两个项目中较低的评定等级作为该围护结构系统的使用性等级。

4. 鉴定单元层次评级

鉴定单元的可靠性等级，应根据地基基础、上部承重结构和围护结构系统的可靠性等级评定结果，以地基基础、上部承重结构为主进行评定。一般情况将地基基础和上部承重结构中的较低等级作为鉴定单元的评定等级，当围护结构系统评定等级较地基基础和上部承重结构评定等级偏低较多时，可对鉴定单元评定等级进行适当下调。

4.3.4 既有钢结构工业构筑物可靠性鉴定评级

1. 烟囱可靠性鉴定评级

烟囱的可靠性鉴定评级 [4.7]，应划分为构件、结构系统、鉴定单元三个层次；其中构件和结构系统两个层次的鉴定评级，应包括安全性、正常使用性、腐蚀性的等级评定，需要时可由此综合评定其可靠性等级；安全性分四个等级，正常使用性和腐蚀性分三个等级。

烟囱分为地基基础、筒壁（烟道壁）及支承结构、内衬（筒）与隔热层、附属设施四个结构系统。

地基基础的安全性等级根据烟囱现状和地基变形观测资料进行评定，必要时，可按地基基础的承载力进行评定。

筒壁及支承结构的安全性等级应按承载能力、构造和连接、裂缝（焊缝脱开）三个项目的评定等级确定；使用性等级应按损伤、裂缝和倾斜三个项目的最低评定等级确定；可靠性等级可按安全性等级和使用性等级中的较低等级确定。

内衬与隔热层的安全性等级应根据构造连接和损伤情况两个项目的评定等级进行确定，使用性等级应根据使用功能的实际状况进行评定，可靠性等级可按安全性等级和使用性等级中的较低等级确定。

附属设施的安全性等级应根据承载构件的实际状况进行评定，使用性等级应根据使用功能、破损程度进行评定，可靠性等级应按安全性等级和使用性等级中的较低等级确定。

烟囱鉴定单元的可靠性鉴定评级，应按地基基础、筒壁级支承结构、内衬与隔热层三个结构系统中可靠性等级的最低等级确定。附属设施评定可不参与烟囱鉴定单元的评级。

钢烟囱腐蚀评定根据钢结构构件的腐蚀程度及防腐措施的完备程度进行评定。

2. 筒仓可靠性鉴定评级

筒仓的可靠性鉴定 [4.5]，应分为地基基础、仓体与支撑结构、附属设施三个结构系统进行评定。

地基基础的安全性等级及使用性等级评定与工业建筑钢结构地基基础的评定方法相同。

仓体与支承结构的安全性等级应按整体性和承载能力两个项目评定等级中的较低等级确定；使用性等级应按使用状况和整体侧移（倾斜）变形两个项目评定等级中的较低等级确定；可靠性等级可按安全性等级和使用性等级中的较低等级确定。

筒仓鉴定单元的可靠性鉴定评级，应按地基基础、仓体与支承结构两个结构系统中可靠性等级的较低等级确定。

3. 通廊可靠性鉴定评级

通廊的可靠性鉴定[4.5]，应分为地基基础、通廊承重结构、围护结构三个结构系统进行评定。

地基基础的安全性等级及使用性等级评定与工业建筑钢结构地基基础的评定方法相同。

通廊承重结构的安全性等级及使用性等级评定与工业建筑钢结构上部承重结构的评定方法相同。当通廊结构主要连接部位有严重开裂或高架斜通廊两端连接部位出现滑移错位现象时，应根据潜在的危险程度安全性等级评为 C 级或 D 级。

通廊围护结构的安全性等级及使用性等级评定与工业建筑钢结构围护结构的评定方法相同。

通廊鉴定单元的可靠性鉴定评级，应按地基基础、通廊承重结构两个结构系统中可靠性等级的较低等级确定。当通廊围护结构评定等级低于上述评定等级二级时，可按上述评定等级降低一级确定。

4. 其他钢结构构筑物可靠性鉴定评级

除了烟囱、贮仓和通廊外，尚有大量的各类型工业钢结构构筑物在役使用，也包括一些按照企业管理划在设备范畴，但从结构体系上可以归类为构筑物的结构类型，例如各类储罐、脱硫塔、放散塔、转运站、反应罐等，从结构形式都可以分为基础、主体结构和附属设施，均可以参照现行《工业建筑可靠性鉴定标准》GB 50144 的指导思想进行鉴定评级。

4.4　既有钢结构可靠性鉴定报告

4.4.1　鉴定报告应包含的内容

鉴定报告应包含以下内容[4.3, 4.5]：

1. 工程概况

概况中，应对鉴定对象的建设年代、结构形式、主要尺寸、规模、使用历史和建筑材料等情况进行描述，必要时，还应对设计单位、施工单位等情况进行表述。

2. 鉴定的目的、范围和内容

鉴定报告中，鉴定目的和鉴定范围应明确，避免引起歧义和争议，同时要对整个鉴定活动的各阶段工作内容进行描述。

3. 鉴定的依据

鉴定报告必须明确列出所依据的标准、规范以及其他相关资料名称。

4. 检测、分析、鉴定的结果

检查、分析和鉴定是鉴定工作的主体部分，应详细表述各部分工作的结果，要能充分展示鉴定结论的逻辑判断过程。

5. 结论与建议

以上所有的各阶段工作都是为了得出最后的结论和建议，是鉴定工作的最终目的和成果。

6. 附件

附件应包含鉴定工作的过程内容或者技术资料，一般应包括各类图、表、照片、试验报告等，作为鉴定过程的辅助资料，供报告使用者查阅。

4.4.2 鉴定报告要求

鉴定报告应列出所有不满足鉴定标准要求的构件，对其不满足鉴定标准的原因进行准确表述，并提出有针对性的处理建议。

鉴定报告应做到条理清晰，依据规范准确，结论可靠，建议合理。

本章参考文献：

[4.1]　GB 51008—2016 高耸与复杂钢结构检测与鉴定标准 [S]. 北京：中国计划出版社，2016.

[4.2]　DG/TJ 08—2011—2007 钢结构检测与鉴定技术规程 [S]. 上海：上海市建筑建材业市场管理总站，2007.

[4.3]　GB 50292—2015 民用建筑可靠性鉴定标准 [S]. 北京：中国计划出版社，2015.

[4.4]　罗永峰 . 国家标准《高耸与复杂钢结构检测与鉴定技术标准》编制简介 [J]. 钢结构，2014，29（4）：44-49.

[4.5]　GB 50144—2008 工业建筑可靠性鉴定标准 [S]. 北京：中国计划出版社，2009.

[4.6]　GB 50009—2012 建筑结构荷载规范 [S]. 北京：中国建筑工业出版社，2012.

[4.7]　GB 51056—2014 烟囱可靠性鉴定标准 [S]. 北京：中国计划出版社，2014.

第 5 章 既有钢结构抗震性能鉴定

对于抗震设防烈度为 6 ~ 9 度地区，原设计未考虑抗震设防或抗震设防标准提高的钢结构，或需要改变建筑用途、使用环境发生变化、需要对结构进行改造的钢结构，均应进行结构体系的抗震性能鉴定。抗震鉴定必须在钢结构体系或构件可靠性评定的基础上进行[5.1, 5.2]。

本章将既有钢结构分为多高层钢结构、大跨度及空间钢结构、厂房钢结构、高耸钢结构、工业构筑物钢结构分别进行抗震性能鉴定。其中，多高层钢结构、大跨度与空间钢结构、厂房钢结构和高耸钢结构的鉴定内容与方法列在 5.1 ~ 5.3 节，钢结构构筑物包括框排架钢结构、钢结构通廊、钢筒仓、钢结构支架及构架、锅炉钢结构、高炉系统钢结构等的鉴定内容与方法列在 5.4 节。

5.1 既有钢结构抗震性能鉴定的内容

5.1.1 既有钢结构后续使用年限

进行抗震性能鉴定前，应首先按照钢结构的建造年代[5.1 ~ 5.4]，根据以下原则确定其后续使用年限：

1) 在 20 世纪 70 年代及以前建造的，不应小于 30 年；

2) 在 20 世纪 80 年代建造的，宜采用 40 年或更长，且不得少于 30 年；

3) 在 20 世纪 90 年代建造的，不宜少于 40 年；

4) 在 2001 年及以后建造的，宜采用 50 年。

5.1.2 既有钢结构抗震设防标准、烈度

结构所在地区的抗震设防烈度、设计基本地震加速度值和地震作用，按现行国家标准《建筑抗震设计规范》GB 50011[5.3] 的规定确定。既有钢结构的抗震设防类别和抗震设防标准，按现行国家标准《建筑工程抗震设防分类标准》GB 50223 的规定确定。其抗震措施核查和抗震验算选取的烈度应根据下列要求确定：

1. 甲类（特殊设防类），应经专门研究按不低于乙类的要求核查其抗震措施，抗震验算应按高于本地区设防烈度的要求采用。

2. 乙类（重点设防类），6 ~ 8 度应按比本地区设防烈度提高一度的要求核查其抗震

措施，9度时应适当提高要求；抗震验算应按不低于本地区设防烈度的要求采用。

3. 丙类（标准设防类），应按本地区设防烈度的要求核查其抗震措施并进行抗震验算。

4. 丁类（适度设防类），7 ~ 9 度时，应允许按比本地区设防烈度降低一度的要求核查其抗震措施，抗震验算应允许比本地区设防烈度适当降低要求；6度时允许不进行抗震鉴定。

5.1.3　既有钢结构抗震鉴定的项目

现行国家标准《高耸与复杂钢结构检测鉴定标准》GB 51008[5.2]（以下简称《标准》）将既有钢结构抗震性能鉴定内容分为两个项目，第一个项目为结构整体布置与抗震构造措施鉴定；第二个项目为多遇地震作用下钢结构承载力和变形验算鉴定，对有一定要求或重大复杂工程的钢结构，还应视情况进行罕遇地震作用下钢结构抗倒塌或抗失效性能鉴定。所以，在对钢结构进行抗震鉴定时，应根据实际采用的地震烈度选定需要进行鉴定的项目。

5.1.4　结构整体布置及抗震构造措施鉴定内容

该鉴定内容为《标准》中第一个鉴定项目[5.2]。在进行结构整体布置与抗震构造措施鉴定时，应根据结构体系的要求分类进行。

1. 多高层钢结构

多高层钢结构整体布置与抗震构造措施鉴定应核查以下内容：

1）建筑体型及结构布置的规则性；

2）重力荷载及水平荷载传递路径的合理性；

3）承受双向地震作用的能力；

4）梁、柱、支撑及其节点连接的抗震构造措施；

5）材料性能的合理性；

6）非结构构件与主体钢结构连接的抗震构造措施。

2. 大跨度与空间钢结构

大跨度及空间钢结构整体布置与抗震构造措施鉴定应核查以下内容：

1）结构体系与结构布置的合理性；

2）重力荷载与水平地震作用传递路径的合理性；

3）承受三向地震作用的能力；

4）支承结构的抗震性能；

5）主要构件、节点及支座的抗震构造措施；

6）材料性能的合理性；

7）非结构构件与主体结构连接的抗震构造措施。

3. 厂房钢结构

厂房钢结构的整体布置与抗震构造措施鉴定应核查以下内容：

1）结构体系包括主框架、天窗架、气楼架、墙架和吊车梁系统等布置的合理性；

2）屋盖和柱间支撑的完整性；

3）防震缝设置的合理性；

4）主要构件、节点及支座的抗震构造措施；

5）材料性能的合理性；

6）围护结构、辅助结构等非结构构件与主体结构连接的抗震构造措施。

4. 高耸钢结构

高耸钢结构的整体布置与抗震构造措施鉴定应核查以下内容：

1）建筑形体及其构件分布的规则性；

2）结构体系布置的合理性；

3）重力荷载及水平荷载传递的有效性；

4）承受双向地震作用的能力；

5）构件、柱脚、锚栓、节点连接的抗震构造措施；

6）材料性能的合理性；

7）非结构构件与主体钢结构连接的构造措施。

5.1.5　地震作用下结构承载力和变形验算

《标准》[5.2] 中第二个鉴定项目为多遇地震作用下承载力和结构变形验算鉴定。对符合下列规定的钢结构，还需按下列规定进行罕遇地震作用下的弹塑性变形验算，包括罕遇地震作用下抗倒塌或抗失效性能分析鉴定。

1. 应进行弹塑性变形验算的结构

1）高度大于 150m 的钢结构；

2）特殊设防类或甲类建筑和重点设防类或乙类 9 度区的钢结构建筑；

3）采用隔震层和消能减震设计的钢结构；

4）8 度 Ⅲ、Ⅳ 类场地和 9 度时的厂房钢结构塑性变形验算。

2. 宜进行弹塑性变形验算的结构

1）高度不大于 150m 的钢结构；

2）竖向特别不规则的高层钢结构；

3）7 度 Ⅲ、Ⅳ 类场地和 8 度区的乙类钢结构建筑；

4）7 度 Ⅲ、Ⅳ 类场地和 8 度 Ⅰ、Ⅱ 类场地的厂房钢结构。

5.1.6　确定结构的阻尼比

结构体系地震响应分析时，阻尼比尽可能根据结构的实际状态检测确定。当无条件检测确定时可按下列规定取值：

1. 多遇地震作用时，不超过 12 层的钢结构可取 0.035，超过 12 层的钢结构可取 0.02，周边落地的网格结构可取 0.02，设有钢或混凝土结构支承体系的网格结构可取 0.03，厂房钢结构可取 0.045，索结构可取 0.01；

2. 罕遇地震作用时，可取 0.05。

5.2 既有钢结构抗震性能分项评定

5.2.1 整体布置评定

钢结构整体布置的评定，属于第一个鉴定项目，应根据结构体系的类别进行鉴定[5.2]。

1. 多高层钢结构

1）多高层钢结构出现下列情况之一时，其整体布置应鉴定为不满足：

（1）建筑形体为现行国家标准《建筑抗震设计规范》GB 50011 中定义的严重不规则的建筑；

（2）结构整体会因部分关键构件或节点破坏丧失抗震能力或对重力荷载的承载能力；

（3）结构布置不能形成双向抗侧力体系；

（4）甲、乙类建筑和丙类高层建筑为单跨框架结构；

（5）结构体系采用部分由砌体墙承重的混合形式；

（6）钢材的屈服强度实测值与抗拉强度实测值的比值大于 0.85，且应力-应变关系曲线中没有明显的屈服台阶，伸长率小于 20%；

（7）出现对结构整体抗震性能有严重影响的其他情况。

2）多高层钢结构未出现上述任一情况时，其整体布置可鉴定为满足，但仍应按下列规定进一步检测、鉴定，对不符合要求的，应提出相应的处理意见：

（1）平面扭转不规则的结构，应满足楼层最大弹性水平位移不大于楼层水平位移平均值的 1.5 倍、结构扭转为主的第一自振周期与平动为主的第一自振周期之比不大于 0.9 的要求；

（2）楼板有效宽度小于该层楼面宽度的 50%、或开洞面积大于该层楼面面积的 30%、或有较大楼层错层的楼面，应满足在楼板边缘和洞口边缘设置边梁、暗梁、楼板适当加厚和合理布置钢筋等附加构造措施的要求；

（3）抗侧力构件竖向不连续时，应有水平转换构件将其内力向下传递，所传递的内力应根据水平转换构件的类型乘以 1.25 ～ 2.0 的增大系数；

（4）侧向刚度不规则的结构中的薄弱楼层应有加强，使该层的侧向刚度不小于相邻上一层的 60%，该层的抗剪承载力不应小于相邻上一楼层的 65%；

（5）竖向不规则结构的薄弱层的地震剪力，应乘以不小于 1.15 的增大系数；

（6）中心支撑不宜采用 K 形支撑，不应采用只能受拉的同一方向的单斜杆体系，应采用交叉支撑、人字支撑或不同倾斜方向的只能受拉的单斜杆体系；

（7）非结构构件与主体结构的连接应满足抗震要求。

2. 大跨度及空间钢结构

1）大跨度及空间钢结构出现下列情况之一时，其整体布置应鉴定为不满足：

（1）建筑体型为现行国家标准《建筑抗震设计规范》GB 50011 中定义的严重不规则建筑；

（2）整个结构会因部分结构或构件破坏而丧失抗震能力或对重力荷载的承载能力；

（3）单向传力体系，其平面外未设置可靠支撑体系；

（4）采用下弦节点支承的单向传力体系的桁架结构，没有采取可靠措施防止桁架在支座处发生平面外扭转；

（5）单层网壳的节点评定为铰接；

（6）支座节点出现严重损伤或损坏；

（7）钢材的屈服强度实测值与抗拉强度实测值的比值大于 0.85，且应力-应变关系曲线中没有明显的屈服台阶，伸长率小于 20%；

（8）出现其他对结构整体抗震性能有严重影响的情况。

2）大跨度及空间钢结构未出现上述任一情况时，其整体布置可鉴定为满足，但仍应按下列规定进一步检测与鉴定，对不符合以下要求的，应提出相应的处理意见：

（1）能将屋盖的地震作用有效传递到下部支承结构；

（2）具有合理的刚度和质量分布，屋盖及其支承的布置均匀对称；

（3）有两个方向刚度均衡的传力体系；

（4）结构布置没有因局部削弱或突变而形成的薄弱部位；

（5）下部支承结构布置合理，屋盖不致产生过大的地震扭转效应；

（6）空间传力体系的结构布置平面形状为矩形且三边支承一边开口的结构体系，其开口边有加强措施，并保证其刚度足够；两向正交正放网架、双向张弦结构，沿周边支座设有封闭的水平支撑；

（7）当屋盖分区域采用不同的结构形式时，交界区域的杆件和节点有加强措施；也可用防震缝分离，缝宽不小于 150mm；

（8）多点支承网架的柱顶支点处，宜有柱帽；

（9）屋面围护系统、吊顶及悬吊物等非结构构件与结构可靠连接，其抗震措施符合现行国家标准《建筑抗震设计规范》GB 50011 的规定。

3. 厂房钢结构

1）厂房钢结构出现下列情况之一时，其整体布置鉴定为不满足：

（1）整个结构会因部分结构或构件破坏而丧失抗震能力或对重力荷载的承载能力；

（2）主体结构、屋面支撑和柱间支撑布置不能形成具有抵抗三向地震作用能力的结构体系；

（3）围护系统与主体结构的连接存在构造不合理或承载力不足，或围护系统自身存在坍塌的隐患，或围护系统存在危及主体结构安全的隐患；

（4）结构的主要构件、主要节点或支座等存在会严重影响主体结构抗震能力的缺陷或损伤；

（5）厂房有严重的不均匀沉降；

（6）钢材的屈服强度实测值与抗拉强度实测值的比值大于0.85，且应力-应变关系曲线中没有明显的屈服台阶，伸长率小于20%；

（7）出现对结构整体抗震性能有严重影响的其他情况。

2）厂房钢结构不出现以上任一情况时，其整体布置可鉴定为满足，但仍应分别对厂房的结构体系及布置、屋盖支撑的布置、柱间支撑的布置进一步检测评定，对不符合要求的，应提出相应的处理意见。

厂房钢结构的结构体系及布置应按下列规定进一步检测鉴定：

（1）厂房的横向抗侧力体系，可由各类框架结构体系等组成。厂房的纵向抗侧力体系，8、9度应为柱间支撑；6、7度宜为柱间支撑，也可为刚接框架；

（2）厂房内设有桥式起重机时，吊车梁系统的构件与厂房框架柱的连接应能可靠地传递纵向水平地震作用；

（3）高低跨厂房不宜在一端开口；

（4）厂房的贴建房屋和构筑物不宜设在厂房角部和紧邻防震缝处；

（5）厂房体型复杂或有贴建房屋和构筑物时，宜设有防震缝；两个主厂房间的过渡跨，至少一侧应有防震缝与主厂房脱开。防震缝宽度不宜小于150mm；

（6）厂房内登上起重机的钢梯不应靠近防震缝设置，多跨厂房各跨登上起重机的钢梯不宜设在同一横向轴线附近；

（7）厂房内的工作平台、刚性工作间宜与厂房主体结构脱开或采用柔性连接；

（8）厂房的同一结构单元内，不应有不同的结构形式，厂房单元内不应用横墙和框架混合承重；

（9）各柱列的侧移刚度宜均匀，当有抽柱时，应有抗震加强措施；

（10）8度和9度时天窗架宜从厂房单元端部第三柱间开始设置；不应用端壁板代替端天窗架；

（11）8度（0.30g）和9度时，跨度大于24m的厂房不宜为大型屋面板；

（12）砖围护墙宜为外贴式，不宜为一侧有墙另一侧敞开或一侧外贴而另一侧为嵌砌等；8、9度时不应采用嵌砌式。砌体围护墙贴砌时，应与柱柔性连接，并应有措施使墙体不妨碍厂房柱列沿纵向的水平位移。围护墙抗震构造应按现行国家标准《建筑抗震设计规范》GB 50011的相关规定鉴定；

（13）各类顶棚的构件与楼板的连接件，应能承受顶棚、悬挂重物和有关机电设施的自重和地震附加作用，其锚固的承载力应大于连接件的承载力；悬挑雨篷或一端由柱支承的雨篷，应与主体结构可靠连接；玻璃幕墙、预制墙板、附属于楼屋面的悬臂构件和大型储物架的抗震构造，应符合相关专门标准的规定。

3）厂房钢结构屋盖支撑的布置应按下列规定进一步检测鉴定：

（1）无檩和有檩屋盖的支撑布置以及具有中间井式天窗无檩屋盖的支撑布置，应符合现行国家标准《建筑抗震设计规范》GB 50011 的规定，不应缺少支撑；

（2）屋盖支撑尚应符合下列要求：天窗开洞范围内，在屋脊点处应有上弦通长水平系杆；屋架跨中竖向支撑沿跨度方向的间距，6 ~ 8 度时宜不大于 15m，9 度时宜不大于 12m；当跨中仅有一道竖向支撑时，宜位于屋架跨中屋脊处；当有两道时，宜沿跨度方向均匀布置；当采用托架支承屋盖的桁架或横梁结构时，应沿厂房全长设置纵向水平支撑；对于高低跨厂房，在低跨屋盖横梁端部处，应沿屋盖全长设置纵向水平支撑；纵向柱列局部柱间采用托架支承屋盖桁架或横梁时，应沿托架的柱间及向其两侧至少各延伸一个柱间设置屋盖纵向水平支撑；8、9 度时，横向支撑的横杆应符合压杆要求，交叉斜杆在交叉处不宜中断。

4）厂房钢结构柱间支撑的布置与构造应按下列规定进一步检测鉴定：

（1）在厂房单元各纵向柱列的中部应设有一道下柱柱间支撑。在 7 度区厂房单元长度大于 120m 或采用轻型围护材料时为 150m 时以及 8、9 度区厂房单元长度大于 90m 或采用轻型围护材料时为 120m 时，应在厂房单元的 1/3 区段内各设一道下柱支撑。当柱数不超过 5 个且厂房长度小于 60m 时，可在厂房两端设下柱支撑。上柱柱间支撑应设在厂房单元两端和具有下柱支撑的柱间。柱间支撑宜为 X 形，也可为 V 形、A 形及其他形式。X 形支撑斜杆交点的节点板厚度不应小于 10mm，斜杆与节点板应焊接，与端节点板宜焊接；

（2）柱间支撑杆件的长细比限值，应符合现行国家标准《钢结构设计标准》GB 50017 的规定；

（3）柱间支撑宜为整根型钢，当热轧型钢超过材料最大长度规格时，可为拼接等强接长。

4. 高耸钢结构

1）高耸钢结构出现下列情况之一时，其整体布置鉴定为不满足：

（1）整个结构会因部分结构或构件破坏而丧失抗震能力或对重力荷载的承载能力；

（2）结构布置不能形成具有抵抗三向地震作用能力的结构体系；

（3）结构的主要构件、主要节点或支座等存在明显的失稳弯曲、裂缝、严重腐蚀和损伤，严重影响高耸钢结构的抗震能力；

（4）高耸钢结构有严重的不均匀沉降，结构出现明显的具有危险的倾斜；

（5）钢材的屈服强度实测值与抗拉强度实测值的比值大于0.85，且应力-应变关系曲线中没有明显的屈服台阶，伸长率小于20%；

（6）出现对结构整体抗震性能有严重影响的其他情况。

2）高耸钢结构不出现上述任一情况者，其整体布置可鉴定为满足，但仍应按下列规定进一步检测与鉴定，对不符合要求的，应提出相应的处理意见：

（1）结构平面布置宜为规整、对称；抗侧力构件的截面尺寸和材料强度自下而上宜为逐渐减小，结构的侧向刚度沿竖向宜为均匀变化；

（2）结构横截面横隔的间距不宜大于3个节间。在立柱或塔柱变坡处、拉索节点处或其他主要连接节点处，结构横截面宜有横隔，且横隔应有足够的刚度；

（3）结构截面刚度突变处，宜有减缓刚度突变的构造措施。

5.2.2 抗震构造措施评定

抗震构造措施也属于第一个鉴定项目。在进行抗震构造措施鉴定时，应分别对结构构件和节点、非结构构件和节点的抗震构造措施进行核查鉴定。

1. 多高层钢结构

1）多高层钢结构构件的抗震构造措施不符合下列规定之一时，鉴定为不满足：

（1）钢框架梁、柱截面板件的宽厚比应不超过本节表5.2.3-3中D类截面的限值；

（2）框架柱的长细比，7、8度应不大于 $120\sqrt{235/f_y}$，9度应不大于 $80\sqrt{235/f_y}$；

（3）梁柱构件的受压翼缘及可能出现塑性铰的部位，应有侧向支撑或防止局部屈曲的措施；梁柱构件两相邻侧向支承点间构件的长细比，应符合现行国家标准《钢结构设计标准》GB 50017 的有关规定；

（4）中心支撑杆件的长细比，当为压杆设计时，应不大于 $120\sqrt{235/f_y}$，在9度时，中心支撑不应按拉杆设计；7、8度且按拉杆设计时，长细比不应大于180；

（5）中心支撑杆件的板件宽厚比，不应大于表5.2.2-1规定的限值；

中心支撑杆件的板件宽厚比限值　　　　　　　　　　　表 5.2.2-1

板件名称	设防烈度	
	7度、8度	9度
翼缘外伸部分	13	9
工字形截面腹板	33	26
箱形截面壁板	30	24
圆管外径与壁厚比	42	40

注：表列数值适用于Q235钢。对其他牌号钢材，圆管时应乘以235/f_y，其他形式截面时应乘以$\sqrt{235/f_y}$。

（6）偏心支撑框架消能梁段钢材的屈服强度应不大于 345MPa。消能梁段及与消能梁段在同一跨内的非消能梁段，其板件的宽厚比不应大于表 5.2.2-2 规定的限值；

偏心支撑框架梁的板件宽厚比限值　　　　　　　　　表 5.2.2-2

板件名称		宽厚比限值
翼缘外伸部分		8
腹板	当 $N/Af \le 0.14$ 时	$90\ [1 - 1.65N/(Af)]$
	当 $N/Af > 0.14$ 时	$33\ [2.3 - 1.0N/(Af)]$

注：表列数值适用于 Q235 钢。对其他牌号钢材，圆管时应乘以 $235/f_y$，其他形式截面时应乘以 $\sqrt{235/f_y}$。

（7）偏心支撑框架支撑杆件的长细比不应大于 $120\sqrt{235/f_y}$，支撑杆件的板件宽厚比不应超过现行国家标准《钢结构设计标准》GB 50017 规定的轴心受压构件在弹性设计时的宽厚比限值。

2）多高层钢结构连接节点的抗震构造措施不符合下列规定之一时，鉴定为不满足：

（1）工字形柱绕强轴方向和箱形柱与梁刚接时，应符合梁翼缘与柱翼缘间应采用全熔透坡口焊缝，柱在梁翼缘对应位置应设有横向加劲肋；

（2）梁与柱刚性连接时，柱在梁翼缘上下各 500mm 范围内，柱翼缘与柱腹板或箱形柱壁板间的连接焊缝均应为坡口全熔透焊缝；

（3）柱与柱的工地拼接，在接头上下各 100mm 范围内，柱翼缘与腹板间的焊缝应为全熔透焊缝；

（4）结构高度超过 50m 时，中心支撑两端与框架应为刚接构造，梁柱与支撑连接处应有加劲肋；9 度时，工字形截面支撑的翼缘与腹板的连接应为全熔透连续焊缝；

（5）偏心支撑消能梁段翼缘与柱翼缘之间应为坡口全熔透对接焊缝连接；

（6）偏心支撑框架的消能梁段两端上下翼缘、非消能梁段上下翼缘，应有侧向支撑。

2. 大跨度及空间钢结构

大跨度及空间钢结构节点的抗震构造措施不符合下列规定之一时，鉴定为不满足：

1）杆件或杆件轴线宜相交于节点中心；

2）连接各杆件的节点板厚度不宜小于连接杆件最大壁厚的 1.2 倍；

3）相贯节点，内力较大方向的杆件应贯通，贯通杆件的壁厚不应小于焊于其上各杆件的壁厚；

4）焊接球节点，球体壁厚不应小于相连杆件最大壁厚的 1.3 倍，空心球的外径与主钢管外径之比不宜大于 3，空心球径厚比不宜大于 45，空心球壁厚不宜小于 4mm；

5）螺栓球节点，球体不应出现裂缝，套筒不应偏心受力，螺栓轴线应通过螺栓球中心；

6）支座的抗震构造应符合下列要求：支座节点构造传力可靠、连接简单、符合计算假定，未产生不可忽略的变形；水平可滑动的支座，具有足够的滑移空间，并设有限位措施；

8、9 度时，多遇地震作用下只承受竖向压力的支座，应为拉压型构造；固定铰支座，有可靠的水平反力传递机制；预埋件锚固承载力不应低于连接件；屋盖结构采用隔震及减震支座时，其性能参数、耐久性及相关构造应符合现行国家标准《建筑抗震设计规范》GB 50011 的有关规定。

3. 厂房钢结构

1）厂房钢结构构件的抗震构造措施不符合下列规定之一时，鉴定为不满足：

（1）厂房柱的长细比，轴压比小于 0.2 时，不宜大于 $150\sqrt{235/f_y}$；轴压比不小于 0.2 时，不宜大于 $120\sqrt{235/f_y}$；

（2）厂房梁、柱截面板件的宽厚比，不应大于本节表 5.2.3-3 中 D 类截面的限值。

2）厂房钢结构节点的抗震构造措施不符合下列规定之一时，鉴定为不满足：

（1）檩条在屋架或屋面梁上的支承长度不宜小于 50mm，且应与屋架或屋面梁可靠连接，轻质屋面板等与檩条的连接件不应缺失或严重腐蚀；

（2）7 ~ 9 度时，大型屋面板在天窗架、屋架或屋面梁上的支承长度不宜小于 50mm，且应三点焊牢；

（3）天窗架与屋架、屋架及托架与柱子、屋盖支撑与屋架、柱间支撑与柱之间，应有可靠连接；

（4）8、9 度时，吊车走道板的支承长度不应小于 50mm；

（5）山墙抗风柱与屋架上弦或屋面梁应有可靠连接，当抗风柱与屋架下弦连接时，连接点应设在下弦横向支撑节点处；

（6）柱脚宜为埋入式、插入式或外包式柱脚，6、7 度时也可采用外露式柱脚；

（7）实腹式钢柱采用埋入式、插入式柱脚的埋入深度，不应小于钢柱截面高度的 2.5 倍；

（8）格构式柱采用插入式柱脚的埋入深度，不应小于单肢截面高度或外径的 2.5 倍，且不应小于柱总宽度的 0.5 倍；

（9）采用外包式柱脚时，实腹 H 形截面柱的钢筋混凝土外包高度不宜小于钢结构截面高度的 2.5 倍，箱形截面柱或圆管截面柱的钢筋混凝土外包高度不宜小于钢结构截面高度或圆管截面直径的 3.0 倍；

（10）采用外露式柱脚时，柱脚承载力不宜小于柱截面塑性屈服承载力的 1.2 倍。柱脚锚栓不宜用以承受柱底水平剪力，柱底剪力应由钢底板与基础间的摩擦力或设置抗剪键及其他措施承担。柱脚锚栓应可靠锚固。

4. 高耸钢结构

高耸钢结构构件节点的抗震构造措施不符合下列规定之一时，鉴定为不满足：

1）节点处各构件轴线应交汇于一点；

2）角钢塔的腹杆应伸入柱肢连接。用节点板连接时，节点板的厚度不应小于腹杆的厚度，且不应小于 5mm；

3）构件与节点采用螺栓连接时，螺栓的直径不应小于 12mm，螺栓数不应少于 2 个；连接法兰盘的螺栓数不应少于 3 个；拉杆的销轴连接可为单销轴；柱肢角钢拼接时，在接头一端的螺栓数不宜少于 6 个；

4）受剪螺栓的剪切面宜无螺纹；受拉螺栓应有防松措施；

5）支座节点构造形式应具备传递水平反力、向下和向上竖向反力的机制，并符合计算假定；

6）焊接球、螺栓球、相贯节点的抗震构造措施符合本指南大跨与空间钢结构中的相关要求。

5.2.3　地震作用下承载力和变形验算

地震作用下承载力和变形验算为第二个抗震鉴定项目，应根据结构的实际情况进行下列核算[5.2]。

1. 多遇地震下构件和节点的抗震承载力验算

抗震承载力应按下式进行验算：

$$S \leq R/\gamma_{RE} \tag{5.2.3-1}$$

式中：S——多遇地震产生的效应组合设计值；

　　R——承载力设计值；

　　γ_{RE}——承载力抗震调整系数，应按表 5.2.3-1 采用。当仅计算竖向地震作用时，各类结构构件承载力抗震调整系数均应采用 1.00。

承载力抗震调整系数　　　　　　　　　　　表 5.2.3-1

后续使用年限	γ_{RE}	
	强度计算	稳定计算
[30，40）年	0.68	0.72
[40，50）年	0.71	0.76
50 年	0.75	0.80

表中后续使用年限根据 5.1.1 节确定。

多高层钢结构与高耸钢结构抗侧力构件的连接，在进行承载力验算时，应按现行国家标准《建筑抗震设计规范》GB 50011 的规定执行，并符合下列要求：

1）抗侧力构件连接的承载力设计值不应小于相连构件的承载力设计值。

2）高强度螺栓连接不得滑移。

3）抗侧力构件连接的极限承载力应大于相连构件的屈服承载力。

2. 多遇地震下结构整体变形验算

在多遇地震作用下，其弹性层间位移或挠度，除另有规定外，应符合下式要求：

$$\Delta u_e/h \le [\theta_e] \qquad (5.2.3\text{-}2)$$

式中：Δu_e——多遇地震作用标准值产生的楼层内最大弹性层间位移，对于大跨度钢结构为最大挠度；

$[\theta_e]$——弹性层间位移角限值，对于大跨度钢结构为相对挠度限值，高耸钢结构为整体倾角，宜按表 5.2.3-2 采用；

h——计算楼层层高，或单层结构柱高，或大跨度结构短向跨度，或高耸结构高度。

3. 罕遇地震作用下的变形验算

罕遇地震作用下的变形，可按现行国家标准《建筑抗震设计规范》GB 50011 规定的方法，按式（5.2.3-3）进行验算：

$$\Delta u_p/h \le [\theta_p] \qquad (5.2.3\text{-}3)$$

式中：Δu_p——罕遇地震作用标准值产生的楼层内最大弹塑性层间位移；

$[\theta_p]$——弹塑性层间位移角或整体倾角限值，宜按表 5.2.3-2 采用。

结构在地震作用下变形限值 表 5.2.3-2

结构类型		$[\theta_e]$	$[\theta_p]$
多高层钢结构层间位移角限值		1/250	1/50
单层钢结构柱侧倾角限值		1/125	1/30
高耸钢结构	塔楼处的层间位移角限值	1/300	—
	整体侧倾角限值	1/100	
大跨度钢结构的相对挠度限值	水平桁架、网架、张弦梁或桁架	1/250	—
	拱、拱形桁架、单层网壳	1/400	
	双层网壳、弦支穹顶	1/300	
	索网结构	1/200	

注：1. 对高耸单管塔的水平位移限值可适当放宽；
    2. 大跨度钢结构悬挑端的相对挠度限值，取跨度为悬挑长度，并按表中数据乘以 2 确定；
    3. 当非结构构件与主体结构柔性连接时，弹性层间位移角限值 $[\theta_e]$ 可取为 1/200。

大跨度及空间钢结构罕遇地震作用下的抗震性能宜通过结构整体失效分析鉴定，可按结构形成塑性机构或达到弹塑性动力失稳极限状态确定其抗失效承载力。

4. 地震组合效应计算

1）结构构件和节点在多遇地震作用下的效应组合设计值应按下式计算[5.1, 5.2]：

$$S = \gamma_G S_{GE} + \gamma_{Eh} S_{Ehk} + \gamma_{Ev} S_{Evk} + \psi_w \gamma_w S_{wk} \qquad (5.2.3\text{-}4)$$

式中：　　　　　　　S——结构构件和节点在多遇地震作用下的效应组合设计值；

γ_G、γ_{Eh}、γ_{Ev}、γ_w——分别为重力荷载分项系数，水平、竖向地震作用分项系数和风荷载分项系数，应按现行国家标准《建筑抗震设计规范》GB 50011 的规定采用；

S_{GE}、S_{Evk}、S_{wk}——分别为重力荷载代表值的效应、竖向地震作用标准值的效应和风荷载标准值的效应，应按现行国家标准《建筑抗震设计规范》GB 50011 的规定计算；

ψ_w——荷载组合系数，应按现行国家标准《建筑抗震设计规范》GB 50011 的规定采用；

S_{Ehk}——水平地震作用效应标准值，按现行国家标准《建筑抗震设计规范》GB 50011 的规定计算，并应乘以以下抗震性能调整系数。

2）当效应组合用于变形验算时，抗震性能调整系数取为 1.0。

抗震性能调整系数，应根据下列规定采用：

（1）整体布置与抗震构造措施均鉴定为满足时，可根据罕遇地震作用下出现塑性铰的梁柱截面板件宽厚比的不同，分别取用以下值：

①符合表 5.2.3-3 中的 C 类截面的限值时，取 1.0；

②符合表 5.2.3-3 中的 B 类截面的限值时，取 0.8；

③符合表 5.2.3-3 中的 A 类截面的限值时，取 0.7。

（2）整体布置鉴定为满足，抗震构造措施鉴定为不满足，但构件截面板件的宽厚比符合表 5.2.3-3 中的 D 类截面的限值时，取 2.0。

钢结构构件各类截面板件宽厚比限值　　　　　　　　　　表 5.2.3-3

构件	板件名称	截面类别			
		A	B	C	D
柱	工字形截面翼缘外伸部分	11	13	15	按《钢结构设计标准》GB 50017 或《冷弯薄壁型钢结构技术规范》GB 50018 符合全截面有效的规定
	工字形截面腹板	45	52	60	
	箱形截面壁板	36	40	45	
	圆管外径与壁厚比	50	60	70	
梁	工字形截面和箱形截面翼缘外伸部分	9	11	13	
	箱形截面两腹板间翼缘	30	36	40	
	工字形和箱形截面腹板	$72-100\rho \leqslant 65$	$85-120\rho \leqslant 75$	$95-120\rho \leqslant 80$	

注：1. 表列数值适用于 Q235 钢，当材料为其他等级圆钢管时应乘以 $235/f_y$，其他形式截面时应乘以 $\sqrt{235/f_y}$；

2. $\rho = N_b/Af$。N_b、A、f 分别为梁的轴向力、截面面积、钢材抗拉强度设计值。

3）进行钢结构地震作用效应分析时，应考虑自振周期的折减。对于多高层钢结构，折减系数可取 0.8 ～ 0.9；对于大跨度钢结构、厂房钢结构和高耸钢结构，折减系数可取 0.9。

4）抗震设防烈度为 8 ～ 9 度地区的高耸、大跨度和长悬臂钢结构，抗震承载力验算时，应计入竖向地震作用的影响。竖向地震作用标准值，8 度和 9 度地区可分别取该结构、构件重力荷载代表值的 10% 和 20%。

5）结构分析时，网架、双层网壳的节点可假定为铰接，构件为杆单元；单层网壳节点应假定为刚接，构件为梁柱单元；当结构中的拉索为钢丝束、钢丝绳、钢绞线或钢棒时，可假定为只受拉单元；索构件如采用型钢，则视为刚性索，可承受拉力和部分弯矩。

6）在多遇地震作用下，验算大跨度及空间钢结构的抗震承载力，抗震性能调整系数均取 1.0，在验算构件的承载力时，关键构件、节点的地震组合内力设计值应乘以增大系数，增大系数取值按《建筑抗震设计规范》GB 50011 的规定采用。

7）高耸钢结构的抗震验算，尚应符合下列规定：

（1）6 度和 7 度时，可仅考虑水平地震作用；8、9 度时，宜同时考虑竖向地震作用和水平地震作用的不利组合；

（2）除验算结构两个主轴方向的水平地震作用外，尚应验算两个正交的非主轴方向的水平地震作用；

（3）高度 200m 以下的结构，可采用振型分解反应谱法；高度 200m 及以上的结构，除采用振型分解反应谱法外，尚宜采用时程分析法进行补充验算。

8）当承载力和变形的验算结果符合要求时，第二个项目可鉴定为满足，否则鉴定为不满足。

5.3 既有钢结构抗震性能鉴定

既有钢结构抗震性能可按下列规定进行鉴定：

1. 符合以下情况之一，可鉴定为抗震性能满足：

1）第一个与第二个鉴定项目均鉴定为满足；

2）第一个项目中的整体布置鉴定为满足，抗震构造措施鉴定为不满足，但满足现行国家标准《钢结构设计标准》GB 50017 或《冷弯薄壁型钢结构技术规范》GB 50018 有关构造措施的规定，构件截面板件的宽厚比符合表 5.2.3-3 中的 D 类截面的限值，且第二个项目鉴定为满足；

3）6 度区但不含建于Ⅳ类场地上的规则建筑高层钢结构，第一个项目鉴定为满足。

2. 符合以下情况之一，应鉴定为抗震性能不满足：

1）第一个项目中的整体布置鉴定为不满足；

2）第二个项目鉴定为不满足；

3）构造措施不符合现行国家标准《钢结构设计标准》GB 50017 或《冷弯薄壁型钢结构技术规范》GB 50018 的规定，或构件截面板件的宽厚比不符合表 5.2.3-3 中的 D 类截面的限值。

3. 钢结构的建设场地、地基和基础、钢结构体系中混凝土结构的抗震性能，应按国家现行标准的规定另外进行鉴定。

4. 抗震性能鉴定为不满足的钢结构或部分钢结构，应根据其不满足的程度以及对结构整体抗震性能的影响，结合后续使用要求，提出相应的维修、加固、改造或更新等抗震减灾措施。

5.4　既有工业构筑物钢结构抗震鉴定

对于工业构筑物钢结构，根据《构筑物抗震鉴定标准》GB 50117[5.5]，钢结构的抗震性能按照两个层级分别进行鉴定。第一个层级为结构整体布置与抗震构造措施核查鉴定，第二个层级为多遇地震作用下结构承载力和变形验算鉴定。对于特殊的钢结构，还应进行罕遇地震作用下的弹塑性变形验算鉴定，其抗震设防标准、烈度依据本章第 5.1.2 节确定。

对于工业构筑物，后续使用年限根据工艺和使用要求，可采用 10 ~ 50 年，钢结构构筑物后续使用年限不超过 30 年的可划为 A 类。钢结构构筑物后续使用年限超过 30 年以上 50 年以内的可划为 B 类。具体鉴定时应根据项目所属的类别分别进行。

5.4.1　钢结构框排架结构

钢结构框排架主要指多层钢框架或钢框架 - 支撑结构与单层排架侧向组成的框排架结构的抗震鉴定。

1. 一般规定

钢结构框排架抗震鉴定时，应重点检查承重梁、柱、楼板的钢材材质、厚度和连接，支撑连接节点，墙体与承重结构的连接，场地条件的不利影响，设备的振动和偏心等。

排架突出屋面的天窗架，宜为刚架或桁架结构，天窗的端壁板与挡风板，宜为轻质材料。框排架结构的布置，应按下列规定检查：

1）平面形状复杂、高度差异大或楼层荷载相差悬殊时，宜设置有抗震缝，抗震缝的设置宜符合现行国家标准《构筑物抗震设计规范》GB 50191[5.6] 的有关规定。

2）料斗等设备穿过楼层且支承在下部楼层时，设备重心宜接近楼层的支点处。同一设备穿过两个以上楼层时，在非设备重心处的楼层宜有支座。

3）设备为自承重时，设备应与主体结构分开。

4）当 8、9 度时，与框排架结构贴建的生活间、变电所、炉子间和运输走廊等附属建（构）筑物,宜有防震缝分开。抗震缝宽度宜符合现行国家标准《构筑物抗震鉴定标准》GB 50117 钢筋混凝土框排架结构规定值的 1.5 倍。

5）排架结构端部不宜为山墙承重，宜设有屋架。

6）当 8 度和 9 度时，工作平台宜与排架柱脱开或柔性连接。

7）当 8 度和 9 度时，砖围护墙宜为外贴式，不宜为一侧有墙另一侧敞开或一侧外贴而另一侧嵌砌等，但单跨排架可两侧均为嵌砌式。

8）当 8、9 度时仅一端有山墙的敞开端和不等高排架的边柱列等，应具有抗扭转效应的构造措施。

2. 一般质量检查

1）钢结构框排架结构的外观和内在质量，应按下列要求检查：

（1）柱、梁、屋架、檩条、支撑等受力构件应无明显变形、锈蚀、裂纹等缺陷。

（2）构件和节点的焊缝外形宜均匀、成型较好，应无裂纹、咬边等缺陷。

（3）连接螺栓和铆钉应无松动或断裂、掉头、错位等损坏情况。

2）8 度和 9 度时，排架结构从单元端部第二个开间开始设置有纵向天窗架，当在第一个开间设置天窗架时，屋盖局部应增设有上弦横向支撑。

3）钢结构框排架结构应有完整的屋盖支撑和柱间支撑系统，结构应具有整体刚度和空间工作性能。排架柱间支撑系统，应符合现行国家标准《构筑物抗震设计规范》GB 50191 的有关规定。

4）钢结构框排架结构围护墙和非承重内墙的构造，宜按下列要求检查：

（1）砌体围护墙与框排架结构的连接，宜为不约束结构变形的柔性连接。

（2）框架结构的砌体填充墙与框架柱为非柔性连接时，其平面和竖向布置宜对称、均匀且上下连续，否则，宜采取相应措施。

钢结构框排架结构的抗震鉴定，应包括抗震措施鉴定和抗震承载力验算。当符合本节各项规定时，应评为满足抗震鉴定要求；当不符合时，可根据构造和承载力不符合程度，通过综合分析确定采取加固或其他相应对策。

3. A 类钢结构框排架抗震措施鉴定

1）钢结构排架屋盖支撑布置，应符合现行国家标准《构筑物抗震鉴定标准》GB 50117 表 6.2.7-1 ～表 6.2.7-3 的规定。

2）A 类钢结构框排架结构的抗震措施鉴定，应符合下列规定：

（1）框架的梁柱为刚接时，梁翼缘与柱宜为全焊透焊接；梁腹板与柱可为高强度螺栓连接或双边角焊缝连接，8 度、9 度时不宜为普通螺栓连接。

（2）柱的长细比，7 度和 8 度时不宜超过 150，9 度时不宜超过 120。

（3）梁柱板件宽厚比限值，应符合表 5.4.1-1 的要求。

A 类钢结构框排架结构的梁柱板件宽厚比限值　　　表 5.4.1-1

板件名称		7 度、8 度	9 度
柱	工字形截面翼缘外伸部分	13	12
	箱形截面壁板	40	36
	工字形截面腹板	50	46
梁	工字形截面和箱形截面翼缘外伸部分	13	12
	箱形截面翼缘在两腹板间的部分	34	32

4. A 类钢结构框排架抗震承载力验算

外观良好且符合下列规定之一的框排架结构，可不进行抗震承载力验算：

1）6 度时，单层排架和与其侧面连接的多层框架组成的框排架结构；

2）7 度 Ⅰ、Ⅱ 类场地时，等高多跨的轻屋盖单层排架结构；

3）7 度、8 度时，符合本节抗震措施鉴定要求的框排架结构。

不符合以上规定时，可按现行国家标准《构筑物抗震鉴定标准》GB 50117 第 5 章的规定进行抗震承载力验算，验算时构件组合内力设计值可不调整。

5. B 类钢结构框排架结构抗震措施鉴定

1）传递地震作用的框架梁柱连接、柱间支撑端部连接等主要构件连接节点，宜为焊接或高强螺栓连接，亦可为栓焊混合连接。8 度和 9 度时，主要承重构件的重要传力连接节点不应为普通螺栓连接。所有焊接连接中，不得采用间断焊缝。8 度和 9 度时的主要节点，不宜为承压型高强度螺栓连接。

2）排架的外包砌体墙及多层框架的轻质砌块墙，其墙体与柱、梁和构造柱之间宜有 $\phi 6@500$ 的钢筋拉结；8 度和 9 度为嵌砌砖墙时，墙柱之间宜为柔性无约束的构造。

3）多跨排架的中跨柱距与边跨柱距不等时，屋盖结构单元的全长应设置纵向水平支撑，并与屋盖横向支撑形成封闭的支撑体系。在一个结构单元内，多跨排架中相邻两跨纵向长度不等时，在屋盖阴角处宜设有局部的纵向水平支撑。

4）多层框架纵向柱间支撑布置，应符合下列要求：

（1）支撑宜设置在柱列中部附近，当纵向柱数较少时，亦可在两端设置；多层多跨框排架纵向柱间支撑的布置，应靠近质心，并避免上、下层刚心的偏移；

（2）多层框架柱列侧移刚度相差较大或各层质量分布不均，且结构可能产生扭转时，在单层与多层相连处应沿全长设置纵向支撑。

5）排架的柱间支撑布置，应符合下列的规定：

（1）结构单元中部应有一道上下柱间支撑；8 度和 9 度时，单元两端宜各有一道上柱支撑；

（2）柱间支撑斜杆的长细比，不宜超过表 5.4.1-2 的规定。交叉支撑在交叉处应设有厚度不小于 10mm 的节点板，斜杆与节点板应焊接连接；

柱间支撑交叉斜杆的最大长细比　　　　　　　　表 5.4.1-2

位置	烈　度			
	6 度	7 度	8 度	9 度
上柱支撑	250	250	200	150
下柱支撑	200	200	150	150

（3）8 度时跨度不小于 18m 的多跨排架中柱和 9 度时的多跨排架各柱，柱顶应有通长水平压杆，此压杆可与梯形屋架支座处通长水平系杆合并设置；

（4）下柱支撑的下节点位置和构造，应能将地震作用直接传至基础。6 度和 7 度时，下柱支撑的下节点在地坪以上时应靠近地面处。

6）排架的屋盖支撑布置，应符合现行国家标准《构筑物抗震鉴定标准》GB 50117 表 6.3.2-3 ~ 表 6.3.2-5 的规定。

多层框架刚接节点在梁翼缘与柱焊接处，柱腹板应设置横向加劲肋；8 度和 9 度时，此加劲肋厚度不宜小于相对应的梁翼缘厚度。

7）柱的长细比，7 度、8 度时不应超过 150，9 度时不应超过 120。

8）梁柱板件宽厚比，应符合表 5.4.1-3 的要求。

B 类钢结构框排架的板件宽厚比限值　　　　　　表 5.4.1-3

板件名称		7 度、8 度	9 度
柱	工字形截面翼缘外伸部分	13	11
	箱形截面壁板	40	36
	工字形截面腹板	48	44
梁	工字形截面和箱形截面翼缘外伸部分	13	11
	箱形截面翼缘在两腹板间的部分	32	30

6. B 类钢结构框排架抗震承载力验算

6 度和 7 度 Ⅰ、Ⅱ 类场地，且风荷载大于 0.5MPa 的单跨和等高多跨的轻屋盖排架结构，当抗震措施符合本章规定时，可不进行抗震承载力验算。其他 B 类框排架结构均应按现行国家标准《构筑物抗震设计规范》GB 50191 的抗震分析方法和《构筑物抗震鉴定标准》GB 50117 第 5 章的规定进行纵向和横向抗震承载力验算。

5.4.2　钢结构通廊

1. 钢结构通廊抗震措施鉴定

现有钢结构通廊的抗震鉴定，应根据其设防烈度重点检查下列薄弱部位：

1）6度、7度时，应检查局部易掉落伤人的构件、部件，其中包括通廊围护结构与主体结构的连接构造，通廊与支承建（构）筑物、毗邻建（构）筑物间结构构件的连接构造。

　　2）8度、9度时，除应按第1）条检查外，尚应检查通廊结构的布置和连接构造，其中包括通廊支架及其支撑系统的布置和连接构造，通廊底板、屋盖结构的布置和连接构造，通廊纵向承重梁（桁架）与支架结构的连接和构造。

　　钢结构通廊的外观和内在质量，应符合下列要求：

　　1）支架应无明显歪扭、倾斜；

　　2）构件连接应无断裂、变形或松动；

　　3）围护结构构件应无开裂、松动和变形；

　　4）支架地脚螺栓应无腐蚀、松动或断裂。

　　钢结构通廊支承结构和大梁(桁架)的板件宽厚比，宜分别符合《构筑物抗震鉴定标准》GB 50117 表 7.2.2 和表 7.3.4 的规定。支承结构的平腹杆长细比不宜大于 150。支架长细比 6 度、7 度时不宜大于 250，8 度时不大宜于 200，9 度时不宜大于 150。

　　8 度Ⅲ、Ⅳ类场地和 9 度时，格构式钢支架交叉杆与柱肢相交的节点处应设有横缀板，支架的地脚螺栓应符合《构筑物抗震鉴定标准》GB 50117 第 10.4.6 条的要求。

　　8 度和 9 度时，通廊大梁（桁架）与其支承结构的连接，应符合下列要求：

　　1）大梁（桁架）端部底面与支承结构顶面间应牢固连接；

　　2）大梁或桁架端部为滑动或滚动支座时，应设有防止脱落的措施，桁架端部应形成闭合框架。

　　钢结构通廊的防震缝，宜符合《构筑物抗震鉴定标准》GB 50117 第 8.1.4 条的规定。

　　2. 钢结构通廊抗震承载力验算

　　符合抗震措施满足鉴定要求的下列钢结构通廊，可不进行抗震承载能力验算，直接判定为满足抗震鉴定要求：

　　1）露天式和半露天式通廊；

　　2）围护墙和屋盖均为轻质材料的通廊。

　　下列通廊的结构构件，应按现行国家标准《构筑物抗震设计规范》GB 50191 的抗震分析方法和《构筑物抗震鉴定标准》GB 50117 第 5 章规定进行抗震承载力验算：

　　1）9 度时，重型通廊的支架。

　　2）8 度和 9 度时，跨度大于 24m 的重型通廊的桁架式跨间承重结构。

5.4.3　钢结构筒仓

　　A 类、B 类钢结构筒仓抗震性能均按以下方法进行鉴定。

　　1. 抗震措施鉴定

　　柱承式钢筒仓的钢支柱应设柱间支撑，且每个筒仓下不宜少于两道。当柱间支撑分上下两段设置时，上下支撑间应设置刚性水平系杆。

支柱设有柱间支撑时，支撑系统的布置应符合下列要求：

1）柱间支撑应沿柱全高设置；

2）各纵向柱列的柱间支撑侧移刚度应相等；

3）当同一结构单元的同一柱列中有几组柱间支撑时，各组支撑的侧移刚度宜均衡；

4）当沿高度方向设有多层支撑时，上层支撑的侧移刚度不应大于下层支撑的侧移刚度；

5）柱间支撑的斜杆中心线与柱中心线在下节点的交点不宜处于基础顶面以上或混凝土地坪以上；

6）斜撑杆应无初始弯曲；

7）交叉形支撑斜杆的长细比，6 度、7 度时不应大于 250，8 度时不应大于 200，9 度时不应大于 150。

支柱的地脚螺栓和基础，应符合下列要求：

1）8 度和 9 度时，纵向柱间支撑开间的支柱底板下部宜设有与支撑平面相垂直的抗剪键；

2）地脚螺栓宜为双螺帽，并应全部拧紧；

3）地脚螺栓的最小埋置深度，设有锚梁或劲性锚板时不应小于 10 倍的锚栓直径，设有普通锚板或锚爪时不应小于 15 倍的锚栓直径，直钩式不应小于 25 倍的锚栓直径；

4）螺栓至混凝土基础边缘的距离不应小于 4 倍螺栓直径；

5）基础混凝土实际强度等级不应低于 C15。

钢结构的仓上建筑，应符合下列要求：

1）仓上建筑钢柱与仓体的连接应为刚性节点；

2）8 度和 9 度时，柱间填充墙宜为轻质材料，并应设有柱间支撑。

A 类、B 类钢结构筒仓支柱、梁的板件宽厚比限值，应分别符合《构筑物抗震鉴定标准》GB 50117 表 7.2.2 和表 7.3.4 的要求。

相邻钢结构筒仓结构单元之间或钢筒仓与独立支承的通廊等毗邻结构之间的防震缝，应符合国家标准《构筑物抗震鉴定标准》GB 50117 的规定。

2. 抗震承载力验算

钢板仓抗震验算应合下列规定：

1）6 度和 7 度时，仓下钢支承结构和钢结构仓上建筑，可不进行抗震验算，但应符合本节的抗震措施要求；

2）不符合抗震措施鉴定要求的、柱承式钢筒仓及 8 度、9 度时的仓上建筑，应分别按现行国家标准《构筑物抗震设计规范》GB 50191[5.6] 和《粮食钢板筒仓设计规范》GB 50322[5.7] 的抗震分析方法和《构筑物抗震鉴定标准》GB 50117 第 5 章的规定进行抗震承载力验算。不满足抗震承载力要求时，应采取相应的加固措施；

3）8 度、9 度时，钢筒仓尚应对支柱与基础的锚固进行抗震验算。

5.4.4　锅炉钢结构

A 类、B 类锅炉钢结构抗震鉴定均按以下方法进行，该方法适用于支承式和悬吊式锅炉钢结构的抗震鉴定。

1. 一般规定

锅炉钢结构抗震鉴定时，应重点检查下列薄弱部位：

1）设有重型炉墙或金属框架护板轻型炉墙的支承式锅炉结构，其框架梁柱的刚性连接或护板与柱梁的连接应完整可靠；

2）悬吊式锅炉钢结构的水平支撑和垂直支撑体系应完整、布置合理；

3）锅炉钢结构与相邻建（构）筑物之间的防震缝设置应满足抗震要求；

4）水平支撑标高与锅炉导向装置标高应一致；

5）锅炉导向装置传力系统（包括锅筒导向装置）应完好无损；

6）炉体的水平地震作用应通过水平支撑直接传到垂直支撑上；

7）悬吊锅炉的止晃装置应完好无损；

8）梁柱和支撑节点应无断裂或松动。

锅炉钢结构的外观和内在质量，应符合下列要求：

1）结构构件应无严重变形或缺损；

2）构件连接焊缝和高强度螺栓应无开裂或松动；

3）构件表面应无严重锈蚀和损伤；

4）承重结构应无不均匀沉降；

5）支撑构件应无缺失或严重变形；

6）导向装置应无明显变形。

锅炉钢结构的抗震鉴定，可分为抗震措施鉴定和抗震承载力验算。当符合本节各项规定时，可评为满足抗震鉴定要求；当不符合规定时，可根据抗震措施和抗震承载力不符合的程度通过综合分析确定采取加固或其他相应措施。

关键薄弱部位不符合要求时，应采取加固或改造处理；一般部位不符合要求时，可根据不符合的程度和影响的范围，提出相应对策。

锅炉钢结构的抗震鉴定，应根据原设计的完整资料，结合结构布置、锅炉运行和结构实际情况，分别进行主体结构、构件及其节点的计算分析。对于特别重要的受力构件，应进行无损探伤等检验。

2. 抗震措施鉴定

锅炉钢结构的抗震措施应符合下列规定：

1）锅炉钢结构与主厂房结构宜分开布置，8 度和 9 度时应分开布置。与锅炉钢结构贴建的厂房，应设有防震缝，防震缝的宽度应符合现行国家标准《构筑物抗震设计规范》GB 50191 的规定。

2）锅炉钢结构与主厂房结构之间设置的连通平台等，宜为一端固定、一端滑动的连接方式。滑动端的搁置长度宜适当加长，并应有防止滑落的措施。

3）锅炉钢结构的主柱长细比、柱和梁板件宽厚比、支撑杆件的长细比、支撑板件的宽厚比等的限值，应符合现行国家标准《构筑物抗震设计规范》GB 50191 的有关规定。

4）8 度Ⅲ、Ⅳ类场地和 9 度时的锅炉钢结构，梁与柱的连接不宜为铰接。

5）锅炉钢结构宜为埋入式柱脚，埋入深度应符合现行国家标准《构筑物抗震设计规范》GB 50191 的有关规定。

6）铰接柱脚底板的地震剪力应由底板和混凝土基础间的摩擦力承担，其摩擦系数可取 0.4。地震剪力超过摩擦力时，在柱底板下部宜设置抗剪键，抗剪键可按悬臂构件计算其厚度和根部焊缝。铰接柱的地脚螺栓，应采用双螺帽固定；地脚螺栓的数量和直径应按作用在基础上的净上拔力确定，但不应少于 4M30。地脚螺栓的材料可为 Q235 或 Q345 钢。

7）梁通过悬臂梁段与柱刚性连接时，悬臂梁段与柱应为全焊透焊接连接。梁的现场拼接，可采用翼缘全焊透焊接、腹板为高强度螺栓连接或全部采用高强度螺栓连接。

8）梁与柱为刚接连接时，柱在梁翼缘对应位置应设有横向加劲肋，加劲肋的板厚不宜小于梁翼缘厚度。

9）垂直支撑与柱（梁）为节点板连接时，节点板在支撑杆每侧的夹角不应小于 30°；沿支撑方向，杆端至节点板最近嵌固点的距离，不宜小于节点板厚度的 2 倍。

3. 抗震承载力验算

锅炉钢结构的抗震承载力验算可按下列规定进行：

1）6 度时的锅炉钢结构，可不进行抗震验算，但其节点承载力宜适当提高。

2）锅炉钢结构的抗震验算，可不计及地基与结构相互作用的影响。

3）锅炉钢结构的抗震验算，可采用底部剪力法；当结构总高度超过 65m 时，宜采用振型分解反应谱法。

4）锅炉钢结构应按现行国家标准《构筑物抗震设计规范》GB 50191 的方法和《构筑物抗震鉴定标准》GB 50117 第 5 章的规定进行抗震承载力验算。

5）锅炉钢结构的基本自振周期，可按下式计算：

$$T_1 = C_t H^{3/4} \tag{5.4.4}$$

式中：T_1——结构基本自振周期（s）；

C_t——结构影响系数，对框架体系可取 0.0853，对桁架体系可取 0.0488；

H——锅炉钢结构的总高度（m）。

6）锅炉钢结构在多遇地震下的阻尼比，对于单机容量小于 25MW 的轻型或重型炉墙锅炉可采用 0.05；对于单机容量不大于 200MW 的悬吊式锅炉可采用 0.04；对于大于 200MW 的悬吊锅炉可采用 0.03；罕遇地震下的阻尼比均可采用 0.05。

7）锅炉钢结构按底部剪力法多质点体系计算时，其结构类型指数可按现行国家标准《构筑物抗震设计规范》GB 50191 的有关规定取值。

8）锅炉钢结构按现行国家标准《构筑物抗震设计规范》GB 50191 底部剪力法计算结构总水平地震作用标准值时，结构基本振型指数可按剪弯型结构取值。

9）计算地震作用时，重力荷载代表值应取永久荷载标准值和各可变荷载组合值之和，可变荷载的组合值系数应按表 5.4.4 采用。

可变荷载的组合值系数

表 5.4.4

可变荷载种类	组合值系数
雪荷载	0.5
结构各层的活荷载	0.5
屋面活荷载	不计入

10）有导向装置的悬吊式锅炉，通过导向装置作用于锅炉钢结构上的水平地震作用，可按现行国家标准《构筑物抗震设计规范》GB 50191 的有关规定计算。

11）悬吊式锅筒的水平地震作用标准值，可采用与炉体相同的方法计算。

12）对于单机容量 200MW 及其以下且无导向装置的悬吊式锅炉，锅炉钢结构采用底部剪力法进行水平地震作用计算时，可按现行国家标准《构筑物抗震设计规范》GB 50191 的有关规定计算。炉体及锅筒的地震作用只作用在锅炉钢结构的顶部，其多遇地震的水平地震影响系数，可按现行国家标准《构筑物抗震设计规范》GB 50191 的有关规定采用，但宜按《构筑物抗震鉴定标准》GB 50117 第 5.2.2 条的规定乘以调整系数。

13）抗震验算时，锅炉钢结构任一计算平面上的水平地震剪力，应符合现行国家标准《构筑物抗震设计规范》GB 50191 的有关规定。

14）当 9 度时且高度大于 100m 的锅炉钢结构，应按现行国家标准《构筑物抗震设计规范》GB 50191 的有关规定计算竖向地震作用，其竖向地震作用效应应乘以增大系数 1.5。竖向地震影响系数最大值可按《构筑物抗震鉴定标准》GB 50117 第 5.2.2 条的规定乘以调整系数。

15）当 8 度和 9 度时，跨度大于 24m 的桁架（或大梁）和长悬臂结构，应计算竖向地震作用。但竖向地震作用系数可按《构筑物抗震鉴定标准》第 5.2.2 条的规定乘以调整系数。

16）锅炉钢结构构件截面抗震验算，应符合现行国家标准《构筑物抗震设计规范》GB 50191 的有关规定。重力荷载分项系数应取 1.35；当重力荷载效应对构件承载能力有利时，可取 1.0；风荷载分项系数，应取 1.35；风荷载组合值系数，可取 0，风荷载起控制作用且结构高度大于 100m 或高宽比不小于 5 时，可取 0.2。

17）锅炉钢结构构件承载力抗震调整系数，除梁柱应采用 0.8 外，其他构件及其连接均应按现行国家标准《构筑物抗震设计规范》GB 50191 的规定取值。

18）锅炉钢结构的导向装置，应按多遇地震作用下验算其强度，并应具有足够的刚度。其地震影响系数可按《构筑物抗震鉴定标准》第 5.2.2 条规定乘以调整系数。

19）结构布置不规则且有薄弱层，或高度大于 150m 及 9 度时的乙类锅炉钢结构，应进行罕遇地震作用下的弹塑性变形分析。罕遇地震的地震影响系数可按《构筑物抗震鉴定标准》GB 50117 第 5.2.2 条规定进行调整。

20）经验算不满足抗震承载力要求时，应采取加固或改造等措施。

5.4.5 高炉钢结构

1. 一般规定

本节主要说明有效容积为 1000 ～ 5000m³ 的高炉系统结构的抗震鉴定。高炉系统结构包括高炉、热风炉、除尘器和洗涤塔等结构。高炉系统结构应按 B 类构筑物进行抗震鉴定。

2. 高炉抗震措施鉴定

高炉结构的抗震鉴定，应重点检查下列部位和内容：

1）导出管与炉顶封板连接处的焊缝和母材，不应有严重烧损、变形或开裂；

2）高炉炉顶与炉体框架水平连接处的连接及构件，不应有损坏或缺失；

3）高炉炉壳不应有严重变形，炉壳开孔处不应有裂缝；

4）高炉上升管支座处的构件不应有变形和焊缝开裂；

5）当上升管与下降管采用球形节点连接时，连接处不应有损坏或开裂。

高炉结构的抗震鉴定，应按下列规定进行检查：

1）高炉应设有炉体框架，在炉顶处，炉体框架与炉体间应设有水平连接构件；

2）高炉的导出管应设有膨胀器，上升管与下降管的连接宜为球形节点。

7 度Ⅲ、Ⅳ类场地和 8 度、9 度时，高炉的炉体框架和炉顶框架宜符合下列要求：

1）炉顶框架和炉体框架均宜设有支撑系统，主要支撑杆件的长细比按压杆设计时不宜大于 120，按拉杆设计时不宜大于 150，中心支撑板件宽厚比限值宜符合表 5.4.5 的规定；

中心支撑板件宽厚比限值 表 5.4.5

板件名称	7 度	8 度	9 度
翼缘板外伸部分	10	9	8
工字形截面腹板	27	26	25

2）炉体框架和底部柱脚宜与基础固接；

3）框架梁、柱板件的宽厚比宜符合《构筑物抗震鉴定标准》GB 50117 第 7.3.4 的规定；

4）电梯间、通道平台和高炉框架相互之间应有可靠连接。

上升管、炉顶框架、通廊端部和炉顶装料设备相互之间的水平空隙，宜满足下列要求：

1）7 度Ⅲ、Ⅳ类场地和 8 度Ⅰ、Ⅱ场地时，不宜小于 200mm；

2）8 度Ⅲ、Ⅳ类场地和 9 度时，不宜小于 400mm。

3. 高炉钢结构抗震承载力验算

不符合抗震措施要求或 8 度Ⅲ、Ⅳ类场地和 9 度时，高炉结构应按现行国家标准《构筑物抗震设计规范》GB 50191 的抗震分析方法和《构筑物抗震鉴定标准》GB 50117 第 5 章的规定进行抗震承载力验算，不满足验算要求时，应采取加固等措施。重点验算部位如下：

1）炉体框架和炉顶框架的柱、主梁、主要支撑及柱脚的连接；

2）上升管的支座、支座顶面处的上升管截面和支承支座的炉顶平台梁；

3）上升管与下降管为球形节点连接时，上升管和下降管与球形节点连接处及下降管的根部；

4）炉体框架与炉体顶部的水平连接。

5.4.6　高炉热风炉

1. 抗震措施鉴定

热风炉的抗震鉴定，应重点检查下列部位：

1）炉底与基础连接的锚栓不应有松动，其连接板件不应有变形和损坏；

2）炉壳与管道连接处焊缝和母材，不应有损坏、裂缝或严重变形；

3）炉壳不应有严重烧损和变形；

4）炉底钢板不应有严重翘曲，与基础之间不应有空隙；

5）有刚性连接管的外燃式热风炉，其连接管与炉壳的连接处不应有严重变形和裂缝；

6）外燃式热风炉燃烧室的钢支架梁与柱及支撑的连接，不应有损坏和开裂。

外燃式热风炉燃烧室支承结构为钢筋混凝土框架时，其抗震鉴定应符合《构筑物抗震鉴定标准》GB 50117 第 6 章 B 类框架结构的有关要求；其抗震构造措施，6 ～ 8 度时应符合二级框架结构的要求，9 度时应符合一级框架的要求。

外燃式热风炉的燃烧室为钢支架支承时，支架柱的长细比不宜大于 120；梁、柱板件宽厚比限值宜符合《构筑物抗震鉴定标准》GB 50117 表 7.3.4 的规定；柱脚与基础宜为固接，铰接时应设有抗剪键。

2. 抗震承载力验算

不符合本节抗震措施要求或 8 度Ⅲ、Ⅳ类场地和 9 度时的内燃式、顶燃式热风炉和燃烧室为钢筒支承的外燃式热风炉，以及 7 度Ⅲ、Ⅳ类场地和 8 度、9 度时的燃烧室为支架支承的外燃式热风炉，应按现行国家标准《构筑物抗震设计规范》GB 50191 的抗震分析分方法和《构筑物抗震鉴定标准》GB 50117 第 5 章的规定进行抗震承载力验算。不满足验算要求时，应采取加固等措施。

5.4.7 高炉除尘器、洗涤塔

1. 抗震措施鉴定

除尘器、洗涤塔的抗震鉴定，应重点检查下列部位：

1）下降管与除尘器的连接处，不应有严重变形和损坏；

2）除尘器和洗涤塔的筒体，不应有损坏；

3）筒体支座及其连接处，不应有损坏和松动；

4）支撑筒体的环梁及其与柱的连接，不应有变形和损坏。当筒体与环梁仅用螺栓连接时，其连接不应有松动和损坏；

5）旋风除尘器框架和重力除尘器支架梁与柱及支撑的连接，不应有变形和裂缝；

6）旋风除尘器框架和重力除尘器、洗涤塔支架与基础连接处，不应有损坏和空隙。

框架和支架为钢筋混凝土结构时，其抗震鉴定应符合《构筑物抗震鉴定标准》GB 50117 第 6 章 B 类框架的有关要求。其抗震构造措施，6 ~ 8 度时应符合二级框架结构的要求，9 度时应符合一级框架的要求。

对 7 度Ⅲ、Ⅳ类场地和 8 度、9 度时，旋风除尘器、重力除尘器和洗涤塔宜符合下列规定：

1）筒体在支座处宜设有水平环梁；

2）筒体与支架以及支架柱脚与基础的连接宜设有抗剪措施；

3）管道与筒体的连接处宜设有加劲肋或局部增加钢壳厚度等加强措施；

4）旋风除尘器框架和重力除尘器钢支架主要支撑杆件的长细比，按压杆设计时不宜大于 120，按拉杆设计师不宜大于 150；

5）除尘器和洗涤塔为钢筋混凝土框架支承时，柱顶宜设有水平环梁。柱顶无水平环梁时，柱头应设置不少于两层直径为 8mm 的水平焊接钢筋网，钢筋间距不宜大于 100mm。

2. 抗震承载力验算

下列筒体和支承结构可不进行抗震验算，但应符合相应的抗震措施要求：

1）除尘器和洗涤塔的筒体结构；

2）6 度、7 度Ⅰ、Ⅱ类场地时，旋风除尘器的框架结构和重力除尘器的支架结构；

3）6 度、7 度和 8 度Ⅰ、Ⅱ类场地时，洗涤塔的支架结构。

不符合本节抗震措施要求或 8 度Ⅲ、Ⅳ类场地和 9 度时，重力除尘器、旋风除尘器和洗涤塔应按现行国家标准《构筑物抗震设计规范》GB 50191 的抗震分析方法和《构筑物抗震鉴定标准》GB 50117 第 5 章的规定进行抗震承载力验算。不满足验算要求时，应采取加固等措施。

5.4.8　钢结构管道支架

钢结构管道支架 A 类、B 类抗震性能均按以下方法进行鉴定。

1. 抗震措施鉴定

现有钢结构支架的抗震鉴定，应根据其抗震设防烈度重点检查下列薄弱部位：

1）6 度、7 度时，应检查局部易掉落伤人的构件、部件，其中应包括管道与支架的连接构造、非结构构件与支架的连接构造；

2）8 度、9 度时，除应按第 1）条检查外，尚应检查管道支架结构系统的布置及构件连接构造，以及纵向承重梁（桁架）与支架结构的连接。

钢结构管道支架的外观和内在质量，应符合下列要求：

1）支架应无明显歪扭、倾斜；

2）钢材表面应无明显腐蚀，构件连接应无断裂、变形或松动；

3）钢支架柱的长细比宜符合表 5.4.8-1 的要求；钢支架板件的宽厚比限值宜符合表 5.4.8-2 的要求；

	钢支架柱的长细比限值		表 5.4.8-1
类型	6 度、7 度	8 度	9 度
固定支架和刚性支架	150		120
柔性支架	200		
支撑　按拉杆设计	300	250	200
支撑　按压杆设计	200	150	150

	钢支架板件的宽厚比限值		表 5.4.8-2
板件名称	6 度、7 度	8 度	9 度
工字形截面翼缘外伸部分	13	11	10
圆管外径与壁厚比	60	55	50

4）8 度、9 度时，四柱式钢固定支架在直接支承管道的横梁平面内宜设有与四柱相连的水平支撑；当支架较高时，尚宜在支架中部设有水平支撑。

2. 抗震承载力验算

当 6 度、7 度时，满足抗震措施要求的管道支架，可不进行抗震验算，直接判定为满足抗震鉴定要求。

当8度、9度时，管道支架应按现行国家标准《构筑物抗震设计规范》GB 50191的分析方法和《构筑抗震鉴定标准》GB 50117第5章的规定进行抗震承载力验算，计算时构件组合内力设计值可不作调整。

5.4.9 钢结构索道支架

1. 抗震措施鉴定

现有索道支架的抗震鉴定，应重点检查下列内容：

1）索道支架所在场地对其抗震的不利影响；

2）地基基础的抗震稳定性；

3）索道支架柱脚连接构造；

4）索道支架结构形式及连接构造；

5）索道运行的平稳性。

索道支架的外观和内在质量，应符合下列要求：

1）地基基础应无明显滑移、变形迹象；

2）索道支架柱脚连接应无变形、松动痕迹；

3）支架应无明显歪扭、倾斜，轿（车）厢通过支架时运行应平稳、顺畅；

4）钢材表面应无明显腐蚀、削弱，构件连接应无断裂、变形或松动；

5）7～9度时，钢支架立柱的长细比不大于60，腹杆的长细比不大于80。6度时，钢支架各杆件的长细比均不大于120。

格构式钢支架的横隔设置，应符合下列规定：

1）支架坡度改变处，应设有横隔；

2）8度时，横隔间距不应大于2个节间的高度，且不应大于12m；9度时，横隔间距不应大于1个节间的高度，且不应大于6m。

2. 抗震承载力验算

6度、7度时，满足抗震措施鉴定要求的索道支架，可不进行抗震承载能力验算，可直接判定为满足抗震鉴定要求。

8度、9度时，索道支架应按现行国家标准《构筑物抗震设计规范》GB 50191的抗震分析方法和《构筑物抗震鉴定标准》GB 50117第5章的规定进行抗震承载力验算，计算时构件组合内力设计值可不作调整。

5.5 既有钢结构抗震性能鉴定报告

既有钢结构抗震性能鉴定报告内容可按如下格式编写：

目　录

一、委托单位基本情况

委托单位名称：

委托单位地址：

委托单位联系电话：

工程名称：

工程地址：

二、工程概况

三、抗震性能鉴定的目的、方法及主要技术依据

3.1　抗震性能鉴定的目的

3.2　鉴定方法

3.3　主要技术依据

四、鉴定方法与鉴定内容

4.1　鉴定方法

4.2　鉴定内容

五、鉴定结论及建议

5.1　鉴定结论

5.2　结构处理建议

六、鉴定单位及主要鉴定负责人

鉴定单位：

单位负责人：

技术负责人：

项目负责人：

报告审核人：

报告编写人：

主要参加人：

<h2 style="text-align:center">七、附录</h2>

本章参考文献：

[5.1]　DG/TJ 08—2011—2007 钢结构检测与鉴定技术规程 [S]. 上海：上海市建筑建材业管理总站，2007.

[5.2]　GB 51008—2016 高耸与复杂钢结构检测与鉴定技术标准 [S]. 北京：中国计划出版社，2016.

[5.3]　GB 50011—2010 建筑抗震设计规范 [S]. 北京：中国建筑工业出版社，2010.

[5.4]　GB 50292—2015 民用建筑可靠性鉴定标准 [S]. 北京：中国建筑工业出版社，2015.

[5.5]　GB 50117—2014 构筑物抗震鉴定标准 [S]. 北京：中国建筑工业出版社，2014.

[5.6]　GB 50191—2012 构筑物抗震设计规范 [S]. 北京：中国建筑工业出版社，2012.

[5.7]　GB 50322—2011 粮食钢板筒仓设计规范 [S]. 北京：中国计划出版社，2012.

第6章 既有钢结构灾后检测鉴定

6.1 概述

我国是世界上灾害频发的国家之一，各种自然灾害或人为灾害的发生，都会对社会生产和人民生活造成严重的不利后果，这不仅会造成人民财产损失，有时甚至危及人民生命安全。

灾害发生后，为减轻灾害造成的损失，就需要及时对灾损建（构）筑物进行抢救加固处理，以有效保护人民生命财产安全。为了使得灾损建（构）筑物的加固与维护处理做到安全可靠，需要在处理前进行灾后的检测鉴定。

本章所指的灾害包括火灾、地震灾害、台风灾害、爆炸事故。

由于灾害的复杂性，灾害的类型不同，发生的地点季节不同，灾损建（构）筑物的损坏形式和状况也不同，因此，在进行建（构）筑物灾损检测鉴定时，必须根据灾害的特点采取不同的检测和鉴定方法。

对各种灾损建（构）筑物的应急勘查评估，应按照国家、行业部门的规定，划分建（构）筑物的破坏等级。当某类灾损建（构）筑物的破坏等级划分无明确规定时，可根据灾损建（构）筑物的特点划分为：基本完好、轻微破坏、中等破坏、严重破坏、局部或整体倒塌[6.1, 6.2]。

对于灾损结构，应该先进行应急评估，再进行具体的检测鉴定。灾损钢结构的鉴定除考虑灾害特点所进行的构件评定外，灾损鉴定还应与结构可靠性鉴定相结合，结构可靠性可按照本书第4章的内容和方法进行鉴定。

灾损建（构）筑物的检测鉴定与处理作业应在判定预计灾害对结构不会再造成进一步破坏后进行。灾损建（构）筑物处理前的检测鉴定，为建（构）筑物的处理提供技术依据；对严重破坏的建（构）筑物应根据处理难度、处理后能否满足抗灾设防要求以及处理费用等，综合给出处理或拆除重建的评估意见。对灾损建（构）筑物应根据灾害的特点进行结构检测、结构可靠性鉴定、灾损鉴定及灾损处理等。

灾损结构的检测鉴定，应针对不同灾害的特点，选取相适应的检测方法和代表性的抽样部位，并应重视对损伤严重和抗灾重要构件的检测[6.2]。

6.2 既有钢结构火灾后鉴定

6.2.1 既有钢结构火灾后检测鉴定的内容与方法

既有钢结构工程发生火灾后应及时对建筑结构进行检测鉴定，检测人员应到现场调查所有过火房间和整体建筑物。对有垮塌危险的结构构件，应首先采取防护措施。

既有钢结构火灾后的鉴定程序，可根据结构鉴定的需要，分为初步鉴定和详细鉴定两阶段进行（如图 6.2.1 所示）。

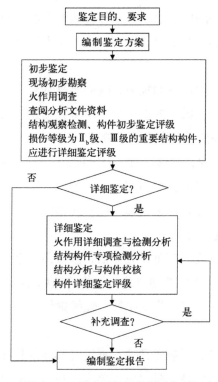

图 6.2.1 火灾后钢结构鉴定框图

1. 初步鉴定

初步鉴定包括下列内容[6.1]：

1）现场初步调查。现场勘查火灾残留状况；观察结构损伤严重程度；了解火灾过程；制定检测方案。

2）火作用调查。根据火灾过程、火场残留物状况初步判断结构所受的温度范围和作用时间。

3）查阅分析文件资料。查阅火灾报告、结构设计和竣工等资料，并进行核实。对结构所能承受火灾作用的能力做出初步判断。

4）结构观察检测、构件初步鉴定评级。

5）编制鉴定报告或准备详细检测鉴定。

2. 详细鉴定

详细鉴定应包括下列内容 [6.1]：

1）火作用详细调查与检测分析。根据火灾荷载密度、可燃物特性、燃烧环境、燃烧条件、燃烧规律，分析区域火灾温度—时间曲线，并与初步判断相结合，提出用于详细检测鉴定的各区域的火灾温度—时间曲线；也可根据材料微观特征判断受火温度。

2）结构构件专项检测分析。根据详细鉴定的需要作受火与未受火结构的材质性能、结构变形、节点连接、结构构件承载能力等专项检测分析。

3）结构分析与构件校核。根据受火结构的材质特性、几何参数、受力特征进行结构分析计算和构件校核分析，确定结构的安全性和可靠性。

4）构件详细鉴定评级。根据结构分析计算和构件校核分析结果，进行鉴定评级。

5）编制详细检测鉴定报告。对需要再作补充检测的项目，待补充检测完成后再编制最终鉴定报告。

3. 火灾后既有钢结构鉴定调查和检测的内容

火灾后既有钢结构鉴定调查和检测的内容应包括：火灾影响区域调查与确定、火场温度过程及温度分布推定、钢结构内部温度推定、钢结构现状检查与检测 [6.1]。具体内容和方法为：

1）火灾对结构的作用温度、持续时间及分布范围，应根据火灾调查、结构表现状况、火场残留物状况及可燃物特性、通风条件、灭火过程等综合分析推断，对于重要烧损结构应有结构材料微观分析结果参与推断。

2）火场温度过程，可根据火荷载密度、可燃物特性、受火墙体及楼盖的热传导特性、通风条件及灭火过程等按燃烧规律推断；必要时可采用模拟燃烧试验确定。

3）构件表面曾经达到的温度及作用范围，可根据火场残留物熔化、变形、燃烧、烧损程度等，按照本书附录 A 进行推断。

4）火灾后既有钢结构构件内部截面曾经达到的温度，可根据火场温度过程、构件受火状况及构件材料特性按热传导规律推断。

5）火灾后结构现状检测应包括下列全部或部分内容：

（1）结构烧灼损伤状况检查；

（2）温度作用损伤或损坏检查；

（3）结构材料性能检测。

对直接暴露于火焰或高温烟气的钢结构构件，应全数检查烧灼损伤部位。对于一般构件可以采用外观目测检查：包括构件表面漆层脱落情况、构件表面经灼烧颜色变化、表面变形等，对于重要构件，必要时可通过进行材料微观结构分析判断。

火灾后钢结构材料的性能可能发生明显改变时，应通过抽样检验或模拟试验确定材料性能指标；对于烧灼程度特征明显，材料性能对建筑物结构性能影响敏感程度较低，且火灾前材料性能明确，可根据温度场推定结构材料的性能指标，并宜通过取样检验修正。

火灾后既有钢结构鉴定调查和检测的对象应为整个既有钢结构，或者是结构系统相对独立的部分结构；对于局部小范围火灾，经初步调查确认受损范围仅发生在有限区域时，调查和检测对象也可仅考虑火灾影响区域范围内的结构或构件。

6.2.2 既有钢结构火灾后的结构分析与校核

1. 火灾后钢结构分析应包括下列内容[6.1]：

1）火灾过程中的结构分析，应针对不同的结构或构件（包括节点连接），考虑火灾过程中的最不利温度条件和结构实际作用荷载组合，进行结构分析与构件校核；

2）火灾后的结构分析，应考虑火灾后钢结构残余状态的材料力学性能、连接状态、结构几何形状变化和构件的变形和损伤等进行结构分析与构件校核。

2. 结构内力分析可根据结构概念和解决工程问题的需要在满足安全的条件下，进行合理的简化，例如：

1）局部火灾未造成整体结构明显变位、损伤时，可仅考虑局部作用；

2）支座没有明显变位的连续结构（板、梁、框架等）可不考虑支座变位的影响。

火灾后钢结构构件的抗力，在考虑火灾作用对结构材料性能、结构受力性能的不利影响后，可按照现行设计规范和标准的规定进行验算分析；对于烧灼严重、变形明显等损伤严重的结构构件，必要时应采用更精确的计算模型进行分析；对于重要的结构构件，宜通过试验检验分析确定。

6.2.3 既有钢结构火灾后的构件鉴定评级

1. 火灾后钢构件的鉴定等级

火灾后钢结构构件的鉴定分专项鉴定和可靠性鉴定，本章为专项鉴定，主要针对安全性，进行可靠性鉴定时，还需按照第4章内容进行。火灾后钢构件的专项鉴定分初步鉴定和详细鉴定[6.1]，鉴定等级分别定义如下：

1）火灾后钢构件的初步鉴定，应根据构件的烧灼损伤、变形程度按下列标准评定其损伤状态等级：

II_a级——轻微或未直接遭受烧灼作用，钢结构材料及钢结构性能未受或仅受轻微影响，可不采取措施；

II_b级——轻度烧灼，未对钢结构材料及钢结构性能产生明显影响，尚不影响结构安全，应采取局部处理和外观修复措施；

III级——中度烧灼尚未破坏，显著影响钢结构材料或钢结构性能，明显变形，对结构安全或正常使用产生不利影响，应采取加固或局部更换措施；

Ⅳ级——破坏，火灾中或火灾后结构倒塌或构件塌落；结构严重烧灼损坏、变形损坏，结构承载力丧失或大部丧失，危及结构安全，必须或必须立即采取安全支护、彻底加固或拆除更换措施。

注：火灾后结构构件损伤状态评定无Ⅰ级。

2）火灾后钢构件的详细鉴定，依据《火灾后建筑结构鉴定标准》CECS 252：2009，应根据检测鉴定分析结果，将安全性评为下列的 b、c、d 级：

b 级——基本符合国家现行标准下限水平要求，尚不影响安全，尚可正常使用，宜采取适当措施；

c 级——不符合国家现行标准要求，在目标使用年限内影响安全和正常使用，应采取措施；

d 级——严重不符合国家现行标准要求，严重影响安全，必须及时或立即加固或拆除。

注：火灾后的结构构件评定无 a 级。

2. 火灾后钢结构构件的初步鉴定评级

火灾后钢结构构件的初步鉴定评级，应根据构件防火保护层受损、构件残余变形与撕裂、构件局部屈曲与扭曲、构件整体变形四个子项进行评定，并取按各子项所评定的损伤等级中的最严重级别作为构件损伤等级[6.1]，评定方法应符合下列规定：

1）火灾后钢构件的防火保护层受损、构件残余变形与撕裂、构件局部屈曲与扭曲三个子项，按表 6.2.3-1 的规定评定损伤等级；

火灾后钢构件基于防火保护层受损、残余变形与撕裂、局部屈曲或扭曲的初步鉴定评级标准　　表 6.2.3-1

等级评级要素		各级损伤等级状态特征		
		Ⅱₐ	Ⅱᵦ	Ⅲ
1	涂装与防火保护层	基本无损；防火保护层有细微裂纹，但无脱落	防腐涂装完好；防火涂装或防火保护层开裂但无脱落	防腐涂装碳化；防火涂装或防火保护层局部范围脱落
2	残余变形与撕裂	无	局部轻度残余变形，对承载力无明显影响	局部残余变形，对承载力有一定影响
3	局部屈曲与扭曲	无	轻度局部屈曲或扭曲，对承载力无明显影响	主要受力截面有局部屈曲或扭曲，对承载力无明显影响；非主要受力截面有明显局部屈曲或扭曲

注：有防火保护的钢构件按 1、2、3 项进行评定，无防火保护的钢构件按 2、3 项进行评定。

2）火灾后钢构件的整体变形子项，按表 6.2.3-2 的规定评定损伤等级。但构件火灾后严重烧灼损坏、出现过大的整体变形、严重残余变形、局部屈曲、扭曲或部分焊接撕裂导致承载力丧失或大部丧失，应采取安全支护、加固或拆除更换措施时评为Ⅳ级；

3）对于格构式钢构件，还应按表 6.2.3-3 中焊接撕裂与螺栓滑移及变形断裂的要求对缀板、缀条与格构分肢之间的焊缝连接、螺栓连接进行评级；

4）当火灾后钢结构构件破坏严重，难于加固修复，需要拆除或更换时，该构件初步鉴定可评为Ⅳ级。

火灾后钢构件基于整体变形的初步鉴定评级标准　　　　　　　　表 6.2.3-2

等级评定要素	构架类别			各级变形损伤等级状态特征	
				Ⅱ$_a$级或Ⅱ$_b$级	Ⅲ级
挠度		屋架、网架		> $l_0/400$	> $l_0/200$
		主梁、托梁		> $l_0/400$	> $l_0/200$
	吊车梁		电动	> $l_0/800$	> $l_0/400$
			手动	> $l_0/500$	> $l_0/250$
		次梁		> $l_0/250$	> $l_0/125$
		檩条		> $l_0/200$	> $l_0/150$
弯曲矢高		柱		> $l_0/1000$	> $l_0/500$
		受压支撑		> $l_0/1000$	> $l_0/500$
柱顶侧移		多高层框架的层间水平位移		> $h/400$	> $h/200$
		单层厂房中柱倾斜		> $H/1000$	> $H/500$

注：1. 表中 l_0 为构件的计算跨度，h 为框架层高，H 为柱总高。
　　2. 评定结果取Ⅱ$_a$级或Ⅱ$_b$级，可根据实际情况由鉴定者确定。

3. 火灾后既有钢结构连接的初步鉴定评级

火灾后既有钢结构连接的初步鉴定评级，应根据防火保护层受损、连接板残余变形与撕裂、焊缝撕裂与螺栓滑移及变形断裂三个子项按表 6.2.3-3 的规定进行评定，并取按各子项所评定的损伤等级中的最严重级别作为构件损伤等级。当火灾后钢结构连接大面积损坏、焊缝严重变形或撕裂、螺栓烧毁或断裂脱落，需要拆除或更换时，该构件连接初步鉴定可评为Ⅳ级。

火灾后既有钢结构连接的初步鉴定评级标准　　　　　　　　表 6.2.3-3

等级评定要素		各级损伤等级状态特征		
		Ⅱ$_a$	Ⅱ$_b$	Ⅲ
1	涂装与防火保护层	基本无损；防火保护层有细微裂纹且无脱落	防腐涂装完好；防火涂装或防火保护层开裂但无脱落	防腐涂装碳化；防火涂装或防火保护层局部范围脱落
2	连接板残余变形与撕裂	无	轻度残余变形，对承载力无明显影响	主要受力节点板有一定的变形，或节点加劲肋有较明显的变形
3	焊缝撕裂与螺栓滑移及变形断裂	无	个别连接螺栓松动	螺栓松动，有滑移，受拉区连接板之间脱开，个别焊缝撕裂

4. 火灾后钢结构详细鉴定

火灾后钢结构详细鉴定应包括下列内容：

1）受火钢构件的材料特性

（1）屈服强度与极限强度；

（2）延伸率；

（3）冲击韧性；

（4）弹性模量。

2）受火钢构件的承载力

（1）截面抗弯承载力；

（2）截面抗剪承载力；

（3）构件和结构整体稳定承载力；

（4）连接强度。

注：火灾后过火钢材的力学性能指标宜现场取样检验，如能确定过火温度，可按照本书附录 B 判定不同温度下结构钢的屈服强度。

对于无冲击韧性要求的钢构件，可按承载力评定等级。对于有冲击韧性要求的钢构件，当构件受火后材料的冲击韧性不满足原设计要求、且冲击韧性等级相差一级时，构件承载能力评定应评为 c 级；当其冲击韧性等级相差两级或两级以上时，构件的承载能力评定应评为 d 级。

构件承载力鉴定时，应考虑火灾对材料强度和构件变形的影响，按表 6.2.3-4 评定构件承载能力等级。

火灾后钢结构构件（含连接）按承载能力评定等级标准　表 6.2.3-4

构件类别	$R_f / (\gamma_0 S)$		
	b 级	c 级	d 级
重要构件、连接	≥ 0.95	≥ 0.90	< 0.90
次要构件	≥ 0.92	≥ 0.87	< 0.87

注：1. 表中 R_f 为钢结构构件火灾后的抗力，S 为作用效应，γ_0 为钢结构重要性系数，按现行国家标准《建筑结构可靠度设计统一标准》GB 50068 的规定取值。

2. 评定为 b 级的重要构件应采取加固处理措施。

受火构件的材料强度与冲击韧性，可通过现场取样试验或同种钢材加温冷却试验确定。现场取样应避开构件的主要受力位置和截面最大应力处，并对取样部位进行补强，采用同种钢材加温冷却试验来确定受力构件的材料强度与冲击韧性时，钢材的最高温度应与构件在火灾中所经历的最高温度相同，并且冷却方式应能反映实际火灾中的情况（水冷却或者自然冷却）。

6.2.4 火灾后鉴定报告

火灾后鉴定报告应包括以下内容：

1）建筑、钢结构和火灾概况；

2）鉴定的目的、内容、范围和依据；

3）调查、检测、分析的结果（包括火灾作用和火灾影响调查检测分析结果）；

4）钢结构构件烧灼损伤后的评定等级；

5）结论与建议；

6）附件。

6.3 既有钢结构风灾后鉴定

6.3.1 既有钢结构风灾后检测鉴定的内容与方法

既有钢结构工程经历台风后，应及时对建筑结构进行检测鉴定，检测人员应到现场调查受灾建筑物。对有垮塌危险的结构构件，应首先采取防护措施。

既有钢结构经历台风后的鉴定，可根据结构鉴定的需要，分为应急评估和检测鉴定两阶段进行。

1. 应急评估

应急评估包括下列内容：

1）现场初步调查：观察结构损伤严重程度；制定检测方案；

2）台风作用调查：收集气象资料，初步判断结构所受的台风等级和作用时间；

3）查阅分析文件资料：查阅结构设计和竣工等资料，并进行核实。对结构所能承受台风作用的能力做出初步判断；

4）结构观察检测、灾损等级划分；

5）编制应急勘察报告或准备详细检测鉴定。

2. 详细检测鉴定

详细检测鉴定应包括下列内容：

1）台风作用详细调查与检测分析；

2）结构构件专项检测分析与结构现状检测。根据详细鉴定的需要进行受台风影响构件的结构变形、节点连接、结构构件承载能力等专项检测分析；

3）结构分析与构件校核。根据结构的材质特性、几何参数、受力特征进行结构分析计算和构件校核分析，确定结构的安全性和可靠性；

4）构件详细鉴定评级。根据结构分析计算和构件校核分析结果，进行鉴定评级；

5）编制详细检测鉴定报告。对需要再作补充检测的项目，待补充检测完成后再编制最终鉴定报告。

结构现状检测应包括下列全部或部分内容：

1）围护结构损伤变形状况检查；

2）主体结构损伤变形状况检查；

3）结构构件变形检测。

6.3.2　既有钢结构风灾后的结构分析与校核

1. 风灾后钢结构分析应包括下列内容：

1）风灾过程中的结构分析，应针对不同的结构或构件（包括节点连接），考虑最不利风载和结构实际作用荷载组合，进行结构分析与构件校核；

2）风灾后的结构分析，应考虑风灾后钢结构残余状态的材料力学性能、连接状态、结构几何形状变化与构件的变形和损伤等进行结构分析与构件校核。

2. 风灾后钢结构构件的抗力，在考虑风灾作用对结构受力性能的不利影响后，可按照现行设计规范和标准的规定进行验算分析；对于变形明显等损伤严重的结构构件，必要时应采用更精确的计算模型进行分析；对于重要的结构构件，宜通过试验检验分析确定。

6.3.3　既有钢结构风灾后的构件鉴定评级

1. 风灾后钢构件的鉴定等级

风灾后钢构件的鉴定分初步鉴定和详细鉴定，鉴定等级分别定义如下：

1）风灾后钢构件初步鉴定等级

风灾后钢结构构件的初步鉴定，应根据构件变形程度按下列标准评定损伤状态等级：

II_a 级——轻微或未直接遭受风载作用，钢结构性能未受或仅受轻微影响，可不采取措施。

II_b 级——轻度影响，未对钢结构性能产生明显影响，尚不影响结构安全，应采取局部处理和外观修复措施；

III级——中度影响尚未破坏，显著影响钢结构性能，明显变形，对结构安全或正常使用产生不利影响，应采取加固或局部更换措施；

IV级——破坏，风灾后结构倒塌或构件塌落；结构严重变形损坏，结构承载力丧失或大部丧失，危及结构安全，必须或必须立即采取安全支护、彻底加固或拆除更换措施。

注：风灾后结构构件损伤状态评定无 I 级。

2）风灾后钢构件详细鉴定等级

风灾后钢构件的详细鉴定，应根据检测鉴定分析结果，将安全性评为以下的 b、c、d 级：

b 级——基本符合国家现行标准下限水平要求，尚不影响安全，尚可正常使用，宜采取适当措施；

c 级——不符合国家现行标准要求，在目标使用年限内影响安全和正常使用，应采取措施；

d 级——严重不符合国家现行标准要求，严重影响安全，必须及时或立即加固或拆除。

注：风灾后的结构构件评定无 a 级。

2 风灾后钢构件初步鉴定评级

风灾后钢构件的初步鉴定，应根据残余变形与撕裂、局部屈曲与扭曲、构件整体变形三个子项进行等级评定，并取按各子项所评定的损伤等级中的最严重级别作为构件损伤等级。

1）风灾后钢构件的残余变形与撕裂、局部屈曲与扭曲两个子项，按表 6.3.3-1 的规定评定损伤等级。

风灾后钢构件基于残余变形与撕裂、局部屈曲或扭曲的初步鉴定评级标准　　　表 6.3.3-1

等级评级要素		各级损伤等级状态特征		
		II$_a$	II$_b$	III
1	残余变形与撕裂	无	局部轻度残余变形，对承载力无明显影响	局部残余变形，对承载力有一定的影响
2	局部屈曲与扭曲	无	轻度局部屈曲或扭曲，对承载力无明显影响	主要受力截面有局部屈曲或扭曲，对承载力无明显影响；非主要受力截面有明显局部屈曲或扭曲

2）风灾后钢构件的整体变形子项，按表 6.3.3-2 的规定评定损伤等级。但构件风灾后出现过大的整体变形、严重残余变形、局部屈曲、扭曲或部分焊接撕裂导致承载力丧失或大部丧失，应采取安全支护、加固或拆除更换措施时评为 IV 级。

风灾后钢构件基于整体变形的初步鉴定评级标准　　　表 6.3.3-2

等级评定要素	构架类别		各级变形损伤等级状态特征	
			II$_a$级或 II$_b$级	III级
挠度	屋架、网架		> $l_0/400$	> $l_0/200$
	主梁、托梁		> $l_0/400$	> $l_0/200$
	吊车梁	电动	> $l_0/800$	> $l_0/400$
		手动	> $l_0/500$	> $l_0/250$
	次梁		> $l_0/250$	> $l_0/125$
	檩条		> $l_0/200$	> $l_0/150$
弯曲矢高	柱		> $l_0/1000$	> $l_0/500$
	受压支撑		> $l_0/1000$	> $l_0/500$
柱顶侧移	多高层框架的层间水平位移		> $h/400$	> $h/200$
	单层厂房中柱倾斜		> $H/1000$	> $H/500$

注：1. 表中 l_0 为构件的计算跨度，h 为框架层高，H 为柱总高。
　　2. 评定结果取 II$_a$ 级或 II$_b$ 级，可根据实际情况由鉴定者确定。

3）对于格构式钢构件，还应按表 6.3.3-3 中焊接撕裂与螺栓滑移及变形断裂的要求对缀板、缀条与格构分肢之间的焊缝连接、螺栓连接进行评级。

4）当风灾后钢结构构件严重破坏，难于加固修复，需要拆除或更换时该构件初步鉴定可评为Ⅳ级。

风灾后既有钢结构连接的初步鉴定评级标准　　　　　　　表 6.3.3-3

等级评定要素		各级损伤等级状态特征		
		Ⅱ_a	Ⅱ_b	Ⅲ
1	连接板残余变形与撕裂	无	轻度残余变形，对承载力无明显影响	主要受力节点板有一定的变形，或节点加劲肋有较明显的变形
2	焊缝撕裂与螺栓滑移及变形断裂	无	个别连接螺栓松动	螺栓松动，有滑移；受拉区连接板之间脱开；个别焊缝撕裂

3. 风灾后既有钢结构连接的初步鉴定评级

风灾后既有钢结构连接的初步鉴定评级，应根据连接板残余变形与撕裂、焊缝撕裂与螺栓滑移及变形断裂两个子项进行按表 6.3.3-3 评定，并取按各子项所评定的损伤等级中的最严重级别作为构件损伤等级。当风灾后钢结构连接大面积损坏、焊缝严重变形或撕裂、螺栓断裂脱落，需要拆除或更换时，该构件连接初步鉴定可评为Ⅳ级。

4. 风灾后钢结构详细鉴定

风灾后钢结构详细鉴定应包括下列内容：

1）截面抗弯承载力；

2）截面抗剪承载力；

3）构件和结构整体稳定承载力；

4）连接强度。

构件承载力鉴定时，应考虑风灾对构件变形的影响，按表 6.3.3-4 评定构件承载能力等级。

风灾后钢结构构件（含连接）按承载能力评定等级标准　　　　　　表 6.3.3-4

构件类别	$R_f / (\gamma_0 S)$		
	b 级	c 级	d 级
重要构件、连接	≥ 0.95	≥ 0.90	< 0.90
次要构件	≥ 0.92	≥ 0.87	< 0.87

注：1. 表中 R_f 为钢结构构件风灾后的抗力，S 为作用效应，γ_0 为钢结构重要性系数，按现行国家标准《建筑结构可靠度设计统一标准》GB 50068 的规定取值。

2. 评定为 b 级的重要构件应采取加固处理措施。

6.3.4 风灾后鉴定报告

风灾后鉴定报告应包括以下内容：

1）建筑、钢结构和风灾概况；

2）鉴定的目的、内容、范围和依据；

3）调查、检测、分析的结果（包括风灾作用影响调查检测分析结果）；

4）钢结构构件变形损伤后的评定等级；

5）结论与建议；

6）附件。

6.4 既有钢结构的地震后鉴定

6.4.1 既有钢结构地震后检测鉴定的内容与方法

地震灾害发生后，对受地震影响建筑的检查评估鉴定与加固，应根据救援抢险阶段和恢复重建阶段的不同目标和要求分别制定方案[6.3]。

1. 震后救援抢险阶段建筑受损状况的检查评估与排险

震后救援抢险阶段建筑受损状况的检查评估与排险应符合下列规定：

1）应立即对震灾区域的建筑进行紧急宏观勘查，并根据勘查结果划分为不同受损区，为救援抢险指挥的组织部署提供依据；

2）应对受地震影响建筑现有的承载能力和抗震能力进行应急评估，为判断余震对建筑可能造成的累计损伤和排除其安全隐患提供依据；

3）应根据应急评估结果划分建筑的破坏等级，并迅速组织应急排险处理；

4）在余震活动强烈期间，不宜对受损建筑物进行按正常设计使用期要求的系统性加固改造。

2. 灾后恢复重建阶段的建筑鉴定

灾后恢复重建阶段的建筑鉴定应符合下列规定：

1）灾后的结构现状检测与恢复重建鉴定，应在预期余震已由当地救灾指挥部判定为对结构不会造成破坏的小震、其余震强度已趋向显著减弱后进行；

2）应对中等破坏程度以内的建筑和损伤的文物建筑进行系统鉴定，为建筑的修复性加固提供技术依据；

3）建筑结构的系统鉴定，应包括常规的可靠性鉴定和抗震鉴定，并应通过与业主协商，共同确定结构加固后的设计使用年限。

结构现状检测应包括下列全部或部分内容：

1）围护结构损伤变形状况检查；

2）主体结构损伤变形状况检查；

3）材料强度检测；

4）结构构件变形检测；

5）结构构件位移检测。

3. 灾后应急评估的破坏等级划分

较强地震发生后，应立即对灾区建筑进行应急评估，应急评估应以目测建筑损坏情况和经验判断为主，必要时，应查阅尚存的建筑档案或辅以仪器检测。应急评估应采用统一编制的检查、检测记录。应急评估的结果，应按以下统一划分的建筑地震破坏等级表示[6.3]：

基本完好级：其宏观表征为，地基基础保持稳定，承重构件及抗侧向作用构件完好，结构构造及连接保持完好，个别非承重构件可能有轻微损坏，附属构配件或其固定连接件可能有轻度损伤，结构未发生倾斜和超过规定的变形，一般不需修理即可继续使用；

轻微损坏级：其宏观表征为，地基基础保持稳定，个别承重构件或抗侧向作用构件出现轻微裂缝，个别部位的结构构造及连接可能受到轻度损伤，尚不影响结构共同工作和构件受力，个别非承重构件可能有明显损坏，结构未发生影响使用安全的倾斜或变形，附属构配件或其固定连接件可能有不同程度损坏，经一般修理后可继续使用；

中等破坏级：其宏观表征为，地基基础尚保持稳定，多数承重构件或抗侧向作用构件出现裂缝，部分存在明显裂缝，不少部位构造的连接受到损伤，部分非承重构件严重破坏，经立即采取临时加固措施后，可以有限制地使用，在恢复重建阶段，经鉴定加固后可继续使用；

严重破坏级：其宏观表征为，地基基础出现震害，多数承重构件严重破坏，结构构造及连接受到严重损坏，结构整体牢固性受到威胁，局部结构濒临坍塌，无法保证建筑物安全，一般情况下应予以拆除，若该建筑有保留价值，需立即采取排险措施，并封闭现场，为日后全面加固保持现状；

局部或整体倒塌级：其宏观表征为，多数承重构件和抗侧向作用构件毁坏引起的建筑物倾倒或局部坍塌，对局部坍塌严重的结构应及时予以拆除，以防在余震发生时，演变为整体坍塌或坍塌范围扩大而危及生命和财产安全。

多层钢结构框架的地震破坏等级划分标准见本书附录 C。

震后应急评估和鉴定应重点关注钢结构的典型震害部位。

4. 钢结构震害的形式

钢结构的震害主要有：柱脚基础破坏、梁柱节点连接破坏、其他连接部位破坏、大截面构件脆性断裂、采用薄壁截面构件残余大变形、构件破坏以及结构整体倒塌等几种形式。

1）柱脚、基础的震害

主要表现为部分外露式柱脚混凝土破坏，锚固螺栓拔出或断裂。震害的主要原因是由于大的倾覆力矩引起轴力变化，造成强度不足。

2）梁柱节点连接破坏

震害的主要原因是存在大的弯矩，加上焊缝金属冲击韧性低，焊缝存在缺陷，特别是下翼缘梁端现场焊缝中部，因腹板妨碍焊接和检查，易出现不连续焊缝，梁翼缘端部全熔透坡口焊的衬板边缘形成人工缝，在弯矩作用下扩大，梁端焊缝通过孔边缘出现应力集中，引发裂缝，向周围扩展，造成节点部位强度不足。裂缝主要出现在下翼缘，是因为梁上翼缘有楼板加强，且上翼缘焊缝无腹板妨碍施焊。

3）大截面钢柱脆性断裂

在多次地震中都出现过支撑与节点板连接的破坏或支撑与柱的连接的破坏、支撑杆件的整体失稳和局部失稳。支撑是框架—支撑结构和工业厂房中最主要的抗侧力部分，一旦地震发生，将首先承受水平地震作用，在罕遇地震作用下，中心支撑构件会受到巨大的往复拉压作用，一般易发生整体失稳，并进入塑性屈服状态。采用螺栓连接的支撑破坏形式包括支撑截面削弱处的断裂、节点板端部剪切滑移破坏以及支撑杆件螺孔间剪切滑移破坏。

4）大跨度钢结构的破坏

大跨度钢结构的震害包括屋架支撑的失稳、屋盖支座螺栓破坏、网架结构周边支承框架的杆件破坏、网架球节点连接破坏等。当支撑构件的组成板件宽厚比较大时，往往伴随着整体失稳出现板件的局部失稳现象，进而引发低周疲劳和断裂破坏，这在以往的震害中并不少见。试验研究表明，要防止板件在往复塑性应变作用下发生局部失稳，进而引发低周疲劳破坏，必须对支撑板件的宽厚比进行限制，且应比塑性设计严格。

6.4.2 既有钢结构地震后的结构分析与校核

地震受损建筑恢复重建时，应选择合适的设防烈度进行分析，设防烈度应以国家批准的抗震设防烈度为依据。建筑工程抗震设防分类应按现行国家标准《建筑工程抗震设防分类标准》GB 50223 的规定确定[6.3]。地震受损建筑抗震鉴定和加固设计的设防目标为：

1. 对丙类建筑应达到，当遭受相当于本地区抗震设防烈度地震影响时，可能损坏，但经一般修理后仍可继续使用；当遭受高于本地区抗震设防烈度预估的罕遇地震影响时，不致倒塌或发生危及生命安全的严重破坏。

2. 对乙类建筑应达到，当遭受相当于本地区抗震设防烈度地震影响时，不应有结构性损坏，不经修理或稍经一般修理后仍可继续使用；当遭受高于本地区抗震设防烈度预估的罕遇地震影响时，其个体建筑可能处于中等破坏状态。

3. 对政府指定为地震避险的场所，其设防目标应达到，当遭受相当于本地区抗震设防烈度地震影响时，不应有结构性损坏，不经修理即可继续使用；当遭受高于本地区抗震设防烈度预估的罕遇地震影响时，其建筑总体状态可能介于轻微损坏与中等破坏之间。

地震后钢结构构件的抗力，在考虑地震作用对结构受力性能的不利影响后，可按照现行设计规范和标准的规定进行验算分析；对于变形明显等损伤严重的结构构件，必要时应采用更精确的计算模型进行分析；对于重要的结构构件，宜通过试验检验分析确定。

6.4.3　既有钢结构构件地震后鉴定评级

恢复重建阶段结构可靠性与抗震性能鉴定，应在应急评估基础上对该建筑的震害情况进行详细调查。调查时，应仔细核实承重结构构件和非结构构件破坏及损伤程度，在鉴定中应计入震害对结构承载力和抗震能力的影响[6.3]。

构件等级可按照本书第 4 章既有钢结构的鉴定进行评级。

6.4.4　地震后应急评估报告

地震后应急评估报告应包括以下内容：

1）建筑、钢结构和地震概况；

2）评估的目的、内容、范围和依据；

3）调查、检测结果；

4）地震破坏评定等级；

5）结论与建议；

6）附件。

6.5　既有钢结构的爆炸后鉴定

6.5.1　既有钢结构爆炸后检测鉴定的内容与方法

爆炸是能量突然释放并产生压力波向周围传播的现象，根据爆炸的引发是否与周围环境相关以及爆炸介质的凝聚状体和传播速度不同，可分为凝聚相爆炸和分散相爆炸。根据升压时间不同，可分为核爆、化爆、燃爆[6.4]。

既有钢结构工程经历爆炸后，应及时对建筑结构进行检测鉴定，检测人员应到现场调查受灾建筑物。对有垮塌危险的结构构件，应首先采取防护措施。

既有钢结构经历爆炸后的鉴定，可根据结构鉴定的需要，分为应急评估和检测鉴定两阶段进行。

1. 应急评估

应急评估包括下列内容：

1）现场初步调查。观察结构损伤严重程度；制定检测方案。

2）爆炸作用调查。根据爆炸过程、现场结构破坏状况初步判断结构所受的超压作用和作用时间。

3）查阅分析文件资料。查阅结构设计和竣工等资料，并进行核实。对结构所能承受爆炸作用的能力做出初步判断。

4）结构观察检测、灾损等级划分。

5）编制应急勘察报告或准备详细检测鉴定。

2. 详细检测鉴定

详细检测鉴定应包括下列内容：

1）爆炸作用详细调查与检测分析；

2）结构构件专项检测分析及结构现状检测。根据详细鉴定的需要作受爆炸影响构件的结构变形、节点连接、结构构件承载能力等专项检测分析；

3）结构分析与构件校核。根据结构的材质特性、几何参数、受力特征进行结构分析计算和构件校核分析，确定结构的安全性和可靠性；

4）构件详细鉴定评级。根据结构分析计算和构件校核分析结果，进行鉴定评级；

5）编制详细检测鉴定报告。对需要再作补充检测的项目，待补充检测完成后再编制最终鉴定报告。

结构现状检测应包括下列全部或部分内容：

1）围护结构损伤变形状况检查；

2）主体结构损伤变形状况检查；

3）结构构件变形检测。

爆炸伴随火灾发生时，尚应按照火灾后的检测鉴定内容进行。

6.5.2 既有钢结构爆炸后的结构分析与校核

所有爆炸都压缩周围的空气而产生超压，核爆、化爆、燃爆都产生超压，只是幅度不同。核爆、化爆在很短的时间（几毫秒）压力即达到峰值，周围的气体急速地被挤压和推动而产生很高的运动速度，形成波的高速推进称之为冲击波，冲击波所到之处，除产生超压外，还有高速运动引起的动压。燃爆效应以超压为主，动压很小，属于压力波[6.4]。

灾害性爆炸无法预知其爆炸压力，往往需要靠灾后的现场情况、结构的抗力和破坏性态来反推和估计爆炸压力的大小。

爆炸后钢结构分析应包括下列内容：

1）爆炸过程中的结构分析，应首先估算超压大小，然后针对不同的结构或构件（包括节点连接），考虑最不利超压荷载和结构实际作用荷载组合，进行结构分析与构件校核；

2）爆炸后的结构分析，应考虑爆炸后钢结构残余状态的材料力学性能、连接状态、结构几何形状变化与构件的变形和损伤等进行结构分析与构件校核。

3）爆炸后钢结构构件的抗力，在考虑爆炸作用对结构受力性能的不利影响后，可按照现行设计规范和标准的规定进行验算分析；对于变形明显等损伤严重的结构构件，必要时应采用更精确的计算模型进行分析；对于重要的结构构件，宜通过试验检验分析确定。

4）爆炸伴随火灾产生时，尚应按照火灾后的结构分析和校核方法进行。

6.5.3 既有钢结构爆炸后的构件鉴定评级

当爆炸伴随火灾发生时，需要按照火灾后构件的鉴定进行评级。如果不引发火灾或者火灾很小，则按照风灾下的鉴定进行评级。

6.5.4 爆炸后鉴定报告

爆炸后鉴定报告应包括以下内容：

1）建筑、钢结构和爆炸概况；

2）鉴定的目的、内容、范围和依据；

3）调查、检测、分析的结果（包括爆炸作用影响调查检测分析结果）；

4）钢结构构件变形损伤后的评定等级；

5）结论与建议；

6）附件。

本章参考文献：

[6.1] CECS 252：2009 火灾后建筑结构鉴定标准 [S]. 北京：中国计划出版社，2009.

[6.2] CECS 269：2010 灾损建（构）筑物处理技术规范 [S]. 北京：中国计划出版社，2010.

[6.3] 中华人民共和国住房和城乡建设部. 地震灾后建筑鉴定与加固技术指南 [S]. 北京：中国建筑工业出版社，2008.

[6.4] 江见鲸，王元清，龚晓南，崔京浩. 建筑工程事故分析与处理 [M]. 北京：中国建筑工业出版社，2003.

第7章 金属板围护系统检测鉴定

7.1 概述

我国建筑金属板围护系统在建筑中的应用，速度之快，规模之大，在我国建筑史上是空前的。据不完全统计，目前国内金属围护系统的应用面积已超过数亿平方米，是建筑围护系统中最为重要和必要的组成部分。

早期虽然国内压型金属板行业发展迅猛，涌现出许多生产企业，但由于缺乏技术和应用研究，行业内缺少产品标准，导致各企业金属板生产质量良莠不齐，应用效果不甚理想。到目前为止，全国范围内已经发生了多起屋盖被大风撕裂或吹落事故，部分还造成人员伤亡和财产损失。渗漏事故更是大量存在，严重影响了建筑的正常使用和耐久性，带来了严重的社会影响和不良后果。

近年来，多种原因致使许多建筑金属板围护系统工程出现问题，尤其是被风掀、漏水等问题。这些质量问题与建筑金属板围护系统的产品质量、工程设计、施工均有密不可分的关系。

建筑金属板围护系统应用比较广泛，所处区域各异、形式多种多样，应遵循的规范标准以及需要关注和要求的方面也各不相同。

各类不同抗震设防区域应关注抗震承载能力及其构造，遵循不同的抗震设防标准；不同的防灾要求区域如沿海地区要关注台风及暴雨的影响，北方地区要关注风沙及暴雪的影响等；特殊地基土地区要关注地基不均匀沉降对建筑金属板围护系统造成的影响，特别是对于某些直接落地的建筑金属板围护系统；处于某些腐蚀性、高温高湿等特殊环境的区域，应关注其对建筑金属板围护系统的腐蚀损伤影响；火灾、爆炸等灾害后的建筑金属板围护系统，应关注灾害对其造成的安全隐患。

7.2 检测鉴定的基本要求及主要工作内容

7.2.1 基本要求 [7.1]

1.建筑金属板围护系统在下列情况下，应进行可靠性鉴定：

1）存在的质量缺陷或者出现的腐蚀、渗漏、损伤、变形等影响安全时；

2）达到设计使用年限拟继续使用时；

3）使用条件或使用环境改变对安全性不利时；

4）需要进行全面大修时；

5）遭受灾害或事故后，拟继续使用时；

6）日常维护检查发现有安全隐患时；

7）进行改造或改建时；

8）其他需要掌握金属板围护系统可靠性水平时。

2.建筑金属板围护系统在下列情况下，宜进行专项鉴定：

1）进行维修改造有专门要求时；

2）存在局部损伤影响其正常使用时；

3）对金属板的完好性和耐久性存在疑问或需要治理时；

4）支承结构构件、连接等受到一般腐蚀、损伤或存在其他问题时；

5）存在振动影响时；

6）需要进行长期监测时。

7.2.2　主要工作内容 [7.1]

1.确定金属板围护系统的可靠性鉴定程序

建筑金属板围护系统的可靠性鉴定，宜按下列框图规定的程序（图 7.2.2）进行。

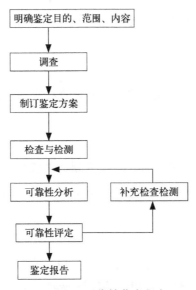

图 7.2.2　可靠性鉴定程序

2.明确建筑金属板围护系统鉴定的目的、范围和内容

金属板围护系统鉴定的目的、范围和内容，应根据委托方提出的鉴定原因和要求以及建筑金属板围护系统的现状确定。

3. 确定调查的基本工作内容

1）查阅图纸资料，包括专项报告、竣工图、竣工资料、检查观测记录、维修记录、历次鉴定加固和改造图纸和资料、事故处理报告等；

2）调查建筑金属板围护系统的历史情况，包括施工、维修、加固、改造、用途变更、使用条件改变以及受灾害等情况；

3）考察现场，调查建筑金属板围护系统的基本情况、实际状况、使用条件、内外环境、事故记录，查看目前已发现的问题，调查或听取有关人员的意见等。

4. 确定鉴定方案

鉴定方案应根据鉴定对象的特点和调查结果、鉴定目的和要求制订，包括检测鉴定的依据、工作内容和方法、工作进度计划及需要委托方完成的准备工作等。

5. 确定检查与检测的工作内容

检查与检测宜根据实际需要选择下列工作内容：

1）核查相关文件资料；

2）材料性能检测分析；

3）系统使用性能检测分析；

4）支承结构检查、检测；

5）连接件与面板系统检查、检测；

6）附属设施检查、检测；

7）当主体承重结构或地基基础的变形或损伤影响到建筑金属板围护系统时，依据相关标准、规范进行检查、检测。

6. 检测数据补充

在建筑金属板围护系统可靠性鉴定中，当发现检查或检测资料不足或不准确时，应及时进行补充检查或检测。

7. 可靠性分析

金属板围护系统的可靠性应根据检查与检测结果进行分析计算，包括结构承载力分析与验算，建筑金属板围护系统的安全性和使用性分析，所存在的缺陷、腐蚀和损伤等问题的原因分析。

8. 可靠性鉴定评级

建筑金属板围护系统的可靠性鉴定评级，应划分为部件、鉴定单元两个层次。每个层次的鉴定评级，应包括安全性、使用性的等级评定，亦可由此综合评定其可靠性等级。安全性分四个等级，使用性分三个等级，各层次的可靠性分四个等级，并应按表7.2.2建筑金属板围护系统可靠性鉴定评级的层次、等级划分及项目内容规定的评定项目进行评定。当不要求评定可靠性等级时，可直接给出安全性、使用性等评定结果。

建筑金属板围护系统可靠性鉴定评级的层次、等级划分及项目内容　　　表 7.2.2

层次		I	II
层名		单个部件	鉴定单元
安全性鉴定	等级	a_u、b_u、c_u、d_u	A_u、B_u、C_u、D_u
	构件	承载能力、位移（变形）、腐蚀	每种构件
	连接	承载能力	每个连接
	附属设施承重部分	—	承载能力、构造连接
使用性鉴定	等级	a_s、b_s、c_s	A_s、B_s、C_s
	构件	变形、缺陷（含偏差）、损伤、腐蚀	最低等级
	连接	缺陷、损伤、腐蚀	最低等级
	附属设施功能	—	状况与功能
可靠性鉴定	等级	a、b、c、d	A、B、C、D
	构件	以同层次安全性和使用性评定结果并列表达，或按本标准规定的原则确定其等级	
	连接		
	附属设施		

9. 专项鉴定

专项鉴定的鉴定程序可按可靠性鉴定程序进行，但鉴定程序的工作内容应符合专项鉴定的要求。

7.3　调查与检查的主要工作内容

7.3.1　原始资料调查

1. 原始资料调查应包括：工程概况、原设计文件、专项报告、竣工图纸、工程验收文件、改造资料、气象资料等原始资料。

2. 当资料不全时，应进行现场调查和实测。

7.3.2　使用荷载调查

1. 部件自重的标准值，应根据构件和连接的实际尺寸，按材料单位自重的标准值计算确定。当资料齐全且不怀疑实际构件尺寸与竣工图纸有显著偏差时，可按竣工图纸进行计算。

2. 部件承受的其他恒荷载标准值，应现场调查确定。

3. 部件承受的可变荷载标准值，应按现行国家标准《建筑结构荷载规范》GB 50009、《门式刚架轻型房屋钢结构技术规范》GB 51022 等有关标准规范和相应的专项报告确定。

4. 可变荷载的调查尚应注意地区特点，在容易出现较大降雪地区应考虑雪荷载的局部堆积及滑落影响，在多雨地区应考虑排水不畅或失效时造成的天沟积水荷载，在易出现大风天气地区应考虑大风对边角或悬挑等不利部位的作用，并考虑主导风向以及周边环境的影响，对在生产过程中有大量灰尘产生的工业厂房应考虑积灰荷载及局部堆积的影响。

7.3.3 现状检查

1. 现状检查应包括构件及其连接检查、性能检查、构造检查和附属设施检查。

2. 构件及其连接的检查应包括金属板、檩条和墙梁及连接的检查。检查项目主要包括：制作和安装偏差、防腐缺陷和锈蚀、构件变形、开裂或断裂、连接缺陷等。

3. 对于沿海或其他易出现大风天气地区，应重点检查天沟或檐口等边缘部位的连接现状和局部加强措施；对于工业厂房，还应检查厂房的山墙部位连接状况；对于易出现大雪或暴雪地区，应重点检查高低跨相接的低跨屋面等易局部堆载的区域；对于地处腐蚀性、高湿、临海地区的结构，应重点检查其防腐措施及构件腐蚀状况。

4. 防腐缺陷检查应包括面漆、底漆或镀层的完好程度及其破损面积占比。

5. 性能检查应包括围护系统的防水、防雷、热工及防风等性能检查，包括以下内容：

1）防水检查应包括金属板及其节点部位、防水层、泛水板、屋脊板、包角板、变形缝、屋面排水系统等。

2）防雷检查应包括接闪器、引线、接地电阻等。

3）热工检查应包括金属板、节点部位以及伸缩缝等。

4）防风检查应包括金属板、泛水板、细节节点等。

6. 构造检查包括：构件和连接构造、防水构造、保温构造、隔汽构造、隔声构造和防风构造。

7. 连接构造的检查项目应包括结构布置，支撑系统及各结构单元的连接构造等。

8. 附属设施检查应包括构造、连接、对主体结构系统安全的影响和使用功能等项目。

7.4 检测的主要工作内容和抽样方案

7.4.1 主要工作内容及要求

1. 根据建筑金属板围护系统的安全性及使用功能需求，各类检测项目检测内容见表 7.4.1。

金属板围护系统的检测内容　　　　　　　　　　　　　　　　　　　表 7.4.1

序号	检测项目名称	检测目的	检测类别	检测试件
1	抗风揭性能（静态）	安全性	●	工程检测同类型系统至少测试 1 个试件
2	抗风揭性能（动态）	安全性	○	工程检测同类型系统至少测试 1 个试件
3	水密性能	使用性	○	工程检测同类型系统至少测试 1 个试件
4	气密性能	使用性	○	工程检测同类型系统至少测试 1 个试件
5	热工性能	节能性	○	工程检测同类型系统至少测试 1 个试件
6	隔声性能	使用性	○	工程检测同类型系统至少测试 1 个试件
7	抗踩踏性能	安全性	○	工程检测同类型系统至少测试 1 个试件

注：1. 表中●为应进行的检测项目，○为根据设计及相关规范要求进行的检测项目；

　　2. 表中规定的检测项目及试件数量还应符合设计及国家其他相关标准规范的规定。

2. 检测单位在进行调查和现场勘察后，应根据工程特点及委托方要求，制定金属板围护系统工程的检测项目和检测方案。

3. 检测方案宜包括以下主要内容：

1）工程概况；

2）委托方的要求或检测目的；

3）检测依据，主要包括检测所依据的标准及有关技术资料；

4）检测项目、检测方法及检测数量；

5）检测人员及设备；

6）检测进度计划；

7）需要进行配合的工作；

8）检测中的安全及环保措施；

9）对现场检测中发生的局部损坏的程度说明，必要时应包括修复方案。

4. 检测所使用的仪器设备应检定或校准合格并处于有效期内，仪器设备的精度应符合检测项目的要求。

5. 现场检测工作应由两名以上的检测人员承担，检测人员应经过培训上岗。

7.4.2　检测方法和抽样方案 [7.2 ~ 7.4]

1. 建筑金属板围护系统的检测，应根据检测项目、检测目的、围护系统现状和现场条件选择相应的检测方法。

2. 现场检测宜选用对金属板围护系统无损伤的检测方法。当选用局部破损的取样检测方法时，宜选择承载构件受力较小部位和使用功能影响较小部位，并不得损害围护系统的安全性。

3. 在建金属板围护系统按检验批检测时，其抽样检测的比例及合格判定应符合现行国家标准《钢结构工程施工质量验收规范》GB 50205、《压型金属板工程应用技术规范》GB 50896 及《高耸与复杂钢结构检测与鉴定标准》GB 51008 的规定。

4. 既有金属板围护系统检测中，检测批的最小样本容量应符合现行国家标准《建筑结构检测技术标准》GB/T 50344 的规定。

5. 在下列情况下，宜采用全数检测：

1）外观缺陷或表面损伤的检测；

2）受检范围较小或数量较少时；

3）质量状况差异较大时；

4）灾害发生后围护系统受损情况检测时；

5）委托方要求进行全数检测时。

7.5 抗风揭静态检测

目前，最为普遍的抗风揭检测方法是静态压力法，其检测原理主要为通过向试件表面施加稳定压力，逐级加压直到试件发生破化或失效，并以试件破坏或失效的前一级压力值作为试件的抗风揭压力值。

7.5.1 检测装置

检测设备由试验箱体、风压提供装置和压力测量系统组成，应符合下列规定：

1. 检测箱体应具有足够的强度、刚度和整体稳定性，并满足实验技术要求。

箱体尺寸应满足实验要求，但不应小于现行国家标准《压型金属板工程应用技术规范》GB 50896 规定的尺寸 3.66m × 7.32m。

2. 在试验箱底部应均匀布置进气口，并设置开孔用于连接压力计。进气口应通过设置挡板的方式避免气流直接作用于试件表面。压力计安装位置应避免受到气流直接影响。

3. 设备应能满足检测最大压力需求，压力控制装置应能稳定调节压力，并能在规定的时间达到检测压力。压力测量系统最大允许误差应不大于示值的 ±1% 且不大于 0.1kPa，使用前应经过校准。

4. 位移测量系统最大允许测量误差应不大于满量程的 0.25%，且使用前应经过校准。

5. 试验和操作观察人员应有有效的安全措施。

6. 试件安装及试验宜在（25±15）℃的温度条件下进行。

7.5.2 试件安装

抗风揭性能试验的样品数量，应根据国家相关规范标准具体情况确定。一般情况下，工程检测同类型系统至少测试 1 个试件，试件安装注意事项如下：

1. 试件应有典型性和代表性，其安装应与实际工程一致。

2. 安装铺设塑料膜进行试验时，应确保膜安装方式不会对试验结果产生影响。

3. 测试前应将安装好的试件通过测试平台周边的夹具夹紧，保证压力容器的气密性。

4. 试件应满足国家相关规范标准的规定，一般情况下，长度不应小于 3 跨，宽度不应小于 3 个整板宽，试件檩距应与实际工程一致。

5. 试件应按照根据实际工程状况选用安装（包括试件的材质、尺寸、板型、安装、连接件及固定方式等），不得加设任何多余的零配件或采用特殊的组装工艺或改善措施。

6. 试件在安装过程中应确保受力状况尽可能和实际相符，不允许试件安装和固定时出现变形。

7.5.3　检测步骤

检测可按下列步骤进行：

1. 从 0Pa 开始，以 0.07kPa/s±0.05kPa/s 加载速度加压到 0.7kPa。

2. 加载至规定压力时的压差保持时间应不小于 1min(60s)，检查试件是否出现破坏或失效。

3. 排除空气卸压回到零位，检查试件是否出现破坏或失效。

4. 重复上述步骤，以每级 0.7kPa 压力值逐级增加直到试件出现破坏（或失效），停止试验并记录破坏前一级压力值。

7.5.4　检测结果

1. 抗风揭检测结果至少应包括以下内容：

1）试件破坏（或失效）的前一级压力值；

2）试件破坏（或失效）时的压力值；

3）试件在各级压力值下的破坏（或失效）情况。

2. 试件的破坏（或失效）至少包括以下情况：

1）试件不能保持整体完整，板面出现破裂、裂开、裂纹、断裂，板面撕裂或掀起及板面连接破坏；

2）固定部位出现脱落、分离或松动，固定件出现断裂、分离或破坏；

3）试件出现影响使用功能的破坏或失效（如影响使用功能的永久变形）；

4）设计或规范规定的其他破坏或失效。

7.6　抗风揭动态检测

7.6.1　检测装置

抗风揭动态风荷载检测装置，由试验箱体、风压提供装置、控制系统及测量装置组成（图 7.6.1），且应符合下列要求：

1. 性能应满足测试过程需要和测试技术要求。

2. 试验箱体尺寸应满足检测试件长度 ≥ 7000mm、宽度 ≥ 2500mm 的要求。

3. 检测装置应满足构件设计受力条件及支撑方式的要求，测试平台应具有足够的强度、刚度和整体稳定性，应能承受至少 20kPa 的压差。

4. 风压提供装置应能施加检测所需的最大压力，压力调节装置应能调节出稳定压力，并能在规定时间内达到检测压力值。

5. 在试验箱体内部设置空气压力测量装置，所测量误差应在满量程压力 ±10Pa，响应速度应满足动态风荷载检测的要求。

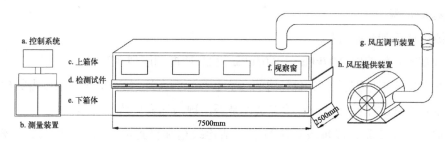

图 7.6.1　动态风荷载检测设备

7.6.2　试件安装

1. 试件应根据实际工程选用与安装，试件宽度应大于 3 个整板宽，并应包括典型接缝；试件长度应不小于 3 跨，檩距应与实际工程一致。

2. 检测试件应充分考虑不同受风区域的影响，分别选取相应不同系统构造试件进行检测。

3. 检测试件安装完成后应检查，符合要求后才能进行检测。

7.6.3　检测步骤

1. 动态风荷载检测应实现对检测试件的均匀施加动态风压。检测的加载步骤应按照图 7.6.3-1 及表 7.6.3 进行。

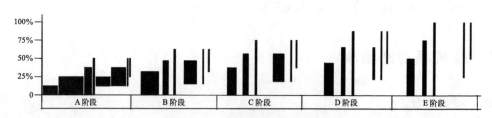

图 7.6.3-1　动态风荷载加压步骤

动态风荷载加压比例　　　　表 7.6.3

阶段	A 风压加载	波动次数	B 风压加载	波动次数	C 风压加载	波动次数	D 风压加载	波动次数	E 风压加载	波动次数
1	0% ~ 12.5%	400	0	0	0	0	0	0	0	0
2	0% ~ 25%	700	0% ~ 31.5%	500	0% ~ 37.5%	250	0% ~ 44%	250	0% ~ 50%	200
3	0% ~ 37.5%	200	0% ~ 47%	150	0% ~ 56.5%	150	0% ~ 65.5%	100	0% ~ 75%	100
4	0% ~ 50%	50	0% ~ 62.5%	50	0% ~ 75%	50	0% ~ 87.5%	50	0% ~ 100%	50
5	12.5% ~ 25%	400	0	0	0	0	0	0	0	0
6	12.5% ~ 37.5%	400	15.5% ~ 47%	350	19% ~ 56.5%	300	22% ~ 65.5%	50	0	0
7	12.5% ~ 50%	50	15.5% ~ 62.5%	25	19% ~ 75%	25	22% ~ 87.5%	25	25% ~ 100%	25
8	25% ~ 50%	50	31.5% ~ 62.5%	25	37.5% ~ 75%	25	44% ~ 87.5%	25	50% ~ 100%	25
合计	5000 次									

2. 动态风荷载检测的单个加压周期，即加压、保压及卸载的总时间应 ≤ 10s，测试的风荷载值最小维持时间不应少于 2s，风荷载卸载至基准风压值的卸载时间不应大于 4s，见图 7.6.3-2 所示。

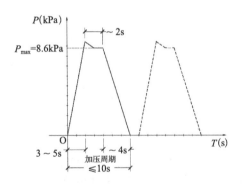

图 7.6.3-2　单个风荷载加压周期

3. 动态风荷载检测一个周期次数为 5000 次，检测应不小于一个周期。

4. 检测过程中应记录检测压力值 W_u，并记录失效部位和状态。

5. 动态风荷载检测结束后，若试件未失效，应继续进行极限风荷载检测至其破坏失效为止；极限风荷载检测加载方式采用静态风荷加载方式，可参考本章 7.5 节极限风荷载检测对试件进行逐级加压，至其出现破坏失效为止；应记录极限风荷载检测破坏值 Q_2。

6. 出现下列情况之一时，可判定试件达到失效状态：

1）试件连接（搭接、咬合、锁合）破坏，板被撕裂或掀起，检测终止。

2) 试件产生永久变形且其超过板肋高度即为失效,检测终止。

3) 试件产生非设备原因的漏气且导致无法继续加压,检测终止。

7.6.4 检测结果

1. 对于通过动态风荷载检测未产生失效的,且极限风荷载检测最终破坏值 $Q_2 \geq 1.05Q_1$,则可视为检测合格;在检测报告中应标明 Q_1 与 Q_2。

2. 对于在动态风荷载检测产生失效的,或者极限风荷载检测最终破坏值 $Q_2 < 1.05Q_1$,可视为检测不合格;在检测报告中应标明检测试件失效的阶段和压力值 W_u,动态检测阶段还应注明失效的加压次数。

7.7 水密性检测

7.7.1 检测装置

水密性检测装置主要由压力箱、加压系统、压力测量系统、喷淋系统组成(典型的屋面系统水密性能检测装置如图 7.7.1 所示),且应符合下列要求:

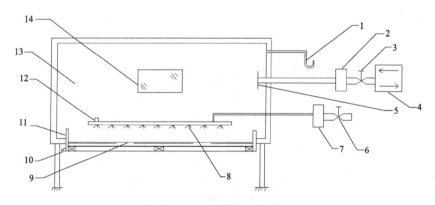

图 7.7.1 水密性能检测示意图

1—压差计;2—空气流量计;3—风阀;4—供气设备;5—挡板;6—阀门;7—水流量计;8—喷淋装置;
9—试样样品;10—排水装置;11—样品安装架;12—水压计;13—压力箱;14—观察窗

1. 压力箱应具有安装试件所需足够大的开口尺寸,并应具有好的水密性能,压力箱进气口应避免气流直接作用于试件表面。

2. 支撑围护系统的构架应有足够的强度和刚度,箱体应能承受检测过程中的压力差。

3. 喷淋装置最大淋水量应满试验要求。

4. 设备的压力测量装置的最大允许误差应不大于示值的 ±1%。压力测点安装位置应避免受气流直接影响。

5. 设备喷淋系统的淋水量及淋水角度应符合设计及相关规范要求。

7.7.2　试件安装

1. 工程检测试件制作和安装（包括试件的材质、尺寸及安装及固定方式等）应与实际工程状况一致。

2. 金属屋面试件宜水平安装进行水密性试验。

3. 水密性实验室检测试件应符合以下要求：

1）试件应有代表性及典型性，并应包括典型接缝；

2）工程检测试件的材料、构造包括细部做法、安装方式、固定方式应与实际工程情况相符，不允许因安装而出现变形。

7.7.3　检测步骤

金属屋面系统的水密性检测可按图 7.7.3 所示步骤进行：

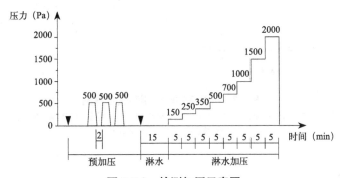

图 7.7.3　检测加压示意图

1. 试件按要求安装完毕后须经检查，符合要求后方可开始进行检测。试件安装口和试件间的接缝部位不得有空气渗漏。

2. 预备加压三次，压力差保持时间为 10s，泄压后保持 2min，如图 7.7.3 所示。

3. 打开溢流口，调整喷嘴，对试件均匀淋水 15min，然后按图 7.7.3 在淋水同时逐级加压，直至工程检测水密性能指标值或加压至接缝或连接部位出现严重渗漏，应观察记录渗漏部位和渗漏状况。

7.7.4　检测结果

水密性检测结果以试件未发生严重渗漏的最高压力值及对应的压力等级表示。

7.8　气密性检测

7.8.1　检测装置

检测装置主要由压力箱、加压系统及测量系统组成（如图 7.8.1 所示），且应符合下列要求：

1. 压力箱应具有安装试件所需足够大的尺寸，压力箱进气口应避免气流直接作用于试件表面。

2. 压力箱应有足够的强度和刚度，应能承受检测过程中的压力差。

3. 设备应能施加正压和负压，并能满足检测所需压力差，压力控制装置应可调节保持试验过程稳定压力差。

4. 压力测量装置的最大允许误差应不大于示值的 ±1%。压力测点安装位置应避免受气流直接影响。空气流量测量误差不应大于示值的 ±5%。

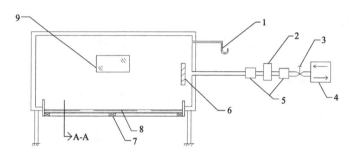

图 7.8.1　气密性能检测装置示意图
1—压差计；2—空气流量计；3—风量阀；4—供风设备；5—压力控制调节装置；6—进气口挡板；
7—支撑；8—试样；9—观察窗

7.8.2　试件安装

1. 试件应符合以下要求：

1）试件应有代表性及典型性，并应包括典型接缝。

2）试件应满足国家相关规范标准的规定，一般情况下，长度不应小于 3 跨，宽度不应小于 3 个整板宽，试件檩距应与实际工程一致。

3）试件的材质、尺寸、构造（包括细部做法、安装方式、固定方式）应与实际工程情况一致；不允许因安装而出现变形。

2. 试件宜水平安装进行气密性试验。

7.8.3　检测步骤

气密性检测可按下图 7.8.3 所示步骤进行：

1. 试件按要求安装完毕后应进行检查，符合试验要求后方可开始进行检测。试件安装口和试件间的接缝部位避免空气渗漏。

2. 预备加压三次，压力差保持时间为 10s，泄压后保持 2min，如图 7.8.3 所示。加压速度为 100Pa/s。

3. 充分密封试件的搭接缝隙，记录气压温度。

4. 检测前可采取密封措施，充分密封试件待测缝隙，然后按照图 7.8.3 逐级加压，每级压力作用时间约为 10s，先逐级正压，后逐级负压。测量记录各级附加空气渗漏量。在除去所有密封措施后，重复上述步骤测量总空气渗透量。

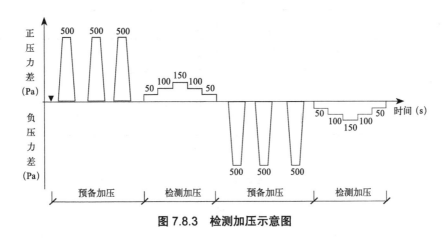

图 7.8.3　检测加压示意图

7.8.4　结果计算

1. 屋面系统的空气渗透率应按下列公式进行计算：

$$q'_A = \frac{Q}{A} \tag{7.8.4-1}$$

$$q'_L = \frac{Q}{L} \tag{7.8.4-2}$$

$$Q = \frac{293}{101.3} \times \frac{Q_t \cdot P}{T} \tag{7.8.4-3}$$

$$Q_t = Q_Z - Q_F \tag{7.8.4-4}$$

式中：Q ——标准状态下试件的空气渗漏量（m³/h）；

　　A ——试件面积（m²）；

　　L ——试件接缝长度（m）；

　　q'_A ——单位面积空气渗漏率 [m³/（m²·h）]；

　　q'_L ——单位缝长空气渗漏率 [m³/（m·h）]；

　　Q_t ——实验室条件下试件实测空气渗透量；

　　Q_Z ——实验室条件下 100Pa 实测试件总空气渗漏量（升压及降压平均值）；

　　Q_F ——实验室条件下 100Pa 实测试件附加空气渗漏量（升压及降压平均值）；

　　P ——实验室气压（kPa）；

　　T ——实验室空气温度（K）。

2. 当设计及规范无规定时，试件以 10 Pa 检测压力差下应按表 7.8.4 确定分级指标，

将试件的 q_A 和 q_L 分别平均后，依表 7.8.4 确定按缝长和按面积各自所属的等级，最后取两者中的不利级别为该组试件所属等级。正、负压检测分别定级。

气密性分级表　　　　　　　　　　　　　　　　　　　　　　表 7.8.4

空气渗漏率分级	1	2	3	4	5	6	7	8
单位缝长 q_L $m^3/(m \cdot h)$	> 3.5 ≤ 4.0	> 3.5 ≤ 3.0	> 3.0 ≤ 2.5	> 2.5 ≤ 2.0	> 2.0 ≤ 1.5	> 1.5 ≤ 1.0	> 1.0 ≤ 0.5	≤ 0.5
单位面积 q_A $m^3/(m^2 \cdot h)$	> 12 ≤ 10.5	> 10.5 ≤ 9.0	> 9.0 ≤ 7.5	> 7.5 ≤ 6.0	> 6.0 ≤ 4.5	> 4.5 ≤ 3.0	> 3.0 ≤ 1.5	≤ 1.5

$$q_A = q'_A / 4.65 \qquad (7.8.4\text{-}5)$$

$$q_L = q'_L / 4.65 \qquad (7.8.4\text{-}6)$$

式中：q_A——10 Pa 压力差下单位缝长空气渗透率 [$m^3/(m \cdot h)$]；

　　　q_L——10 Pa 压力差下单位面积空气渗透率 [$m^3/(m^2 \cdot h)$]。

7.9　热工性能检测

7.9.1　热工性能检测内容

热工性能检测分为传热系数实验室检测及热工缺陷现场检测。

7.9.2　传热系数实验室检测要求

传热系数实验室检测应符合以下要求：

1. 检测设备应符合国家标准《绝热　稳态热传递性质的测定　标定和防护热箱法》GB/T 13475 的技术要求。

2. 试件制作和安装（包括试件的材质、尺寸及安装和固定方式等）应与实际工程一致。

3. 检测试样应能代表典型部位的热工性能，并尽可能包含热工薄弱部位。

4. 同种类型系统至少应进行一组实验室传热系数检测。

5. 传热系数检测结果应符合设计及相关标准要求。

7.9.3　热工缺陷现场检测应要求

热工缺陷现场检测应符合以下要求：

1. 热工缺陷宜采用红外热像仪进行检测。

2. 检测作业应选择合适的天气，室外风力应不大于 5 级，严寒寒冷地区宜在采暖期进行检测，其他地区宜在夏季夜间进行检测。

3. 受检表面不应受到阳光直接照射，内表面应尽量避免灯光的直接照射。

4. 红外热像仪温度测量范围应符合现场检测要求；红外热像仪温度分辨率应不大于 0.08℃，温差检测的不确定度不大于 0.5℃，像素不宜低于 76800（320×240）。

7.10　隔声性能检测

7.10.1　隔声检测范围

对隔声性能有要求的金属板围护系统应进行隔声性能检测。

7.10.2　隔声性能检测分类

隔声性能检测可分为实验室检测及现场检测，实验室检测可用于新建工程检测。现场检测适用于对隔声质量有较高要求的围护系统或出现隔声质量问题的既有围护系统。

7.10.3　隔声性能实验室检测规定

隔声性能实验室检测应符合以下规定：

1. 试件制作和安装（包括试件的材质、尺寸及安装和固定方式等）应与实际工程一致，不得采用特殊处理。

2. 同类型系统应至少测定一个试件。

3. 试件应具有典型性和代表性，并包含典型接缝。

4. 试件尺寸应足够大以减小边界固定条件及声场局部变化对测试结果的影响。

5. 实验室隔声性能应参照现行国家标准《声学　建筑和建筑构件隔声测量　第 3 部分：建筑构件空气声隔声的实验室测量》GB/T 19889.3 进行检测。

7.10.4　现场隔声性能检测方法

现场隔声性能宜在建筑室内装修完成后采用扬声器噪声测量法，并参照现行国家标准《声学　建筑和建筑构件隔声测量　第 5 部分：外墙构件和外墙空气声隔声的现场测量》GB/T 19889.5 进行检测。

7.10.5　隔声性能等级确定

围护系统的隔声性能的检测结果应按现行国家标准《建筑隔声评价标准》GB/T 50121 的规定确定隔声性能等级。

7.11 抗踩踏性能检测

金属板围护系统抗踩踏检测应符合以下规定：

1. 试件应具有典型性和代表性，试件制作和安装（包括试件的材质、尺寸及安装及固定方式等）应与实际工程一致。试验采用尺寸为75mm×75mm、边缘圆滑过渡的钢制压板，对试件施加100kg荷载，如图7.11.1所示。

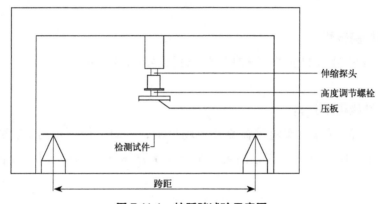

图7.11.1 抗踩踏试验示意图

2. 应对试件最不利的部位施加荷载，对同一检测部位应不少于5次踩踏。

3. 试验中应观察记录板缝及锁边连接情况，试件在踩踏试验时，板接缝不应产生松动或滑脱。

7.12 金属板现场抗拉拔检测

7.12.1 适用范围

本方法适用于扣合型及咬合型金属板与固定支架之间的连接质量的非破损现场检测。

7.12.2 连接质量评定原则

金属板与固定支架之间的连接质量应按金属屋面板抗拔承载力现场抽样检测结果进行评定。

7.12.3 抽样原则

1. 金属板与固定支架之间的连接质量现场检测抽样时，应以同品种、同规格、同强度等级的固定支架与基本相同的同类金属板连接为一检测批，并应从每一检测批所含的连接中进行抽样。

2. 现场检测应取每一检测批金属板与固定支架之间连接总数的 0.1% 且不少于 3 件进行检测。

7.12.4　仪器设备要求

1. 现场检测用的加荷设备，可采用专门的拉拔仪，且应符合下列规定：

1）设备的加荷能力应比预计的检测荷载值至少大 20%，且不大于检测荷载的 2.5 倍，应能连续、平稳、速度可控的运行；

2）加载设备应能够按照规定的速度加载，测力系统整机允许偏差为全量程的 ±2%；

3）设备的液压加荷系统持荷时间不超过 5min 时，其降荷值不应大于 5%；

4）加载设备应能够保证所施加的拉伸荷载始终与金属板连接构件的轴线一致。

2. 当委托方要求检测重要结构金属板连接的荷载 - 位移曲线时，现场测量位移的装置应符合下列规定：

1）仪表的量程不应小于 50mm，其测量的允许偏差应为 ±0.02mm；

2）测量位移装置应能与测力系统同步工作，连续记录，测出屋面板连接相对于屋面的垂直位移，并绘制荷载 - 位移的全程曲线。

3. 现场检测用的仪器设备应定期由法定计量检定机构进行检定。遇到下列情况之一时，还应重新检定：

1）读数出现异常；

2）拆卸检查或更换零部件后。

7.12.5　加载方式

1. 检测金属板抗拔承载力的加载方式可为连续加载或分级加载，可根据实际条件选用。

2. 检测时施加荷载应符合下列规定：

1）连续加载时，应以均匀速率在 2 ～ 3min 时间内加载至设定的检测荷载，并持荷 2min；

2）分级加载时，应将设定的检测荷载均分为 10 级，每级持荷 1min，直至设定的检测荷载，并持荷 2min；

3）检测荷载为设计荷载，由设计单位提供。

7.12.6　检测结果评定

1. 检测结果应按下列规定进行评定：

1）试样在持荷期间，金属板与固定支架无滑移、脱开、断裂或其他局部损坏迹象出现，且加载装置的荷载示值在 2min 内无下降或下降幅度不超过 5% 的检测荷载时，应评定为合格；

2）一个检测批所抽取的试样全部合格时，该检测批应评定为合格检测批；

3）一个检测批中不合格的试样不超过 5% 时，应另抽取 3 根试样进行破坏性检测，若检测结果全部合格，该检测批仍可评定为合格检测批；

4）一个检测批中不合格的试样超过 5% 时，该检测批应评定为不合格，且不应重做检测。

2. 当检测结果不满足本条上款规定时，应判定该检测批金属板与固定支架之间的连接不合格，并应会同有关部门根据检测结果，研究采取专门措施处理。

7.13 计算与校核

7.13.1 一般要求

1. 金属板及其支承构件计算应采用以概率理论为基础的极限状态设计方法，按分项系数设计表达式进行计算。

2. 金属板及其支承构件应按承载力极限状态和正常使用极限状态进行计算校核。

3. 分析计算模型，应符合结构的实际受力和构造情况。

4. 结构上的作用，应经过调查或检查核实，并应按本章 7.3.2 的规定取值。

5. 作用效应的分项系数和组合系数，应按现行国家标准《建筑结构荷载规范》GB 50009 的规定确定。

6. 既有结构材料的强度设计值，应根据构件的实际状况和已获得的检测数据按下列原则取值：

1）当材料的种类和性能符合原设计要求时，可按原设计标准取值；

2）当材料的种类和性能不详、或与原设计不符、或材料性能已显著退化时，应根据实测数据按现行国家检测技术标准的规定取值。

7. 既有结构或构件的几何参数应采用实测值。

8. 金属板屋面系统承载力，宜通过抗风性能试验验证系统的整体抗风能力。

7.13.2 计算和校核

1. 金属板的计算应符合现行国家标准《压型金属板工程应用技术规范》GB 50896 的有关规定。

2. 用于金属板之间或金属围护板与支承构件之间紧密连接的铆钉、自攻螺钉或射钉连接计算应符合现行国家标准《压型金属板工程应用技术规范》GB 50896 的有关规定。

3. 扣合型及咬合型金属板与固定支架的受拉连接强度应根据抗风性能试验和现场拉拔试验综合确定，现场拉拔试验方法见本章第 7.12 节。

4. 用于固定金属板的支承构件的设计计算应符合现行国家标准《钢结构设计标准》GB 50017 和《冷弯薄壁型钢结构技术规范》GB 50018 的有关规定。

7.14 金属板围护系统部件的鉴定评级

7.14.1 部件的可靠性评级

单个部件（包括压型金属板、檩条、连接等）的可靠性鉴定评级，应分别对其安全性等级和使用性等级进行评定；需要评定其可靠性等级时，应根据安全性等级和使用性等级评定结果按下列原则确定：

1. 当部件的使用性等级为 c_s 级、安全性等级不低于 b_u 级时，宜定为 c 级；其他情况，应按安全性等级确定。

2. 当同时符合下列条件时，部件的安全性等级可根据实际情况评定为 a_u 级或 b_u 级：

1）经详细检查未发现有明显的变形、缺陷、损伤、腐蚀或其他损伤问题；

2）部件受力明确、构造合理，传力不存在影响其承载性能的缺陷；

3）经过长时间的使用，部件对曾出现的最不利作用和环境影响仍具有良好的性能；

4）在目标使用年限内，部件上的作用和环境条件不发生变化。

3. 当同时符合下列条件时，部件的使用性等级可根据实际使用状况评定为 a_s 级或 b_s 级：

1）经详细检查未发现部件有明显的变形、缺陷、损伤、腐蚀或其他损伤问题；

2）经过长时间的使用，部件状态仍然良好或基本良好，能够满足目标使用年限内的正常使用要求；

3）在目标使用年限内，部件上的作用和环境条件不发生变化；

4）部件在目标使用年限内可保证有足够的耐久性能。

7.14.2 部件安全性鉴定评级

1. 压型金属板、檩条等构件类部件的安全性等级，应按承载能力、不适于承载的位移（或变形）、不适于承载的腐蚀等项目分别评定，并取其中的最低等级作为其安全性等级。

2. 专用支架、自攻螺钉、铆钉、射钉等连接类部件的安全性等级，应按承载能力进行评定。

3. 各类部件的承载能力项目，应按表 7.14.2-1 评定等级。

承载能力评定等级（R/S）　　　　　　　　　　　　　　　　表 7.14.2-1

a_u	b_u	c_u	d_u
≥1.00	[0.92, 1.0)	[0.87, 0.92)	<0.87

注：1. 表中 R 和 S 分别为结构部件的抗力和作用效应。

2. 压型金属板、檩条及连接等部件有裂纹、断裂时，应评为 c_u 级或 d_u 级。

3. 连接类部件有松动时，应评为 c_u 级或 d_u 级。

4. 当压型金属板、檩条等构件类部件的安全性按不适于承载的位移或变形评定时，如果压型金属板、檩条等构件类部件的挠度大于 $l_0/100$，可直接评定为 c_u 级或 d_u 级。

5. 当压型金属板、檩条等构件类部件的安全性按不适于承载的腐蚀评定时，除应按剩余的完好截面验算其承载能力外，尚应按表 7.14.2-2 的规定评级。

不适于承载的腐蚀评定　　　　　　　　　　　表 7.14.2-2

等级	评定标准
c_u	部件截面平均腐蚀深度Δt大于 0.1t，但不大于 0.15t
d_u	部件截面平均腐蚀深度Δt大于 0.15t

注：表中 t 为腐蚀部位部件原截面的壁厚，或钢板的板厚。

6. 附属设施的安全性等级，应按附属设施的承载功能和构造连接两个项目进行评定，并取两个项目中较低的评定等级作为该附属设施的安全性等级。

承载功能评定项目的评定等级，可按本章相应部件的评级规定评定。

构造连接项目的评定等级可按表 7.14.2-3 评定，并取其中最低等级作为该项目的安全性等级。

附属设施构造连接安全性评定等级　　　　　　　表 7.14.2-3

项目	a_u 级或 b_u 级	c_u 级或 d_u 级
构造	构造合理，符合或基本符合国家现行标准规范要求，无变形或无损坏	构造不合理，不符合或严重不符合国家现行标准规范要求，有明显变形或无损坏
连接	连接方式正确，连接构造符合或基本符合国家现行标准规范要求，无缺陷或仅有局部缺陷或损伤，工作无异常	连接方式不当，连接构造有缺陷或有严重缺陷，已有明显变形、松动、局部脱落、裂缝或损坏
对主体结构系统安全的影响	构件选型及布置合理，对主体结构的安全没有或有较轻的不利影响	构件选型及布置不合理，对主体结构的安全有较大或严重的不利影响

注：对表中的各项目评定时，可根据其实际完好程度评为 a_u 级或者 b_u 级，根据其实际严重程度评为 c_u 级或者 d_u 级。

7.14.3　部件使用性鉴定评级

1. 压型金属板、檩条等构件类部件的使用性等级，应按变形、缺陷（含偏差）和损伤、腐蚀等项目分别进行评定，并取其中最低等级作为其使用性等级。

2. 专用支架、自攻螺钉、铆钉、射钉等连接类部件的使用性等级，应按缺陷和损伤、腐蚀等项目分别进行评定，并取其中最低等级作为其使用性等级。

3. 压型金属板、檩条等构件类部件的使用性按其变形（挠度）检测结果评定时，应按下列规定评定部件变形项目的等级：

1）a_s 级满足国家现行相关设计规范和设计要求；

2) b_s 级超过 a_s 级要求，尚不明显影响正常使用；

3) c_s 级超过 a_s 级要求，对正常使用有明显影响。

4. 压型金属板、檩条等构件类部件的使用性按其缺陷（含偏差）和损伤的检测结果评定时，应按下列规定评级：

1) a_s 级无明显缺陷和损伤，满足国家现行相关施工验收规范和产品标准的要求；

2) b_s 级局部有表面缺陷和损伤，尚不影响正常使用；

3) c_s 级有较大范围缺陷或损伤，且已影响正常使用。

5. 各类部件的使用性按腐蚀检测结果评定时，应按表 7.14.3-1 评定等级。

按腐蚀程度评定其使用性等级

表 7.14.3-1

基本项目	a_s	b_s	c_s
腐蚀状态	无腐蚀且防腐措施完备	表面有麻面状腐蚀，平均腐蚀深度大于初始厚度的 5%，小于初始厚度的 10%、或防腐措施不完备	发生层蚀、坑蚀现象，平均腐蚀深度大于初始厚度的 10%、或防腐措施不完备、防腐涂层已破坏失效

6. 连接类部件的使用性按缺陷和损伤检测结果评定时，应按表 7.14.3-2 评定等级。

按缺陷和损伤评定连接类部件的使用性等级

表 7.14.3-2

基本项目	a_s	b_s	c_s
缺陷和损伤	完好	存在轻微裂纹	存在松动或严重裂纹现象

7. 附属设施的使用性等级，应根据附属设施的使用状况及使用功能两个项目进行评定，并取两个项目中较低的评定等级作为该附属设施的使用性等级。

1) 使用状况的评定等级，可按本节的相应部件的评级规定评定。

2) 使用功能的评定等级，应按表 7.14.3-3 中规定的检查项目进行评级，并按下列原则确定：

(1) 附属设施的使用功能等级可取主要项目的最低等级。

(2) 当主要项目为 a_s 级或 b_s 级，次要项目一个以上为 c_s 级，宜根据需要的维修量大小将使用功能降为 b_s 级或 c_s 级。

附属设施使用功能评定等级

表 7.14.3-3

项目	a_s 级	b_s 级	c_s 级
使用功能	完好，且功能符合设计要求	有轻微缺陷，但尚不显著影响其功能	有损坏，或功能不符合设计要求

7.15 金属板围护系统鉴定单元的鉴定评级

7.15.1 鉴定单元安全性鉴定评级

建筑金属板围护系统鉴定单元的安全性等级，应按压型金属板、檩条、连接等部件分别评定，并取其中较低的评定等级作为该围护系统的安全性等级。

压型金属板、檩条、连接等部件的安全性评定等级可按下列规定确定：

A_u级：安全性评级中不含 c_u 级、d_u 级部件，可含 b_u 级部件且含量不多于 35%；

B_u级：安全性评级中不含 d_u 级部件，可含 c_u 级部件且含量不多于 25%；

C_u级：安全性评级中含 c_u 级部件且含量不多于 50%，或含 d_u 级部件且含量少于 20%；

D_u级：安全性评级中含 c_u 级部件且含量多于 50%，或含 d_u 级部件且含量不少于 20%。

7.15.2 鉴定单元使用性鉴定评级

建筑金属板围护系统鉴定单元的使用性等级，应根据建筑金属板鉴定单元使用状况和使用功能分别评定，并取其中较低的评定等级作为该鉴定单元的使用性等级。

建筑金属板围护系统鉴定单元使用状况的评定等级，应按压型金属板、檩条、连接等部件的使用状况分别评定，并取其中较低的评定等级作为建筑金属板鉴定单元使用状况等级。

压型金属板、檩条、连接等部件的使用状况评定等级可按下列规定确定：

A_s级：使用性评级中不含 c_s 级部件，可含 b_s 级部件且含量不多于 35%；

B_s级：使用性评级中可含 c_s 级部件且含量不多于 25%；

C_s级：使用性评级中含 c_s 级部件且含量多于 25%。

建筑金属板围护系统鉴定单元使用功能的评定等级，可按下列规定确定：

A_s级：围护结构系统的水密性、热工性能、声学性能均满足国家现行相关设计规范和设计要求。

B_s级：围护结构系统的水密性、热工性能、声学性能至少有一项略低于国家现行相关设计规范和设计要求，尚不明显影响正常使用。

C_s级：围护结构系统的水密性、热工性能、声学性能至少有一项低于国家现行相关设计规范和设计要求，对正常使用有明显影响。

7.15.3 鉴定单元可靠性鉴定评级

建筑金属板围护系统鉴定单元的可靠性等级，应分别根据该鉴定单元的安全性等级和使用性等级评定结果，按下列原则确定：

1. 当建筑金属板围护系统鉴定单元的使用性等级为 C_s 级、安全性等级不低于 B_u 级时，宜定为 C 级。

2. 其他情况，应按安全性等级确定。

当附属设施的可靠性等级与构件与连接部件的可靠性等级相差不大于一级时，鉴定单元的可靠性等级可按构件与连接部件的可靠性等级确定；当附属设施的可靠性等级比构件与连接部件的可靠性等级低二级以上时，鉴定单元的可靠性等级可根据具体情况，按照构件与连接部件的可靠性等级降低一级或二级确定。

7.16　金属板围护系统检测鉴定报告

7.16.1　检测报告

检测报告应结论准确、用词规范、文字简练，宜包括以下内容：

1）委托单位、建设单位、设计单位、施工单位及监理单位名称；

2）建筑工程概况，包括工程名称、结构类型、规模、施工日期及现状等；

3）检测目的、检测项目、检测仪器、检测方法、检测数量及依据的标准；

4）抽样方案（适用时）；

5）检测日期、检测结果、检测结论；

6）检测、审核和批准人员签名。

检测报告宜给出所检测项目是否符合设计文件要求或相应验收规范规定的评定。既有结构性能的检测报告宜给出所检测项目的评定结论。

7.16.2　鉴定报告

金属板围护系统可靠性鉴定报告应包括下列内容：

1）工程概况；

2）鉴定的目的、范围、内容及依据；

3）现场调查、检测、分析的结果；

4）评定等级或评定结果；

5）结论；

6）处理意见和建议；

7）附件。

对于专项鉴定，鉴定报告应包括有关专项问题或特定要求的检测评定内容。

鉴定报告编写宜符合下列要求：

1）鉴定报告中应指出被鉴定金属板围护系统所存在的问题及产生的原因；

2）鉴定报告中应明确总体鉴定结果，指明被鉴定金属板围护系统的最终评定等级或评定结果；

3）鉴定报告中应明确处理对象，对围护系统中安全性评为 c_u 级和 d_u 级构件或连接部件的数量、所处位置做出详细说明，对围护系统的可靠性评为 C 级和 D 级的原因进行详细说明，并提出处理措施；若在构件使用性评定中有 c_s 级构件以及腐蚀评定为 c_s 级时，也应按上述要求做出详细说明，并根据实际情况提出措施建议。

本章参考文献：

[7.1] 建筑金属板围护系统检测鉴定及加固技术标准（报批稿）.

[7.2] GB 50205—2001 钢结构工程施工质量验收规范 [S]. 北京：中国计划出版社，2001.

[7.3] GB 50896—2013 压型金属板工程应用技术规范 [S]. 北京：中国计划出版社，2013.

[7.4] GB 51008—2016 高耸与复杂钢结构检测与鉴定标准 [S]. 北京：中国计划出版社，2016.

第8章 钢结构桥梁鉴定评估

8.1 概述

根据桥梁结构检测评定需要，钢结构桥梁检测包括质量检测（一般在新建桥梁质量检验或工程验收进行）和技术状况检测（为使用维护和安全性评定提供数据资料）。桥梁结构评定内容包括：新建桥梁工程质量评定[8.1~8.4]，既有桥梁养护管理用的一般评定，加固改造、危桥、灾后等用的可靠性[8.4 8.5]评定。其中，一般评定是依据桥梁定期检查资料，对桥梁各部件技术状况进行综合评定，确定桥梁的技术状况等级，提出各类桥梁的养护措施。一般评定一般由桥梁使用管理部门负责实施；可靠性评定依据桥梁定期检查资料、改造使用荷载、通行能力等要求，结合试验与结构受力，评定桥梁实际的承载能力、通行能力、抗风能力等，据此提出桥梁养护或改造技术方案，可靠性评定一般由有相应资质和能力的单位实施。

钢结构桥梁的结构类型包括：梁式钢桥、钢拱桥、钢构桥、斜拉桥、悬索桥、钢桁架桥和组合体系桥梁等，与建筑钢结构和其他类型桥梁结构相比，钢结构桥梁的突出问题是疲劳问题和桥梁耐久性腐蚀，应在评定中重视。

鉴于本指南主要针对钢结构桥梁检测鉴定专业人员，钢结构桥梁鉴定评估部分内容将详细介绍养护过程中和桥梁结构加固改造中的适应性鉴定评估，其他桥梁结构评定则仅简单介绍。为满足工程实际需要，本指南中，钢结构桥梁鉴定评估依照我国公路和城市桥梁的评定体系，实际评定中，有关具体结构承载能力验算与构造要求，也可根据具体情况参照建筑钢结构设计和鉴定评估方法。

8.2 钢结构桥梁检测评定依据

与钢结构桥梁鉴定评估相关的主要依据规范和标准有：

1)《公路桥涵设计通用规范》JTG D60；

2)《公路钢结构桥梁设计规范》JTG D64；

3)《城市桥梁检测与评定技术规范》CJJ/T 233；

4)《公路桥梁承载能力检测评定规程》JTG/T J21；

5)《公路桥涵地基与基础设计规范》JTG D63；

6)《城市桥梁养护技术标准》CJJ 99；

7）《公路桥涵养护规范》JTG H11；

8）《钢结构设计标准》GB 50017；

9）《铁路桥梁钢结构设计规范》TB 10091；

10）《公路工程质量检验评定标准 第一册 土建工程》JTG F80/1；

11）其他与具体桥梁结构相关的专业专用标准。

8.3 钢结构桥梁基础资料和检测

钢结构桥梁的质量和使用状况，需要根据桥梁基础资料和现场实际技术状况检测数据进行评估。评定前，应仔细调查桥梁基础资料，根据桥梁结构特点和评定需要，制定检测方案，需要时，可进行实体桥梁的荷载试验。检测或荷载试验数据结果资料，是进行桥梁评定的基础和依据。

8.3.1 基础资料

基础资料 [8.1] 包括：

1）设计条件（桥梁荷载、环境）；

2）桥梁竣工图与质量检测报告，历次大修资料，养护使用记录；

3）历次检查、检测与荷载试验报告、评估资料。

8.3.2 检测内容

1. 钢结构桥梁现场检查、检测主要内容 [8.1, 8.4, 8.5]

1）外观质量、损伤、变形、裂缝等；

2）结构锈蚀状况；

3）桥梁几何形态；

4）支座、支撑与连接节点技术状况（焊接、铆接、螺栓连接状况）；

5）索及连接状况和索力；

6）基础、锚碇与墩柱变位、沉降等技术状况；

7）静、动载试验测试。

2. 钢结构桥梁检测要点及缺陷损伤

钢结构桥梁检测，需要特别注意桥梁的缺陷和损伤检查，确定桥梁存在缺陷和损伤的部位、程度及形式，在评定中，应考虑缺陷损伤对桥梁结构承载能力和耐久性的影响。不同类型的钢结构桥梁，存在不同的缺陷和损伤。

1）钢板桥梁、钢箱梁桥和钢桁架桥的常见缺陷和损伤

（1）上部结构、桥墩或基础发生变位、移动、下沉、倾斜变形；

（2）局部翘曲变形、横向联结系与主梁联结部位变形、支座底板变形或开裂等；

（3）焊缝开裂，铆钉或螺栓松动、脱落等缺陷损伤；

（4）锈蚀和腐蚀；

在有积水（箱形梁内或桥墩内部）和漏水的部位、防腐涂层开裂或翘起脱落部位以及有泥土覆盖的部位经常有结构锈蚀或腐蚀损伤发生。

（5）跨线桥的梁下翼缘、钢桁架杆件、桥墩、墩柱因车辆撞击产生的变形损伤；

（6）支座缺陷损伤。

位移量不足，或因其引起的变形和开裂，支座锚固螺栓和安装螺栓松弛、锈蚀，支承板和辊轴等因锈蚀粘在一起，支座底座下沉或被压坏，支座堵满尘土和泥土。

2）斜拉桥的常见缺陷和损伤

（1）承台和塔座表面裂缝

裂缝沿塔座棱线分布，双柱式塔柱的承台顺桥向中部表面裂缝；塔身、承台混凝土劣化、保护层脱落等缺陷损伤，混凝土表面碳化，钝化膜消失，在潮湿环境或进入水后钢筋锈蚀、膨胀，使保护层脱落；尤其在海洋大气环境下和浪溅区的桥塔混凝土，应进行碳化检测和缺陷损伤普查。

塔柱节段混凝土接缝错台，塔身棱线不平顺；单塔斜拉桥索塔轴线向主跨方向倾斜、双塔柱斜拉桥两索塔倾向河跨、两索塔同向倾斜。

（2）主梁缺陷损伤

主梁线形变形过大，合拢段下凹不平；焊接区开裂，高强螺栓松动、脱落，节点板板束缝隙过大（板束经高强螺栓终拧后，板间隙仍大于0.3mm），钢梁表面锈蚀，漆膜脱落或成片起皮，螺栓、焊缝与节点板锈蚀。

（3）索系统缺陷损伤

斜拉索轴线与索孔轴线不一致，致使拉索与孔壁摩擦，索孔内避振圈或填充料安装困难或使用中脱落；

索力偏差过大，经一段时间运行后，经索力仪测定，实际索力与设计索力仍相差10%以上，或顺桥向两侧和横桥向两侧对称的斜拉索组的索力相差大于10%；

斜拉索钢丝锈蚀、断裂，拉索钢丝生锈、流淌锈水、锈皮起鼓脱落，铝套筒灌浆式护套铝皮起鼓、破裂。

锚固箱裂纹，锚头锈蚀，锚头外圈或盖板内螺纹。锚头上结构固定螺栓及孔洞锈蚀，轻度表面浮锈，严重的锚头流淌锈水。

斜拉索振动异常，斜拉索在风雨中振动异常，甚至剧烈摆动，有时伴有波状驰振，严重的甚至两索相碰。

3）悬索桥的常见结构缺陷与损伤

（1）主缆。主缆异常变形，异常弯曲与扭曲，主缆防护损坏；

（2）吊索与索夹。吊索松动与变形，吊索损伤，索夹错位；

（3）主塔。主塔倾斜变形，塔身锈蚀和损伤；

（4）锚碇。锚坑内有积水、锚坑顶板渗漏水，散索鞍有变形；

（5）钢箱梁。箱梁变形扭曲，桥面板局部变形损坏。

8.3.3 我国桥梁检查检测的一般规定

桥梁现状检查检测是桥梁结构鉴定的基础。在桥梁结构评定中，桥梁技术状况评定的内容与深度，根据检查类型与体系确定，因此，了解我国现行桥梁检查管理规定，对进行钢结构桥梁鉴定评估工作有重要作用。桥梁检查分为：经常检查、定期检查和特殊检查 [8.1, 8.4, 8.5]。

1. 经常检查

主要对桥面设施、上部结构、下部结构及附属构造物的技术状况进行的检查。

经常检查的周期根据桥梁技术状况确定，一般每月不得少于一次，汛期应加强不定期检查。检查方法采用目测方法，也可配以简单工具进行测量，现场填写"桥梁经常检查记录表"，记录所检查项目的缺损类型，估计缺损范围及养护工作量，提出相应的修保养措施，为编制桥梁养护计划提供依据。经常检查中发现桥梁重要部件存在明显缺陷时，应及时上报提交专项报告。

2. 定期检查

对桥梁主体结构及其附属构造物的技术状况进行全面检查，为评定桥梁使用功能、制定管理养护计划提供基本数据，为桥梁养护管理系统搜集结构技术状态的动态数据。

定期检查周期根据桥梁技术状况确定，最长不得超过3年。新建桥梁交付使用一年后，进行第一次全面检查，临时桥梁每年检查不少于一次。在经常检查中发现重要构件的缺损明显达到三、四、五类技术状况时，应立即安排一次定期检查。

定期检查以目测观察或结合仪器进行观测，必须接近各构件且仔细检查其缺损情况，检查的主要工作有：

1）现场校核桥梁基本数据；

2）现场填写"桥梁定期检查记录表"，记录各构件缺损状况并做出技术状况评分；

3）实地判断缺损原因，确定维修范围及方式；

4）对难以判断损坏原因和程度的构件，提出特殊检查（专门检查）的要求；

5）对损坏严重、危及安全运行的危桥，提出限制交通或改建的建议；

6）根据桥梁的技术状况，确定下次检查时间；

7）特大型、大型桥梁的控制检测，还应包括设立永久性观测点（墩、台身、索塔、锚碇高程，墩、台身、索塔倾斜度，桥面高程，拱桥桥台、悬索桥锚碇水平位移，悬索桥索卡滑移等），桥梁主体结构维修、加固或改建前后，必须进行控制测量，以保持观测资料的连续性。

桥梁定期检查后，应提交的文件包括：桥梁定期检查数据表，典型缺损和病害的照片及说明（缺损的部位、类型、性质、范围、数量和程度等），两张总体照片（桥面正面照片和桥梁上游立面照片，上下游桥梁结构不一致时，还要有下游侧立面照片），桥梁清单，桥梁基石状况卡片，定期检查报告（应包括要求进行特殊检查桥梁的报告，说明检验的项目和理由等）。

3. 特殊检查

特殊检查是查清桥梁的病害原因、破坏程度、承载能力、抗灾能力、确定桥梁技术状况的工作，也是旧桥进行加固改造前用以确定桥梁技术状况的工作。特殊检查分为专门检查和应急检查，专门检查根据经常检查和定期检查的结果，对需要进一步判明损坏原因、缺损程度或使用能力的桥梁，针对病害进行专门的现场试验检测，并进行验算与分析鉴定。应急检查是当桥梁受到灾害损伤后，为了查明破损状况，采取应急措施、组织恢复交通，对结构进行的详细检查和鉴定。

特殊检查应委托有相应资质和能力的单位实施，在下列情况下应进行特殊检查：

1）定期检查中难以判明损坏原因及程度的桥梁；

2）桥梁技术状况为四、五类者；

3）拟通过加固手段提高荷载等级的桥梁；

4）条件许可时，特殊重要的桥梁在正常使用期间可周期性进行荷载试验；

5）桥梁遭受洪水、流水、滑坡、地震、风灾、漂流物或船舶撞击，因超载车辆通过或其他异常情况影响造成损害时，应进行应急检查。

特殊检查应根据桥梁的破损状况和性质，采用仪器设备进行现场测试、荷载试验及其他辅助试验。检查中应充分收集资料，包括设计资料、竣工图、材料试验报告、施工记录、历次桥梁定期检查和特殊检查报告、历次维修资料等，当资料不全或有怀疑时，可现场绘制构造尺寸，测试构件材料性能，勘察记录水文地质情况。

8.3.4　桥梁结构荷载试验

1. 概述

荷载试验[8.1, 8.4, 8.5, 8.7]是对桥梁结构的一些性能进行的直接测试。工程中，通过在结构上施加已知的荷载作用，对加载后结构响应（位移、应变、加速度等）进行观测和测量，并依据观测和测量数据等对结构的实际工作状态作出评价，进而对桥梁结构的承载能力、刚度、使用条件等性能进行正确评估，也为桥梁结构的计算、评定理论提供依据。

桥梁结构试验分为研究性试验和鉴定性试验，本节主要介绍鉴定性试验的相关内容。桥梁结构鉴定性荷载试验以实际结构为试验对象，通过荷载试验数据、资料对实际结构承载能力、刚度、动态性能等进行技术评估。实际工程中，桥梁荷载试验可以弥补理论计算的不足，也能反映施工质量的综合状况，是否进行桥梁荷载试验，依据规范要求和实际工程情况确定。桥梁荷载试验常用于解决以下问题：

1）检验工程质量。对一些比较重要的桥梁，或采用新计算理论、新材料及新工艺建造的桥梁结构，在建成后进行交（竣）工前，通过荷载试验等综合鉴定评估其质量的可靠性；对于一般大、中跨径的桥梁或者具有特殊研究目的的桥梁，都要求在交（竣）工时通过荷载试验具体地、综合地评估其工程质量的可靠性，并将试验报告作为评定工程结构质量优劣的主要技术文件和依据。

2）判断实际桥梁结构的承载能力，为评定桥梁结构的适应性、桥梁改建或扩建提供技术依据。对于既有钢结构桥梁，有些已不能满足当前通行重型荷载的要求，有的桥梁由于受到腐蚀、疲劳、碰撞等损伤与破损，承载能力下降，工程实践中，经常采用荷载试验的方法来确定这些桥梁潜在的承载能力和安全度（特别是对于那些缺乏原始设计计算资料和图纸资料的旧桥），并由此制定出加固处理方案；当旧桥需要拓宽或需要提高使用荷载等级时，一般要求通过对旧桥结构进行荷载试验，以确定其能否提高承载能力和满足使用条件。

3）为处理工程事故提供技术依据。对于在建工程发生严重质量或安全事故，桥梁在使用过程中遭受地震、爆炸、台风、火灾等灾害造成桥梁结构损伤，需要通过荷载试验结果分析桥梁遭受损伤程度，了解桥梁的实际工作状况和承载能力，为灾后进行技术处理提供依据。

4）荷载试验数据可为桥梁管养维护提供重要的依据。

一般情况下，桥梁荷载试验分为四个阶段，分别包括：试验计划、方案，试验准备，加载试验与观测，试验数据整理分析与总结。

根据试验荷载作用的性质不同，桥梁荷载试验一般分为静载试验和动载试验两种。静载试验是基本试验，可布置较多的测点，主要测试整体变形（如挠度、支座位移、截面转角等）、应变、裂缝与外观变化等，便于全面分析结构的受力状态；动载试验主要测试桥梁结构在车辆荷载或其他动态荷载作用下的动态响应（如动应变，动位移、加速度等），以及结构动态特性（如频率、阻尼比）；对于具体桥梁，根据需要可只进行其中一种试验，也可以同时进行两种试验。

2. 静载试验

静载试验是将静止的荷载作用在桥梁上的指定位置，相应地进行桥梁结构的静应变、静位移以及其他项目的测试，从而分析评估桥梁在荷载作用下的工作状态和使用能力。桥梁结构静载试验一般包括：试验方案设计与现场考察、加载试验与观测、测试结果分析与总结三个阶段，具体要点和重点如下：

1）试验方案设计与现场考察

试验方案根据试验目的设计，是指导整个试验过程的文件，主要内容应包括：试验对象的现场考察与检测结果，试验规模、形式、数量或种类，加载方案（工况，分级加载标准等），测试传感器、仪器设备和相应的试验观测方案，记录数据要求等。

荷载试验方案必须结合拟试验对象的实际情况制定，因此，在制定试验方案之前，要进行资料收集与试验桥梁现场情况踏勘。资料收集的内容包括设计资料、竣工资料、养护与维修记录等；踏勘的内容一般为桥梁设计技术状况（桥梁与支座的变形、损伤、结构有无锈蚀、局部变形与开裂、外观质量等等）与试验条件（能够采取的加载方式，适合采用的观测方式，测试传感器安装位置与施工的方便性，传感系统是否适应现场环境条件等）。这些因素直接或间接影响桥梁荷载试验的可行性、有效性和经济性，因此，对试验场地和实体的现场考察，是制定试验方案的前提。

2）加载方案

桥梁静载试验中，试验荷载形式的选择根据试验目的要求、现场条件和设备综合确定，在选择荷载形式的同时，应相应考虑对应荷载形式的加载方法。选择试验荷载及加载方法的基本原则为：

（1）选择的试验荷载图式与结构设计计算的荷载图式相同或极为接近；

（2）荷载传力方式及作用点要明确，产生的加荷值要稳定；

（3）荷载分级的分度值要满足试验量测精度要求，加载系统的最大加载能力要比试验要求的最大荷载留有一定储备；

（4）加载设备要操作方便，便于加载与卸载，能控制加载速度，也能适应同时加载或先后加载的不同要求。

当出现下列情况之一时，桥梁结构静载试验常采用不同于结构设计计算时的加载图式：

（1）对设计计算时采用的荷载图式的合理性有怀疑时，可考虑在试验中采用更接近于结构实际受力情况的荷载布置方式；

（2）为了测试的方便，同时又不会因为荷载图式的改变而影响结构的工作性能和试验结果的分析和判断。

试验荷载的大小应根据试验目的确定，桥梁结构静载试验时的最大加载量一般要达到设计或所要求的标准荷载，即控制荷载。在静载试验中，反映最大加载量的静载试验效率 η_d 按下式计算：

$$\eta_d = S_e / S~(1+\mu) \tag{8.3.4-1}$$

式中：S_e——静载试验荷载作用下控制截面的内力计算值；

　　　S——控制荷载作用下控制截面最不利内力计算值；

　　　μ——按《公路桥梁荷载试验规程》JTG/T J21—01—2015[8.7] 取用的冲击系数。

η_d 常采用 0.8 ~ 1.05，对旧桥鉴定试验，η_d 一般不宜小于 0.95。

采用等效荷载时，等效荷载的大小宜按照标准荷载产生的控制截面最不利内力或最大变位换算而得。必须全面验算由于荷载图式改变对结构的各种影响。采用集中荷载作为等效荷载时，还应注意结构的构造条件是否因局部内力的变化而影响结构的承载性能。若采用汽车加载，在确定某一控制截面的等效荷载时，还应注意所确定的等效荷载可能会对其他控制截面造成"超载"影响。

桥梁静载试验加载程序是加载方式的重要组成，加载程序是指在试验进行期间加载与时间的关系，包括分级荷载量大小、加载、卸载的次数和方式等，整个加载过程实际上往往由若干阶段组成，每个阶段可包括一个或几个加载卸载的循环。静载试验加载程序确定的原则如下：

（1）加载和卸载应分级递加和递减进行，不宜一次完成，分级加载的好处是可以控制加载速度，试验中能够观测到结构变形与荷载的相互关系，了解桥梁结构在各阶段的承载性能。一般情况下分级是均匀的，加载时，每级一般可取设计标准荷载的20%，分5次加载至设计标准荷载，条件所限时，至少应分3次进行加载。

（2）每级荷载间应有足够的级间间歇时间，间歇时间的长短根据结构的变形发展情况确定，对于钢结构桥梁，根据经验，级间间歇不少于10min，对混凝土桥梁则间歇时间会长一些。在标准荷载作用时，应有足够长的满载间歇时间，在满载期间试验结构变形的变化，也往往说明桥梁结构的质量，应在满载期间多几次观测，一般钢桥在满载时的间歇不少于15min。

（3）桥梁静载试验中，应测量结构在加载作用后的残余变形值，通过结构变形的回复情况和残余变形值分析评估结构的工作状况。一般为了观测桥梁结构在卸除全部外加荷载之后的残余变形，通过留有一定的零载间歇时间，然后测量其残余变形，钢结构桥梁荷载试验的零间歇时间可取30min。

（4）预加载。为了使试验结构进入正常的工作状态，并通过预加载检查试验装备和观测仪器系统的可靠性，在正式加载之前，一般对试验结构进行必要次数的预加载，预加载所用的荷载最大可达到标准设计荷载，一般可取1～3级分级荷载。

一般情况下，当每级加载的测试数据与观察现象均正常时，桥梁荷载试验加载按方案分级进行，但在试验过程中发生以下情况之一时，应终止加载：

（1）实测变形或应变值已达到方案计算确定的最大值；

（2）裂缝长度宽度急剧变化、新裂缝不断出现，桥体发出异常响声或其他异常情况；

（3）发生局部破坏，如预应力筋崩断、混凝土压碎、桥墩偏位、支座损坏等。

3）测点布置与观测方案

钢结构桥梁静载试验测试参数主要包括变形、控制截面的应变与索力等，其中，变形分为整体变形（如挠度、转角、支座滑移等）与局部变形（如裂缝扩展变形、钢板局部凹凸变形等）；应变包括钢梁截面或杆件正应变、应力复杂区域的主应变等。同时，在进行加载与卸载过程中，应根据实际桥梁结构特点，对结构在受力发生明显变化期间进行结构外观变化（如支座变形、锚索等联结部件工作状况等）以及声响（钢结构在有裂纹产生或扩展时常常伴有响声）等进行观察记录。观测项目和测点布置数量与位置布置应满足分析和推断结构工作状况最低需要，测试参数尽量选择直观、明确、其他因素干扰少的部位，测点布置具体原则如下：

（1）在满足试验目的的前提下，测点数量和布置必须是充分和足够的，同时，测点宜少不宜多，不宜盲目设置测点，要突出重点，测点布置做到目的性强和服从分析推断需要。

（2）测点位置必须有代表性，以便于分析和计算；同时应考虑布置一定数量的校核性测点，便于验证观测结果是否可靠，消除某些观测系统的误差。

（3）测点布置应方便试验工作，减少试验的工作量（如读数仪器集中放置可减少观测人员，也便于管理），对于存在危险的部位，应采取相应的防护措施，或布设特殊的观测方法仪器。

（4）结构变形是表征结构总体工作性能的指标，变形测点布置与观测要点一般为：

①对于一般梁、拱、板、桁架结构，测点布置与观测的位置为 1/2 跨、1/4 跨、1/8 跨、3/4 跨和 7/8 跨处等；对悬臂梁应观测悬臂端的挠度；对桁架结构，如果上、下弦受力状态不同，应分别测试上、下弦的变形曲线。同时，支座沉陷以及墩台变位也是重点观测的变形；

②对于宽度大于 1000mm 的板梁，应在截面两侧布置测点，测值取两侧点读数的平均值；

③对跨度小于 6m 的受压或偏心受压的构件，变形测点不少于 3 个；跨度在 6m 以上的，可适当增加测点；高跨比较大的桁架结构，尚应测试水平位移与倾斜角，并进行控制，以保证结构在试验期间的正确工作状态与安全性；

④对于平板类构件，应沿与主要轴向力相互成正交的两个方向布置测点，钢结构易于侧向弯曲的杆件，应在截面相互正交的两个方向布置；

⑤桥梁结构的荷载横向分布，一般通过测定桥梁横断面各梁（或梁肋）挠度的方法进行推算，即在特征断面（如跨中或 1/4 跨的断面），测量其挠度，然后，计算得到该断面的荷载横向分布特征值。

（5）结构截面内力(弯矩、轴力、扭矩、剪力)和截面应力分布一般通过应变测试来推定，因此，应变测值是结构受力状态的重要参数，一般应变测点的布置与观测原则如下：

①对于轴向受力构件，为消除各种偏差引起的偏心影响，一个截面常布置 2 个测点，即在平行于杆轴线方向两个侧面分别布置一个测点，取两侧的平均应变作为实测应变；

②对于受弯构件，若测控制截面的最大应力，一般在上下缘布置两个测点（建议上、下缘各对称布置两个测点），这样可消除偏心影响；若测中和轴位置应力，可沿梁侧面的高度布置一定数量的应变测点；

③对于压弯或拉弯受力构件，应在弯矩最大截面处平行于杆轴方向的两个侧面布置

应变测点，且每个面宜布置两个应变测点；

④对墙板等轴向（面内）受力的板类构件，测点通常布置在与轴向成正交的两个方向上，对处于平面应力状态的构件，当主应力方向已知时，可分别沿两个主应力方向布置应变测点，当主应力方向未知时，则可采用布置应变花（测三个方向的线应变）方式。

4）静载试验数据整理与分析

在桥梁静载试验中，大量的试验数据是在试验过程中通过观测得到的，这些观测数据是结构的试验数据。为了便于收集和集中试验数据，在试验中可根据试验目的、试验项目的不同，分别编制各种专用的针对性记录表格，除记录观测数据外，还应记录结构在试验期间是否工作正常、仪器工作是否正常等，试验过程中可在记录上进行初步的数据处理，以便从中发现特殊情况，诸如结构开裂、仪器故障、观测错误、其他意想不到的特殊情况，以便及时采取措施给予纠正。

测量值一般等于加载读数减去初读数，对于在弹性工作阶段的结构：

$$测量值 = 加载读数 - 初读数 \approx 加载读数 - 卸载读数$$

也可取：

$$测量值 = [（加载读数 - 初读数）+（加载读数 - 卸载读数）] / 2$$

除了观测的数据外，还应记录结构在试验过程中出现的特殊特征表现，如荷载作用下裂缝的发展情况，变形外观特征等。鉴于本指南以结构鉴定评估内容为主，有关荷载试验数据处理及分析的详细方法，可参照文献 [8.1] 与相关文献，本节就试验数据处理与分析的相关要点说明如下：

（1）试验数据处理与成果分析

试验结束后，根据观测项目，按各相应的记录表格，直接计算出在各级荷载作用下相应的测量值，找出各测项具有代表性的数据，如破坏荷载、开裂荷载、标准荷载作用下的挠度和位移值，最大应变、最大裂缝宽度，残余变形等。

①结构挠度

由结构静载试验测得的挠度值，需要根据实际测点布置与结构受力变形特点进行相应的修正，才能得到结构受荷后真正的实测挠度。主要修正因素包括：支座沉陷变形的修正，结构自重、加载设备重量等产生挠度的修正，预应力反拱影响的修正，荷载图式不同的修正（如果用等效集中荷载来代替设计时的均布荷载，由于两种荷载图式不同，会对挠度测试值带来影响，需要修正）。

②测点应力

各测点的实测应力根据材料力学的物理关系计算求得。钢材的弹性模量可根据钢材种类按有关规程或规范的规定取值，也可截取试验结构部分作试件，通过试验测定其钢种的弹性模量。

杆件截面应力根据材料力学平面假设和相应截面应力分布规律用实测点计算，通过积分计算出截面对应的轴力、弯矩等内力，但这里需要截面上布置的测点数量和位置能够满足计算最低要求，应在测点布置时考虑。

根据应变花测定的应变计算主应力及其主应力方向时，用已测定的三个独立方向的应变（平面应力状态），根据材料力学的物理关系和应力状态分析方法计算得到相应的主应力和主应力方向。

③残余变形

结构残余变形与很多因素相关，包括：加载程序（荷载大小、加载的次数、加载速度），结构材料性能（混凝土结构的残余变形一般较钢结构大），结构制作与安装质量（如螺栓连接一般较焊接连接残余变形大），结构设计计算的合理性等。

在残余变形的分析中，要注意新结构在第一次加载作用得到的残余变形与结构在多次加载作用后产生的残余变形之间的区别。在桥梁结构静载试验时，应取在标准荷载作用后的残余变形为根据，当荷载不等于标准荷载时，需要进行修正，此时假定残余变形与荷载成正比。

④荷载横向分布系数

通过对桥梁结构跨中截面各主梁挠度的测定，可以绘制出跨中截面横向挠度曲线，按照荷载横向分布的概念，运用变位互等定理，可计算并绘出实测任一主梁的荷载横向分布影响线。当桥梁横向各主梁截面尺寸相同时，荷载横向分布系数可用下式表示：

$$\eta = \omega_i / \omega_j \qquad\qquad (8.3.4-2)$$

式中：ω_i——集中荷载引起的某一纵梁挠度；

　　ω_j——集中荷载均布于全桥宽时所产生的挠度。

（2）试验结构性能分析

在桥梁结构静载试验中，要根据试验数据分析对结构性能进行评估，一般包括结构承载能力、变形能力、抗裂性评估等。通过性能指标说明结构的安全性与满足使用要求的程度。在试验荷载（结构设计荷载）作用下，结构的实测最大应力（应变）和最大挠度是评定结构承载力的重要指标，可直接与规范容许值比较，说明其是否满足规范要求。

结构理论计算的力学模型、参数、边界条件等常与实际存在一定差异，不同材料和不同结构形式的差异程度也不相同，但对于桥梁结构，这种差异通常在一定的范围内，可以通过对控制截面实测最大应力或挠度与对应的理论计算最大应力或挠度进行比较，用结构校验系数来说明结构体系受力与变形是否符合一般规律，其中：

挠度校验系数　$\eta_{挠}$＝实测挠度／理论计算挠度

应力校验系数　$\eta_{应}$＝实测应力／理论计算应力

当 $\eta < 1$ 时，说明结构承载力有余，有安全储备；

当 $\eta > 1$ 时，说明结构设计承载力或刚度不足，不够安全；

当 $\eta = 1$ 时，说明理论计算与实测相符。

在大多数情况下，由于设计理论计算中忽略某些次要因素，结构偏安全，结构校验系数往往小于1。钢结构桥梁的校验系数一般在 0.75 ~ 1.00 之间。

3. 动载试验

桥梁结构以承受车辆荷载为主，车辆荷载对桥梁的冲击和振动影响会引起桥梁结构的动力效应大于静力效应，同时，桥梁的动态特性也是影响桥梁正常使用的重要指标之一。一些旧桥受长时间使用中产生的破损、损伤和疲劳等因素的影响，其动态特性会发生变化。桥梁结构动载试验用来确定桥梁在车辆荷载下的动力响应、动态特性和使用条件，是进行桥梁技术状况评定的重要依据。

1）桥梁动载试验的测试项目

桥梁结构动载试验的主要测试项目有：桥梁结构动态特性（结构振动频率、阻尼、振型）测试；桥梁结构在动力荷载作用下的动态响应（振幅、动挠度、动应变、冲击系数等）测试。

2）动载试验的内容和方法

动载试验的内容与静载试验基本相同，即试验方案设计、试验准备（测试传感器安装调试，激振设备与部件准备等）、激振与测试、试验数据处理与分析。

动载试验测试目的不同，桥梁动载试验施加的荷载（激振）不同，试验方法也不同。动载试验的主要测试内容包括：动挠度（一般采用动态位移计）、主要控制截面的动应力（一般采用动态电阻应变或光纤光栅应变方法）、频率、振型和阻尼比（一般通过加速度传感系统测试）。根据动载试验目的，一般方法有：

（1）桥梁结构动态特性测试

桥梁结构动态特性测试主要测试结构固有的振动频率、振型和阻尼比。通过加速度传感系统采集数据，采用的激振方法包括：突加荷载激振（跳车激振），突然卸载激振（初位移激振），行车激振，脉动激振等。其中，行车激振测试在进行数据处理时，要考虑车辆质量对结构动态特性的影响。

（2）冲击系数测试

冲击系数反映动内力或动挠度增大（相对静态）的影响，综合反映了桥梁结构的特性、车辆荷载的动力特性以及桥面平整度等因素的影响。冲击系数测试一般通过行车激振方法测试，采用动力试验车以 10km/h、20km/h、30km/h、40km/h……不同车速往复通过桥梁，测试桥梁在动荷载作用下的动力响应，根据挠度或应变曲线可计算冲击系数。冲击系数按下式计算：

$$1+\mu=f_{动}/f_{静}=2f_{峰}/(f_{峰}+f_{谷}) \tag{8.3.4-3}$$

式中：$f_{峰}$——测试部位的最大波峰值；

$\qquad f_{谷}$——同一测试部位与 $f_{峰}$ 相应的波谷值。

实际测试时，应尽量采用与设计荷载相当的动力试验荷载，否则，还需要换算为设计荷载时的数值。求得各车速的冲击系数后，可绘制出车速 V 与冲击系数 $1+\mu$ 的关系曲线，从而分析得到最大冲击的临界车速。

（3）振幅值与最大值

动应力和动挠度的最大值，可由时间历程曲线采用更换标尺方法求得。在计算振幅值时，为减小由于基线漂移引起的误差，一般以量取峰—峰值为好，此时，振幅值即为峰—峰值的 1/2。振幅值和最大值测试的激振一般采用行车激振的方法进行，也可以通过对桥梁运行期间的监测数据曲线获得。

8.4　钢结构桥梁的评定

8.4.1　钢结构桥梁质量评定

1. 桥梁质量依据国家现行标准《公路工程质量检验评定标准 第一册 土建工程》JTG F80/1[8.6] 规定的标准进行评定，在综合结构检测结果（线形、尺寸、材料性能、连接构造质量、外观质量等）、施工期间结构内力和变形控制数据、荷载试验结果等基础上，按照设计文件要求和施工工艺等情况，对结构质量进行综合评定。

2. 质量等级评定采用先进行工程划分，然后按照"两级制度、逐级评分、按分定级"的原则进行评定；国家现行标准《公路工程质量检验评定标准 第一册 土建工程》JTG F80/1 按桥梁工程规模、结构部位和施工工序将建设项目划分为单位工程、分部工程和分项工程，对于钢结构桥梁工程，分部工程可划分为各类构件（缆索、加劲梁、支座等）的制作与防护、安装施工。

3. 质量评分方法

依据国家现行标准《公路工程质量检验评定标准 第一册 土建工程》JTG F80/1，以分项工程为基本单元，采用 100 分制进行评定，在分项工程评分的基础上，逐级计算各项应分部工程、单位工程、建设项目评分值。具体方法详见国家现行标准《公路工程质量检验评定标准 第一册 土建工程》JTG F80/1 进行。

4. 对于进行荷载试验的桥梁，其应力、变形、动态特性均应在设计要求和使用容许的范围。

8.4.2　钢结构桥梁一般评定

1. 桥梁结构一般评定主要用于桥梁养护、维修，是依据桥梁定期检查资料对桥梁各构件技术状况的综合评定，确定桥梁的技术状况等级，并提出各类桥梁的养护措施。桥梁一般评定由负责定期检查者实施。依据国家现行标准《城市桥梁养护技术标准》CJJ 99 与《公路桥涵养护规范》JTG H11，从结构缺损状况、可能导致的不良后果和需要进行的改进工作三个方面进行评定。

2. 在桥梁各构件缺损状况的等级评定中，主要考虑缺损的形式、程度、发展变化情况及对桥梁使用功能的影响。桥梁技术状况等级，主要依据桥梁各构件缺损状况的等级评定结果，采用考虑桥梁各构件权重的综合评定方法进行评定，亦可按照桥梁重要构件最差的缺损状况等级评定结果直接进行评定，或对照桥梁技术状况评定标准进行评定。

3. 桥梁结构构件缺损状况一般按构件按表 8.4.2-1 进行评定，评定采用等级评定（即评分）的方法进行评定，具体方法如下：

1）对缺损形式和程度（大小，多少或轻度）、缺损对结构使用功能的影响程度（无，小，大）和缺损发展变化状况（趋向稳定，发展缓慢，发展较快）等三个方面分别进行评定，然后，以累加评分方法对各构件缺损状况进行等级评定，即评分，具体见表 8.4.2-1；

桥梁构件缺损状况评定方法　　　　　　　　　　　　　　表 8.4.2-1

缺损状况及标度			组合评定标度		
缺损程度及标度	程度		小→大　少→多　轻度→严重		
	标度		0	1	2
缺损对结构使用功能的影响程度	无，不重要	0			
			0	1	2
	小，次要	1	1	2	3
	大，重要	2	2	3	4
以上两项评定组合标度			0　　1	2　　3	4
缺损发展变化状况修正	趋向稳定	−1	0　　1	2	3
	发展缓慢	0	1　　2	3	4
	发展较快	+1	1　　2	3　　4	5
桥梁构件缺损状况等级评定结果（评分）			0　　1	2　　3	4　　5
桥梁构件的技术状况			完好　良好	较好　较差	差的　危险
桥梁构件的技术状况等级分类			一类	二类　三类	四类　五类
备注	(1)"0"表示完好状态，或表示没有设置且经调查表明无需设置的结构构件 (2)当缺损程度标度为"0"时，不再进行叠加 (3)"5"表示危险状态，或表示原来未设置，而调查表明需要补设的结构构件				

2）根据构件缺损状况的评分按照下列原则进行构件缺损状况的等级评定，并可按照表 8.4.2-2 确定桥梁各构件的技术状况及等级分类。

原则 1：对重要构件，如墩台与基础、上部承重结构、支座，以其中缺损状况最严重的构件评分作为其对应的评分；

原则 2：对其他构件，可根据多数构件缺损状况评分作为其对应的构件评分。

针对钢结构桥梁，按照上述评定方法和原则，也可按表 8.4.2-2 所列的推荐标准进行评定。实际评定时，每一等级评定只需符合对应诸条评定标准中的任何一条即可，若部分符合，则可按降低一个等级进行评定。

钢结构桥梁构件缺损状况推荐评定表　　　　　　　　　　　　　表 8.4.2-2

等级评定 （评分）	等级评定标准
1	①结构组成个构件及焊缝完好，各节点铆钉、螺栓无松动现象 ②结构构件涂层均匀，完整，表面色泽鲜明
2	①结构组成各构件完好，焊缝无开裂，少数节点个别铆钉、螺栓松动变形或脱落 ②结构构件涂层有老化现象，涂层出现色变、褪色、白垩化、膨胀、绉缩、剥离等，面积在 10% 以内 ③结构构件焊接部位涂层出现开裂现象
3	①结构构件涂层明显老化，涂层出现色变、褪色、白垩化、膨胀、绉缩、剥离等的面积达到 10% ~ 60%，其中涂层失效面积在 10% ~ 20% 之间 ②连接铆钉、螺栓松动变形或脱落不足 10% ③个别次要构件出现局部变形，焊缝有裂纹 ④结构在车辆荷载作用下有振动、摇晃感或有异常声音
4	①结构构件涂层显著老化，涂层出现色变、褪色、白垩化、膨胀、绉缩、剥离等的面积在 60% 以上，其中涂层失效面积在 20% 以上 ②连接铆钉、螺栓松动变形或脱落在 10% ~ 20% 之间 ③个别主要构件有扭曲变形、损伤有裂纹、开焊、严重腐蚀 ④钢材有变质现象，或结构在车辆荷载作用下有较强的振动、摇晃感或有异常声音
5	①主要构件有严重的扭曲变形、损伤裂纹、开焊、严重腐蚀，截面削弱在 5% 以上 ②结构出现永久变形，变形值大于规范规定值，或变形仍处于发展变化之中 ③钢材明显变质，强度、性能恶化，造成结构承载力明显降低 ④节点板及连接铆钉、螺栓松动变形或脱落在 20% 以上 ⑤结构在车辆荷载作用下有过大的振动、摇晃或有不正常移动，行车和行人有不安全感 ⑥涂层失效面积在 50% 以上

　　4. 依据国家现行标准《城市桥梁养护技术标准》CJJ 99 与《公路桥涵养护规范》JTG H11 的规定，在确定桥梁各构件缺损状况的等级评定结果评分后，首先根据桥梁所处环境和养护要求，采用专家调查评估的方法，利用层次分析法确定出各构件的权重，然后按下列原则采用综合评定方法进行桥梁技术状况的评定（见表 8.4.2-3）。

　　原则 1：对于跨径、结构形式相同的多跨桥梁，一般以整座桥作为一个评定单元进行桥梁技术状况的等级评定与分类，亦可逐跨进行桥梁技术状况的等级评定，然后以缺损状况最严重、技术状况等级评定结果最差的一跨作为全桥的评定结果。

　　原则 2：对于跨径、结构形式不同的多跨桥梁，一般可根据跨径和结构形式的分布情况划分评定单元，先逐一单元进行技术状况等级评定，再以缺损状况最严重、技术状况等级评定结果最差的一个评定单元作为全桥的评定结果。

桥梁各构件权重及桥梁技术状况综合评定方法　　　　　表 8.4.2-3

序号	构（部）件名称	权重 W_i	桥梁技术状况评定办法
1	翼墙、耳墙	1	
2	锥坡、护坡	1	
3	桥台及基础	23	
4	桥墩及基础	24	
5	地基冲刷	8	（1）综合评定采用下列计算式：
6	支座	3	$$D_i = 100 - \sum_{i=1}^{n} R_i W_i / 5$$
7	上部主要承重构件	20	式中，R_i—桥梁各构件的等级评定结果即评分（0~5 分）；W_i—桥梁各构（部）件的权重，$\Sigma W_i = 100$；D_i—全桥结构技术状况综合
8	上部一般承重构件	5	评分值（0~100），评分值高表示结构状况好，缺损少；
9	桥面铺装	1	（2）桥梁技术状况等级分类采用下列界限：
10	桥与路连接	3	$D_i \geq 88$　　　　一类
11	伸缩缝	3	$88 > D_i \geq 60$　　二类
12	人行道	1	$60 > D_i \geq 40$　　三类
13	栏杆、护栏	1	$40 > D_i \geq 30$　　四类
14	照明、标志	1	$30 > D_i$　　　　　五类
15	排水设施	1	（3）$D_i \geq 60$ 的桥梁，并不排除有缺损状况等级评定结果即评分
16	调治构造物	3	$R_i \geq 3$ 的桥梁构（部）件，仍有维修的要求
17	其他	1	

　　针对我国常见桥梁，按照上述评定方法和原则，亦可按照桥梁重要构件最差的缺损状况等级评定结果，参照表 8.4.2-4 所列的桥梁技术状况评定标准进行评定。

推荐的桥梁技术状况等级评定标准　　　　　表 8.4.2-4

桥梁技术状况等级	评定标准
一类	完好，状态良好： ①重要构件功能与材料均良好 ②次要构件功能良好，材料有少量（3% 以内）轻度缺损或污染 ③承载能力与桥面行车条件符合要求 ④对桥梁使用功能无任何影响，只需进行清洁保养
二类	较好状态： ①重要构件功能良好，材料有局部（3% 以内）轻度缺损或污染，裂缝宽度小于限值 ②次要构件有较多（10% 以内）中等缺陷或污染 ③承载能力和桥面行车条件达到设计指标 ④对桥梁使用功能影响不大，需要继续跟踪观察或进行小修

续表

桥梁技术状况等级	评定标准
三类	较差状态： ①重要构件材料有较多（10%以内）中等缺损，裂缝宽度超限值，或出现轻度功能性病害，但发展缓慢，尚能维持正常使用功能 ②次要构件有大量（10%～20%）严重缺陷，功能降低，进一步恶化将不利于重要构件，或影响正常交通 ③承载能力比设计降低10%以内，桥面行车不舒适 ④尚能维持正常作用功能，缺损会发展恶化，需要进行中修
四类	差的状态： ①重要构件材料有大量（10%～20%）严重缺损，裂缝宽度超限值，裂缝间距小于计算值，风化、剥落、露筋、锈蚀严重，或出现轻度性病害，但发展缓慢，且发展较快，结构变形小于或等于规范值，功能明显降低 ②次要构件有20%以上的严重缺陷，失去应有功能，严重影响正常交通 ③承载能力比设计降低10%～25%，必要时限速或限载通行 ④不能保证正常的使用功能，需要通过特殊检查，确定大修、加固或更换构件的措施
五类	危险状态： ①重要构件出现严重的功能性病害，且有继续扩展现象；关键部位的部分材料强度达到极限，出现部分钢筋断裂、混凝土压碎或压杆失稳变形的破坏现象，变形大于规范限值，结构的强度、刚度、稳定性和动力响应不能达到平时交通安全通行的要求 ②承载力比设计降低25%以上，必须降低通行荷载与车速，或封闭交通 ③严重影响桥梁使用功能，立即确定加固补强、重建或改建等处治对策，否则，应限制或停止交通

5. 对通过一般评定划分的各类桥梁，应采取不同的养护措施，一类桥梁进行正常保养；二类桥梁需进行小修；三类桥梁需进行中修，酌情进行交通管制；四类桥梁需进行大修或改造，及时进行交通管制，如限载、限速通过，当缺损严重时应关闭交通；五类桥梁需要进行改建或重建，及时关闭交通。

8.4.3　钢结构桥梁可靠性评定

1. 可靠性评定内容

下列状况下的桥梁应进行可靠性评定：

（1）桥梁技术状况等级为四类和五类、需要对桥梁进行大修或危桥加固；

（2）道路通行能力提高，拟对桥梁进行改造；

（3）桥梁遭受事故或自然灾害后，需要进行处理。

桥梁结构可靠性评定的内容包括：桥梁结构的安全性（承载能力，抗震性能，抗洪能力等）评定，适用性（通行能力等）评定和耐久性评定。钢结构桥梁的安全性评定是对结构的承载力极限状态的评定，即对结构承载力和实际安全储备的评定，以避免桥梁在运营过程中发生灾难性的事故，评定的内容涉及结构的实际运营荷载及疲劳状况、残余应力以及残余变形等较复杂的结构受力与变形等；钢结构桥梁的适用性评定，是对结构进行正常运营极限状态的评定，与桥梁正常状态下的变形、疲劳裂纹、振动等有关，为结构能否正常使用提供依据；钢结构桥梁耐久性评定是对钢材锈蚀、结构损伤、材质劣化的评定，侧重于结构损伤及成因分析，考虑损伤对材料物理化学性能的影响，一般把钢结构的损伤划分为无损伤、轻微损伤、一般损伤、严重损伤和破坏损伤 5 种，耐久性评定结果可为安全性、适应性评定提供重要信息，对钢结构桥梁的耐久性，主要靠养护涂装来保证。

桥梁的可靠性评定依据定期及特殊检查资料、结合试验与结构受力分析进行。根据工程项目要求给出评定结论，评定结果是进行桥梁养护、加固改造方案设计的重要依据。桥梁可靠性评定应由有相应资质及能力的机构实施。

1）评定原则 [8.2]

钢结构桥梁的可靠性评定应根据桥梁实际情况、按照现行钢结构桥梁设计规范要求进行评定，评定遵循的原则为：

（1）评定中所用荷载，应在对桥梁通行车辆、交通量调查的基础上，并参照相关荷载规范综合确定。

（2）在进行承载力验算评定中，应考虑桥梁结构已有的缺损、变形等引起的局部应力或整体刚度变化等因素的影响。

（3）对于老旧钢结构桥梁，钢材质量参差不齐，存在桥梁设计时未考虑疲劳的情况，腐蚀与疲劳是控制其寿命的两大主要因素。近年来随着公路等级的提高，一方面增加过桥车辆频率和超载重量，另一方面由于速度增加引起较大的横向和竖向振动，这些因素将造成桥梁剩余使用寿命的急剧缩短，尤其是横向振动加剧，使得原来薄弱的横向联结雪上加霜，大大降低桥梁的使用安全性。在评定中，除进行承载力验算外，还应特别对照现行规范，对桥梁结构的构造联结进行分析评定，找出其薄弱环节。

（4）在评定的基础上，进行桥梁荷载试验是检验判断桥梁承载力、刚度与动态特性的有效方法。在桥梁疲劳性能验算分析时，对于无法确定实际桥梁荷载谱或其荷载与规范规定相差较大时（如超载通行车辆较多），可采取进行应力谱实测和依据实测应力谱进行疲劳分析的方法。

（5）桥梁可靠性依据现行设计规范的方法和要求进行评定，评定时将后续使用荷载及环境条件等作为初始条件。在桥梁结构的可靠性评定中，评定结果只有能否满足要求两个结果，不再将评定结果分级或分类。

2）钢结构桥梁可靠性评定内容及工作程序

（1）资料调查，查阅整理原设计、历次大修资料，查阅以往荷载试验和加固质量检验报告。

（2）建立结构计算模型。

根据桥梁结构形式，建立相应的有限元计算模型，并通过已有荷载试验（有条件时进行实桥静动载测试）结果，通过与计算结果比对来修正力学模型，最终建立与桥梁当前工作状态相吻合的力学模型。

（3）对老桥进行承载能力复核。

通常老桥建造年代久远，其设计荷载小，难以满足重载、高速、大交通量的发展要求，同时老桥均存在一定程度的结构损伤与退化，因此，为确保老桥的安全使用，对其进行承载能力复核是十分必要的。

（4）建立桥梁的交通荷载模型以及对未来交通的预测。

为建立桥梁的交通荷载模型，应首先进行现场交通观测和参数估计，在此基础上初步建立交通荷载模型。为检验交通荷载模型的正确性，必要时，还要进行特征杆件应力谱实测，通过实测应力谱与计算应力谱的对比来校正交通荷载谱模型。为模拟老桥受载历史，应对老桥自建成投入使用后的车辆荷载、列车营运记录进行详细调查，对未来交通状况进行合理预测，从而提高计算分析的可靠性。

（5）桥梁结构承载能力计算分析。

依据合理的力学计算模型和交通荷载谱，对结构承载能力进行验算分析，确定其是否满足后期安全使用要求。

（6）桥梁构造措施评定。

参照现行设计规范要求和实际工程经验，通过对桥梁结构布置、构造、联结措施的分析评估，找出其构造措施薄弱环节。

（7）使用寿命评定。

在应力历程和应力谱计算的基础上，可按设计规范疲劳分析方法或其他有效的力学分析方法，对桥梁结构构件的疲劳强度与剩余使用寿命进行计算评定。

本章参考文献：

[8.1]　张劲泉，王文涛. 桥梁检测与加固手册 [M]. 北京：人民交通出版社，2008.

[8.2]　CJJ/T 233—2015 城市桥梁检测与评定技术规范. 北京：中国建筑工业出版社，2015.

[8.3]　JTG/T J21—2011 公路桥梁承载能力检测评定规程. 北京：人民交通出版社，2011.

[8.4]　CJJ 99—2017 城市桥梁养护技术标准. 北京：中国建筑工业出版社，2017.

[8.5]　JTG H11—2004 公路桥涵养护规范. 北京：人民交通出版社，2004.

[8.6]　JTG F80/1—2004 公路工程质量检验评定标准 第一册 土建工程. 北京：人民交通出版社，2010.

[8.7]　JTG/T J21—01—2015 公路桥梁荷载试验规程. 北京：人民交通出版社，2016.

第9章 钢结构工程监测

9.1 概述

随着新型、大跨、复杂钢结构工程的不断出现，现有的设计与施工规范、标准已不能完全满足结构设计和施工的需要，且实际工程中往往又无类似的工程经验可以借鉴，这就为工程结构的设计、施工和使用带来诸多难题。对于实际工程中出现的许多起重大结构安全事故和问题，仅依靠传统的定期和人力检测不能实时掌握实际结构的安全状态及其变化，通常需要有效的监测系统对结构工作状态进行实时监测与安全性评估，才能了解结构的实际受力状态并对其进行合理控制。钢结构监测是通过传感系统对结构状态参数及其变化数据的测试（量）、采集和存储，并根据监测数据及其变化对钢结构存在的损伤进行识别，进而分析、评估和预测钢结构状况。

钢结构监测一般包括在建钢结构施工监测[9.1, 9.2]和既有钢结构健康监测，在建钢结构施工监测应包括安装施工全过程监测、关键施工过程监测（如卸载过程、大型构件吊装与安装焊接过程监测等）、复杂结构状态监测等；对于既有钢结构健康监测，一般为长期监测，也包括由于荷载和使用条件改变而对结构进行的短期监测，并根据监测结果进行结构健康状态评估。

钢结构监测对象一般包括：大跨复杂钢结构、高层钢结构、重要钢结构、存在疲劳损伤或地基沉降的钢结构、恶劣环境中的钢结构等。根据监测目的，一般分为：

（1）通过监测数据进行设计验证。结构设计计算模型很难与实际结构的工作状态（如外界作用、施工过程中内力与偏差积累、安全控制限值等）相同，通过监测可检验设计指标参数与整体安全性是否在设计控制范围，为评估结构后期使用的安全性和提高钢结构设计技术水平提供重要的技术依据。

（2）监控结构在施工过程的状态和保障结构安全。在施工期间的荷载作用、应力变化、结构成型与安装偏差是影响工程质量和结构（在施工期间和后期使用）安全的重要因素，关键复杂的施工过程（如支撑胎架拆卸过程[9.1]）控制不当极易使结构产生不可恢复的变形和局部较大的初始应力，造成质量缺陷与结构安全隐患，监测控制是保证施工质量和施工期间结构安全的重要手段，并可为结构竣工验收和结构安全性评估提供必要的技术依据。

（3）使用期间安全监控。结构在使用过程中，受季节温度变化、风荷载、雪荷载、地基沉降和一些无法预知的偶然因素影响，结构的损伤和安全状态是一个不断变化的过程，通过人力或常规的测量手段不能在结构出现危险状态之前察觉或测量到，依靠监测分析系统进行结构的工作状态监测，并给出结构安全状态评估，在结构出现异常状态之前发出警报，及时进行处理，避免重大事故的发生，可以有效保障结构的安全。

钢结构监测技术是集结构、传感、仪器、通信和计算机等学科的综合技术，其特点表现为技术综合性、实时性和针对性。技术综合性表现为，监测技术综合传感测试技术、仪器仪表、通信网络技术、计算机及软件、钢结构理论和安装施工技术等；实时性表现为，健康监测系统可实时将结构状态数据进行测试、传输，从而实现对结构健康状况的实时显示或评估；针对性表现为，钢结构健康监测针对既有工程结构，其监测传感系统、监测参数和测点布置、状态评估等均针对具体结构进行。

本指南编写以实际工程监测项目涉及的技术为主线，并遵从我国现有技术规范标准要求，结合钢结构特点，基本按照监测基本流程和监测内容与参数、监测系统及测点布置原则与方法、常用监测设备及测试方法、监测数据处理与结构状态评估等内容分节编写，编写原则为：

（1）鉴于监测传感器、仪器设备、数据通信、计算机与互联网等技术的快速发展，可供使用的监测技术较多，指南编写中，一方面从工程应用考虑，一般选择可靠、稳定、实用的设备系统[9.3]；另一方面，对于先进的和已出现的新技术、新设备等，对于未来可能在钢结构监测中使用的技术、传感系统、仪器设备等内容，采取简介方式编写，对其原理、应用条件、适应场合、优缺点等进行介绍。

（2）对于监测系统，除对实时、自动化监测系统进行叙述外，也根据实际监测需要，对半自动化和人工采集数据的方式进行介绍。

（3）监测数据处理与结构状态评估包括：线下处理与评估，是根据测点布置和监测参数对数据进行处理，根据已测取的数据对结构状态进行评估；线上数据处理，即监测系统自动对监测数据进行处理并实时输出或显示，依据设定的限值给出结构响应所处状态范围；线上评估，是将监测数据输入结构计算分析、评估程序，实时计算评估结构状态。

钢结构监测主要针对工程质量控制和安全监控，监测技术已经历了十多年的发展历程，但目前钢结构监测的应用还不够深广，随着相关技术的快速发展，今后在施工质量精细化控制、结构状态深入评估、指导设计并帮助完善设计理论等方面必将发挥重要的作用，也是钢结构健康监测技术近期需要解决和完善的问题；另外，还需要通过实际工程监测数据的分析评估研究，完善钢结构设计理论技术，同时，提高我国钢结构设计、安全控制水平和经济效益，也是今后钢结构健康监测的发展方向，这也是本指南编制的一个重要目的。

9.2　监测基本流程和监测内容与参数

9.2.1　监测基本流程

基于在建钢结构施工监测与既有钢结构健康监测操作流程的共同点，钢结构监测的基本流程[9.4]可归纳如图 9.2.1 所示。

图 9.2.1 中钢结构监测流程中各项内容的操作要点具体如下：

1. 收集相关资料

指收集可反映结构施工状态或使用状态信息的资料，一般为结构的设计图纸、施工方案等。

2. 结构分析

分为方案阶段和监测阶段两个阶段。

1）方案阶段结构分析，即前期结构分析，主要目的是制定结构监测方案，确定监测测点布置。

在建钢结构的结构分析包括钢结构的施工全过程分析或关键施工阶段（如卸载阶段、滑移阶段、整体提升阶段等）结构受力和变形分析以及稳定分析；既有钢结构的结构分析包括设计状态结构受力分析、动态特性分析以及稳定性分析。

2）监测阶段结构分析指的是对实际结构进行分析，将荷载、约束及环境因素的监测数据代入结构分析模型，使分析结果更符合实际结构的受力状态。

在建钢结构的结构分析包括当前施工阶段的结构受力分析和下一个施工阶段的结构受力分析，分析模型应根据当前监测数据进行模型修正，使模型更符合实际情况。

既有钢结构的结构分析包括结构受力和变形分析与稳定分析，结构模型需要依据实测结果进行修正，模型修正的主要参数有：荷载与作用（包括实测风荷载、温度等参数）、结构几何位形、边界约束条件等。

3. 监测方案

监测方案的内容主要包括结构监测目的、监测内容与参数、监测测点布置方案、监测设备与测试方法、监测数据处理方法以及结构安全评估方法。

4. 监测方案论证与报批

是指监测方案在经过甲方、设计院等相关单位参与论证并通过批准后，方可实施。

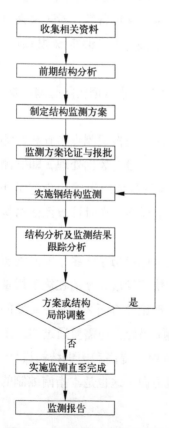

图 9.2.1　钢结构监测基本流程

5. 监测结果跟踪分析

有三个要素：时间段、误差剔除、数据分析。

1）在建钢结构施工，一般会将钢结构分为多个施工段，相应结构监测的时间段可根据施工段的计划时间来划分；既有钢结构没有明显的时间节点划分，则可根据日、月、季的时间段来划分。

2）监测数据中难免会存在一些误差，可根据监测数据特点，采取合理的误差剔除方法对粗差、系统误差、偶然误差进行处理。

3）在划分时间段和误差剔除后，则需要对监测数据进行分析，可采取一些数据处理方法，将数据信息更直接的显示，此外，应基于结构的实时状态，如卸载阶段，对结构相应阶段的受力状态进行分析。

6. 方案或结构局部调整

判断依据是结构实测结果与结构分析结果的对比分析，若监测结果超过预警值或者监测结果与结构分析结果差别较大时，需要对方案或者结构进行局部调整。在建钢结构调整的内容主要为施工方案或者设计图纸，既有钢结构调整的内容主要为设计图纸。

7. 监测报告

包括阶段监测报告与监测项目总报告。阶段监测报告按照工程进展阶段要求、定时报送数据要求和特殊情况需要时提交，主要内容包括：监测参数、监测测点布置图、监测结果数据与监测数据分析；监测项目总报告是监测项目最终提交的技术文件，基本内容包括：项目概况、监测依据、监测内容及参数、监测方法与仪器设备、监测测点布置、监测系统、监测阶段划分、监测结果、评估结论等。

9.2.2　监测内容

钢结构监测内容[9.4, 9.5]主要有三类：结构环境监测、结构荷载监测与结构响应监测。

1. 结构环境监测包括：湿度监测、气压监测、雨量监测、腐蚀介质监测等；

2. 结构荷载监测包括：温度场监测、风荷载监测、地震动监测等；

3. 结构响应监测包括：结构应力监测、结构变形监测、结构振动监测、结构运动状态监测、结构动力特性监测、支座反力监测。

在建钢结构施工监测内容主要为结构荷载监测与结构响应监测，具体表现为结构温度、风荷载监测，结构变形监测，结构应力监测，支座反力监测和结构振动监测。根据实际工程经验，结构变形可反映出结构整体受力性态，是钢结构施工过程监测的重要内容。根据结构特征与实际需求，变形监测一般包括沉降监测、结构竖向变形监测、结构水平变形监测、关键构件倾斜角度监测、支座变形监测等内容[9.6]。

既有钢结构健康监测内容包括结构环境监测、结构荷载监测与结构响应监测，具体表现为环境湿度、腐蚀介质等监测，结构温度、风荷载监测，结构变形监测，结构应力监测，支座反力监测和结构振动监测等。

9.2.3 监测参数

1. 既有钢结构健康监测参数可分为三类：环境参数、荷载与作用参数、结构响应参数。

1）环境参数包括：湿度、气压、雨量、腐蚀介质等；

2）荷载与作用参数包括：温度作用、风荷载、地震动等；

3）结构响应参数包括：应力、变形、索力、支座反力、振动频率、加速度、振幅等。

2. 在建钢结构施工监测，也即施工过程监测，根据结构在施工过程中是否有较为明显的动力效应，可将施工过程监测分为静力监测和动力监测两部分，结构在施工过程中是否存在动力效应则取决于施工方法。例如，当采用分块吊装法时，虽然被吊装结构块在吊装时存在动力效应，但对整体结构影响较小，可认为整个施工过程平稳、无动力效应，该类施工过程监测为静力监测；当结构施工采用如顶升法、滑移法、攀达穿顶法、折叠展开法等方法时，整体结构在施工过程中有运动过程或运动状态，存在动力效应，该类施工过程监测为动力监测。施工过程监测的参数如下[9.7]：

1）施工过程中静力监测的参数主要有最大应力、最大变形、变化率最大的应力和变形、变化最大的支座反力、索力、温度及风荷载。

2）施工过程中动力监测的参数主要有结构振动频率、运动速度、运动加速度、结构最大位移、特征动力变形、振动加速度、构件最大应力、温度及风荷载。特征动力变形指振动模态的相对最大的变形（一般为低阶模态）。

既有钢结构健康监测与在建钢结构施工监测相比，其持续时间长、结构组成无变化，因此，既有钢结构健康监测参数更多偏重于对环境、结构受力方面的监测，因此，既有钢结构健康监测的参数主要有湿度、腐蚀介质、温度作用、风荷载、应力、变形、振动频率、加速度等。

9.3 监测系统及测点布置原则与方法

9.3.1 结构监测系统

结构监测系统应结合工程特点、场地和环境条件以及监测的目的、内容和参数等进行设计，一般包括传感器、数据采集、数据传输、数据管理、结构状态评估以及安全预警等子系统，并具有完整的传感、数据采集与传输、存储与处理、预警以及状态评估等功能；监测系统要做到稳定可靠、技术先进、方案可行、经济合理、便于操作和维护，应考虑长远规划并编制监测系统操作指南[9.4, 9.5, 9.8]。

1. 监测系统硬件的布置应有一定的冗余度，应优先采用标准成熟的产品，应符合监测目的、监测周期及系统功能的要求，应满足测量精度和量程需求，并具有良好的耐久性，监测设备应采用可靠安装方式和保护措施，并在使用前进行检验校准[9.5, 9.8]。

2. 监测系统软件应与硬件相匹配，且具有兼容性、可扩展性和良好的使用性能[9.5]；

应根据结构特点、结构分析的结果、监测目的、内容和实际条件合理选择传感器类型、数量和参数[9.8]。

3. 在建钢结构的施工过程监测尽可能与使用期间的监测统筹考虑。使用期间的监测一般采用具备数据自动采集与处理功能的长期实时监测系统，并具备自动生成监测报表功能[9.5]。

4. 监测期间，监测结果应与结构分析结果进行实时对比，当监测数据异常时，应及时对监测对象与监测系统进行检查，当监测值超过预警值时应立即报警。各项参数的预警值应根据工程设计及被测对象的控制要求确定[9.5]。

9.3.2　传感器布置原则

传感器布置一般包括环境监测、外部荷载监测及结构静、动力反应监测等传感器的布置。传感器的数量及测点位置应根据工程条件、结构类型、设计要求、施工过程、监测目的、结构分析结果及传感器的性能参数确定，一般应遵循下列原则[9.4, 9.5, 9.8]：

1）测得的数据应对实际结构的静、动力参数及环境条件变化较为敏感，具有较高的信噪比；

2）测得的参数应能够与理论分析结果建立起对应关系；

3）布置在拟监测参数的响应最大位置、关键控制位置或已损伤处；

4）测点的数量和布置范围应有冗余量，重要部位应增加测点；

5）几何尺寸范围尽量覆盖结构整体，能够反映结构整体及环境的状态；可利用结构的对称性，达到对比和减少传感器布置的目的；

6）便于安装、测读、维护和更换，能够通过合理添加传感器对感兴趣的局部进行数据重点采集；

7）施工期间重点监测的部位包括应力变化显著或应力水平较高的构件、变形显著的构件或节点、承受较大施工荷载的构件或节点、控制几何位形的关键节点、能反映结构内力及变形关键特征的其他受力构件或节点；

8）应尽量减少信号的传输距离；

9）传感器的数量、布置位置及安装方法应在监测方案中明确说明，传感器安装完毕后应及时记录测点实际位置，绘制测点布置图。

9.3.3　结构应变监测点布置

应变测点的数量、布置位置及布置方法应符合下列要求[9.5, 9.6]：

1. 测点应布置在特征位置构件、转换部位构件、受力较大构件、受力复杂构件、应力较大及受力不利构件、施工过程中内力变化较大构件及受力较大的支座部位。特征位置构件包括首层、交接楼层、高度中部楼层、错层或连体结构的连接楼层、伸臂桁架加强层上下两层、柱斜率变化较大处楼层。测试截面和测点的布置应能反映相应构件的实际受力情况。具体测点布置建议如下：

1）伸臂桁架受力较大的杆件及相邻部位、巨型斜撑、竖向构件刚度分布不连续区域等结构不规则位置和相邻部位及其他重要部位和构件应布设应变测点。

2）索力监测的测点应具有代表性且均匀分布；单根拉索或钢拉杆的不同位置一般设有对比性测点，可监测同一根钢索不同位置的索力变化；横索、竖索、张拉索与辅助索均应布设测点。

3）施工期间对结构产生较大临时荷载的设施，应对相应受力部位及设施本身进行应变监测；塔吊支承架结构的主梁以及牛腿预埋件结构，应根据塔吊支承架结构的受力特点及现场施工条件确定支架主梁的应力测点以及牛腿预埋件应力测点的位置。

4）大跨结构的关键支座及主要构件、超大悬挑结构悬挑端根部或受力较大部位应进行应变监测。

2. 传感器在构件上的布置数量、方向及布置方法应符合下列要求 [9.4, 9.5]：

1）对受弯构件，应在弯矩最大截面上沿截面高度布置测点，每个截面不应少于 2 个；当需要测量沿截面高度的应力分布规律时，测点数不应少于 5 个；对于双向受弯构件，在构件截面边缘布置的测点不应少于 4 个。

2）对轴心受力构件，应在构件量测截面两侧或四周沿轴线方向相对布置测点，每个截面不少于 2 个。

3）对受扭构件，应在构件量测截面的两长边方向的侧面对应部位布置与扭转轴线成 45° 方向的测点。

4）对复杂受力构件，可通过布设应变片量测各应变计的应变值解算出监测截面的主应力大小和方向。

5）应变计安装位置各方向偏离监测截面位置不应大于 30mm；应变计角度安装偏差不应大于 2°。

9.3.4　结构变形监测点布置

结构变形监测点应根据结构特点及设计文件要求进行布设，应满足下列要求 [9.4, 9.5, 9.6]：

1. 布设在能反映监测体变形特征的部位、结构变形较显著或敏感的关键点、对位移有限制要求的部位、施工过程中变形较大并需控制几何位形的部位以及对结构安全性影响突出的特征构件部位，点位应布局合理、观测方便，标志设置牢固、易于保存。

2. 基准点应埋设在变形区以外，点位应稳定、安全、可靠。

3. 大跨结构的支座、跨中及跨间的竖向变形监测点间距一般不大于 30m，且不少于 5 个点；长悬臂结构的支座及悬挑端点等竖向变形监测点间距一般不大于 10m。

9.3.5　结构振动监测点布置

结构振动监测点应选在工程结构振动敏感部位及对结构振动有限制要求的部位；当进行动力特性分析时，振动测点宜布置在需要识别的振型关键点上，且覆盖结构整体，也可根据需求对结构局部增加测点；测点数量较多时，可进行优化布置。振动传感器的布置尚应遵循下列原则及方法 [9.4, 9.5, 9.8]：

1. 应能使下列计算结果取得尽可能大的值：模态保证准则、模态矩阵的奇异值比准则、平均模态动能准则、Fisher 信息阵、模态可视化程度及表征最小二乘法准则。

2. 传感器可采用下列方法进行布置：模态动能法、特征向量乘积法、原点留数法、有效独立法、改进的 MinMAC 法、QR 分解法以及特征值灵敏度法。

3. 振动频率法测量索力的传感器布设位置距索端距离不应小于 0.17 倍索长。

9.3.6　环境及构件温度监测点布置

环境及构件温度监测点布置应符合下列要求 [9.4, 9.5, 9.6]：

1. 温度监测的测点应布置在温度梯度变化较大的位置，应对称、均匀，反映结构竖向及水平向温度场变化规律。

2. 相对独立空间应设置 1 ~ 3 个点，面积或跨度较大时，以及结构构件应力及变形受环境温度影响大的区域，应增加测点。

3. 大气温度仪可与风速仪一并安装在结构表面，并应直接置于大气中以获得有代表性的温度值。

4. 监测整个结构的温度场分布和不同部位结构温度与环境温度对应关系时，测点应覆盖整个结构区域。

5. 监测结构温度的传感器应布置于结构特征断面，沿四面和高程均匀分布；可布设在构件内部或表面。当日照引起的结构温差较大时，应在结构迎光面和背光面分别设置传感器。

6. 监测高层结构梯度温度时，应在结构的受阳光直射面和相对的结构背面以及结构内部沿结构高度布置测点，结构同一水平面上测点不应少于 3 个。

7. 对高层建筑环境温度监测时，应将测点布置在离地面或楼面 1.5m 高度空气流通的百叶窗内；结构内温度测点可布置在结构内壁便于维修维护的部位，可按对角线或梅花式均匀布点，应避开门窗通风口。

9.3.7　结构腐蚀监测点布置

钢结构腐蚀监测位置应根据监测目的，结合工程结构特点、特殊部位、结构连接装置、不同位置的腐蚀速率等因素确定；测点应选择在力与侵蚀环境荷载分别作用的典型区域及侵蚀环境荷载作用下的典型节点；可采用外置式和嵌入式两种方式布置：对于新建结构，可在施工过程中将传感器埋入预定位置；对既有结构，可在结构相应测点的邻近位置外置传感器 [9.5]。

9.3.8 风压监测点布置

风压测点应根据风洞试验的数据和结构分析的结果确定；无风洞试验数据情况下，可根据风荷载分布特征及结构分析结果布置测点。施工过程中结构风荷载监测应将风速仪安装在结构顶面的专设支架上，当需要监测风压在结构表面的分布时，在结构表面上设风压盒进行监测[9.4, 9.5]。

风压传感器的安装应避免对工程结构外立面的影响，并采取有效保护措施，相应的数据采集设备应具备实时补偿功能；风速仪应安装在工程结构绕流影响区域之外；当获取平均风速和风向，且施工过程中结构顶层不易安装监测桅杆时，可将风速仪安装在高于结构顶面的施工塔吊顶部[9.4]。

9.3.9 大气湿度仪监测点布置

大气湿度仪一般与温度仪、风速仪等一并安装，布置在结构内湿度变化大，对结构耐久性影响大的部位[9.5]。

9.3.10 地震动监测点布置

地震动监测点应布置在相对固定不动、接近大地的位置，应能反映结构所受地震动情况[9.5]。

9.4 常用监测设备及测试方法

随着计算机技术、工业制造技术和传感器检测技术的不断发展，各种行业对于各类测量的要求也越来越高，钢结构监测方法在不断发展，监测仪器设备日渐繁多。针对钢结构的施工过程监测及运营阶段的健康监测，选择一种合适的监测仪器设备，既能够节约施工的投入，提高监测效率，又能够保证结构的安全，实现低成本、高效率、高效益的钢结构监测。

9.4.1 监测仪器设备选择

在选择钢结构监测仪器设备时，应从传感器、监测系统数据传输方式、采集设备等三个方面分别进行考虑。

1. 传感器选择

在选择传感器之前，需要了解衡量各种仪器的性能指标，包括以下几个方面：

1）量程：指仪器的最大测量范围，如百分表的量程一般有 5cm 和 10cm。

2）最小刻度：指仪器指示装置的每一最小刻度所代表的数值，如百分表的最小刻度为 0.01mm，千分表的最小刻度为 0.001mm。

3）灵敏度：是指仪器对被测参数变化的灵敏程度，是对被测量的变化的反应能力，是在稳态下输出变化增量对输入变化增量的比值，灵敏度有时也称"放大比"，增加放人倍数可以提高仪器灵敏度。单纯加大灵敏度并不改变仪器的基本性能，即仪器精度并没有提高，相反有时会出现振荡现象，造成输出不稳定。仪器灵敏度应保持适当的量。

4）绝对误差：指被测参数测量值和被测参数标准值之差（所谓标准值是精确度比被测仪表高 3 ~ 5 倍的标准表测得的数值）。

5）精确度：又称准确度，是仪表测量值接近真值的准确程度，通常用相对百分误差（也称相对折合误差）表示。精确度是仪表很重要的一个质量指标，常用精度等级来规范和表示。精度等级是最大相对百分误差去掉正负号和百分号。按国家统一规定划分的等级有 0.005、0.02、0.05、0.1、0.2、0.35、1.0、1.5、2.5、4 等，仪器精度等级一般都标志在仪器标尺或标牌上。要提高仪器精确度，就要进行误差分析。误差通常可以分为疏忽误差、缓变误差、系统误差和随机误差。

6）复现性（重复性）：测量复现性是在不同测量条件下，如不同的方法，不同的观测者，在不同的检测环境对同一被检测的量进行检测时，其测量结果一致的程度。测量复现性是仪器的重要性能指标。

7）稳定性：在规定工作条件下，仪器某些性能随时间变化而保持不变的能力称为稳定性（度）。通常用仪器零漂移来衡量仪器的稳定性。

8）可靠性：可靠性和仪器维护量是相辅相成的，仪器可靠性高说明仪器维护量小，反之仪器可靠性差，仪器维护量就大。通常用平均无故障时间 MTBF 来描述仪器的可靠性。

在了解传感器的各种性能指标基础上，根据结构检测或监测的需要来确定所需仪器的类型和型号等。

2. 传输方式选择

1）有线连接的数据传输。这种传输方式运用于早期的施工监控和结构监控中，适用于小型的工程。这种传输方式存在以下几个方面弊端：不能远程监控；需要大量的电缆线或光缆线；需要大量的时间来布引线；在监测中，容易造成引线的破坏，使得检测或监测失败。

2）无线 + 有线连接的数据传输。这是目前普遍采用的一种传输方式，它不但降低了在施工现场拉接引线带来的劳动量，也能够实现远程的监控要求。如果想远距离传输，可以通过蓝牙、电台、4G 网络等无线数据透明传输，即用远端的计算机来和现场测试的计算机之间数据通信。

3）完全无线连接方式。该方式能节省时间，大大提高工作效率，但在实际工程应用中，其造价比较高。如果有条件，尽量使每个天线间处在可视（不遮挡）范围，如有遮挡的情况，应尽量把天线放高点，有利于信号传输质量。

应根据工程的实际情况和各种传输方式的特点来选择合适的传输方式。选择依据有：

1）实际工程布线的可行性；

2）监测周期，是进行长期监测还是短期监测。长期监测一般采用后两种传输方式；

3）工程监测经费的预算。

3. 采集设备选择

一般来说，采集仪会给传感器一个激励信号，然后得到传感器传回的响应信号，从响应信号中来判断传感器所测参数的变化，所以采集仪的参数对数据采集也有一定的影响。对采集仪的选择，应该结合工程的实际情况和监测需要，从以下几个方面来考虑：

采集仪通道数；最高采样频率；传感器参数的设置；传感器的标定；采集方式，即是否可进行动态采集能力；A/D 分辨率；供电方式；整个采集仪箱是否设有保护措施，如防雷击装置等。

目前，在钢结构监测方面，国内外主流的监测仪器设备有应力/应变、变形、振动、温度、风以及索力等几类监测仪器。

9.4.2　应力/应变监测

结构构件截面的应力/应变监测是钢结构监测的主要内容之一。结构某指定点的应力/应变随着施工状态的变化不断变化。在某一时刻的应力/应变值是否和理论分析值一样，是否处于安全范围是施工控制关心的核心问题，可通过施工过程的应力/应变监测来完成。在监测过程中，若发现数据异常，应立即停止施工或报警，及时查找原因并处理。

用于测量钢结构应力/应变的传感器有很多种，根据测量原理可分为应变片、光纤布拉格光栅传感器、振弦式传感器等[9.9]。

1. 应变片

1）应变片的原理

导体或半导体材料在受到外界力（拉力或压力）作用时，将产生机械变形，机械变形会导致其电阻值变化，这种因形变而使其电阻值发生变化的现象称为"应变效应"，应变片就是根据这种效应来监测结构应变。

设有一根电阻丝，如图 9.4.2-1 所示，它在未受力时的初始电阻为：

$$R = \frac{\rho L}{S}$$

式中：ρ——金属导体的电阻率（$\Omega \cdot m$）；

S——导体的截面积（m^2）；

L——导体的长度（m）。

当金属丝受外力作用时，其长度和截面积都会发生变化，从上式中可很容易看出，其电阻值即会发生改变。假如金属丝受外力作用而伸长时，其长度增加，而截面积减少，电阻值便会增大。当金属丝受外力作用而压缩时，长度减小而截面增加，电阻值则会减小。只要测出电阻的变化（通常是测量电阻两端的电压），即可获得应变金属丝的应变情况。

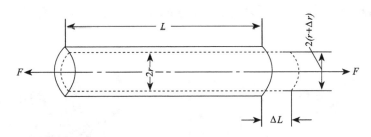

图 9.4.2-1 电阻丝

2）应变片的类型

根据制作材料的不同，电阻应变片通常分为金属电阻应变片（图 9.4.2-2）和半导体应变片两大类。如前所述，金属电阻应变片就是利用金属电阻的应变效应原理制成的，而半导体应变片则是利用半导体材料的压阻效应原理制成，因此，应用半导体应变片的电阻式传感器通常又称为压阻式传感器。

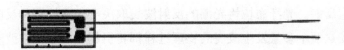

图 9.4.2-2 金属电阻应变片

应变片具有使用方便、操作简单、灵敏度高、造价便宜等优点。但在长期使用中，若施工现场处在雨季，环境潮湿，如何做好应变片防水、防潮处理等是关键问题。另外，由于在钢结构施工现场，焊机和重型吊装设备较大，对应变片的稳定性影响较大，影响应变片监测数据的稳定性。应变片由于其耐久性、稳定性、可靠性极差，只适合用在施工、成桥验收或荷载试验中，基本上不用于结构施工监测中。

3）应变片采集设备

应变片采集设备如图 9.4.2-3 所示。应变的测量通过应变片转换为对电阻变化的测量，由于应变是相当微小的变化，所以产生的电阻变化也是极其微小的。为了精确测量微小的电阻变化，通常使用维斯通电桥回路和放大器装置，即应变调理器，进行桥压供给、信号放大等，可以将微弱的应变信号进行放大，处理后的电压信号由应变仪进行采集，通过电压信号的变化反映出应变片电阻的变化情况，从而反映出结构的应变情况。

电阻应变片的温度补偿方法通常有应变片自补偿法和桥路补偿法两类。应变片自补偿法是通过精心选配敏感栅材料与结构参数，使得当温度变化时，产生的附加应变为零或相互抵消。桥路补偿法，即是使用两枚应变片的双应变片法，在被测物上贴上应变片 A，在与被测物材质相同的材料上贴上应变片 B，并将其置于与被测物相同的温度环境里，将两枚应变片联入桥路的相邻边，这样两者处于相同的温度条件下，由温度引起的伸缩量相同，即引起的应变相同，所以由温度引起的输出电压为零，避免了由于温度的变化带来的误差。

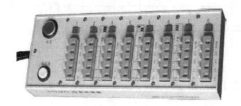 

（a）应变调理器   （b）应变仪

图 9.4.2-3　应变片采集设备

2. 光纤光栅传感器

1）光纤布拉格光栅传感器

光纤布拉格光栅应变传感器（图 9.4.2-4）是一种波长调制型光纤传感器，其光纤折射率在光纤长度上呈周期性变化从而改变波导条件，导致通过光栅的一定波长的光波（布拉格波长）发生反射。光纤布拉格光栅的反射波长取决于光栅周期和反向耦合模的有效折射率，任何使这两个参量发生改变的物理过程都将引起光栅布拉格波长的漂移。光纤布拉格波长的数学表达式为：

$$\lambda = 2nT$$

式中：λ——光纤光栅的中心波长；

$\quad\;\; n$——纤芯的有效折射率；

$\quad\;\; T$——光栅的周期。

图 9.4.2-4　光纤布拉格光栅应变传感器

外界因素中应变参量对引起光栅布拉格波长的改变最为直接。拉伸或压缩都会导致光栅周期的变化，而光纤自身所具有的弹光效应又使得有效折射率 n 也随光纤应力状态的改变而改变。这一点就是光纤布拉格光栅进行应变传感的物理基础。应力引起光栅波长漂移的数学公式如下：

$$\Delta\lambda = 2\Delta nT + 2n\Delta T$$

式中：ΔT——光纤自身在应力作用下的弹性变形；

$\quad\;\; \Delta n$——光纤的弹光效应。

光纤布拉格光栅应变传感器的主要优点是高频率采集、易用、不受刻度相关的差异的干扰、破坏应变高达 2% 以及容易实现多路技术。尽管光栅传感器是智能结构应用的普遍的选择，但是存在的不足有：光纤为脆性材料，韧性差，弯折半径过小就会造成折断，弯曲半径小还会造成光泄露，信号功率变小，需特别注意光纤运输安装过程中的防护。另外，我国并未掌握光信号检测设备的核心技术，核心元器件依靠进口，所以，光纤光栅传感器信号检测设备价格高昂，使用该测试技术会显著提高成本，造成该技术推广使用困难。

2）光纤光栅应变采集设备

光纤布拉格光栅传感器安装在某一弹性体上，其光纤光栅随着弹性体仪器发生应变，导致光纤光栅反射光的峰值波长漂移，通过对波长漂移量的度量来实现对温度、应力 / 应变的监测。在接收端利用波长解调仪对反射光进行接收，经过波长解调仪（图 9.4.2-5）对这些波长进行识别，得到相应的应力 / 应变传感信息，之后通过计算机对数据进行分析处理，得到应力 / 应变情况。

光纤光栅式应变传感器温度和应变交叉敏感，且温度的影响比较大，在运用中必须进行温度补偿。温度补偿的方法有参考光栅法、特殊结构法、矩阵法，其主要思想是在同一光栅中或一对光栅间形成两个相关联的布拉格中心波长，利用这两个波长的关联特性，将应变与温度进行分离。

图 9.4.2-5　光纤光栅解调仪

利用光纤光栅进行应力 / 应变监测，采用的是准分布式测量方式。在测量前必须确定每个光栅的波长变化，必须满足每个光纤光栅的初始波长 λ 以及加上波长的变化量 $\Delta\lambda$ 后，互不交叉重叠，并始终处于光波长信号检测设备可进行调制解调的范围内。这就需要确定被测物理量如应变、温度等的变化所能引起的波长变化范围，合理选择传感器，确保各光栅传感器的波长有恰当的间隔，确定传感器的数量。一般同一根光纤上串联的光栅数量为 6 ～ 8 只以下，使用同一信号解调设备即可同时测出全部传感器的波长变化。

3. 振弦式传感器

1）振弦式传感器工作原理

振弦式应变传感器（图 9.4.2-6）由受力弹性形变外壳（或膜片）、钢弦、紧固夹头、激振和接收线圈等组成。钢弦自振频率与张紧力的大小有关，在振弦几何尺寸确定之后，振弦振动频率的变化量可表征受力的大小。现以双线圈连续等幅振动的激振方式，来表述振弦式传感器的工作原理。如图 9.4.2-7 所示，工作时开启电源，线圈带电激励钢弦振动，钢弦振动后在磁场中切割磁力线，所产生的感应电势由接收线圈送入放大器放大输出，同时将输出信号的一部分反馈到激励线圈，保持钢弦的振动，这样不断地反馈循环，加上电路的稳幅措施，使钢弦达到电路所保持的等幅、连续的振动，然后输出与钢弦张力有关的频率信号。

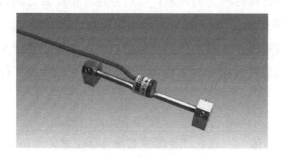

图 9.4.2-6　振弦应变传感器

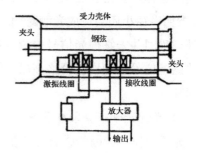

图 9.4.2-7　振弦式传感器工作原理

振弦这种等幅连续振动的工作状态，符合柔软无阻尼微振动的条件，振弦的振动频率可由下式确定：

$$f_0 = \frac{1}{2L}\sqrt{\frac{\sigma_0}{\rho}}$$

式中：f_0——初始频率；

　　　L——钢弦的有效长度；

　　　ρ——钢弦材料密度；

　　　σ_0——钢弦上的初始应力。

由于钢弦的质量 m、长度 L、截面积 S、弹性模量 E 可视为常数，因此，钢弦的应力与输出频率 f_0 建立了相应的关系。当外力 F 未施加时，则钢弦按初始应力作稳幅振动，输出初频 f_0；当施加外力（即被测力——应力或压力）时，则形变壳体（或膜片）发生相应的拉伸或压缩，使钢弦的应力增加或减少，这时初频也随之增加或减少。因此，只要测得振弦频率值 f，即可得到相应被测的力——应力或压力值等。

振弦式应变传感器是目前国内外普遍重视和广泛应用的一种非电量电测的传感器。由于振弦传感器直接输出振弦的自振频率信号，因此，具有抗干扰能力强、受电参数影响小、零点飘移小、受温度影响小、性能稳定可靠、耐振动、寿命长等特点，但不能实现高频率采集。

2）振弦式传感器采集设备（图 9.4.2-8）

利用振弦采集模块对振弦应变传感器进行采集，对传感器的频率和温度数据能够实现多通道的精确采集，可方便地应用于各种土木安全监测项目。振弦应变传感器安装在钢结构的表面，由于钢材和传感器内部弦丝的膨胀系数不等，所以，应用于钢结构时，要注意对采集数据的温度修正。

图 9.4.2-8　振弦应变采集模块

4. 应力 / 应变监测注意事项

不管是应用应变片、光纤光栅传感器，还是振弦应变传感器，测量钢结构应力 / 应变的传感器，均采用表面式的安装方式，在钢结构的布置安装上应该注意以下几点：

1）传感器应用于测量钢结构构件某一方向应力 / 应变变化时，传感器的轴线方向应平行于应力 / 应变测量方向。

2）在钢结构上采用表面式传感器，要使传感器牢牢固定在钢结构表面上。对于应变片的粘贴，首先要处理好钢构件的表面，使得不粗糙，并清洗干净，通常采用 502 胶水粘贴。对于光纤光栅应变传感器和振弦应变传感器，则要在被测点焊接两个和传感器长度相对应的底座，然后将传感器用螺栓固定在底座上。在传感器用螺栓固定后，还需用特殊胶封盖，以防止因钢结构振动造成的螺栓松动，提高测量的可靠性。

3）在使用应变片时，要注意所选的粘结剂要满足电绝缘性好、化学性质稳定、工艺性能良好，并且蠕变小，粘贴强度高，温、湿度影响小，确保粘贴质量。同时，做好防潮工作，使应变片在使用过程中不受潮，以保证应变片电阻值的稳定。

4）对于光纤光栅传感器，在引线时还需要注意光纤弯折不宜太大，否则会造成反射的光信号很弱，甚至没有信号。

5）施工过程是粗放式作用，现场一般是多工种同时作业，如何很好地保护传感器的信号线，以免在施工过程中导致冲击折断，是在布设感器时所必须要考虑的问题。

9.4.3　变形监测

钢结构变形监测是对钢结构的目标测点进行测量，确定其变形体的空间位置以及内部形态的变化情况，主要有沉降监测、倾斜监测、水平变形监测和挠度监测。这些变形监测的常规测量仪器有水准仪、经纬仪、激光测距仪、全站仪等，这些常规的测量方法技术比较成熟，通用性好，精度也能够满足工程的需求，但缺点也是非常明显的，如野外工作量大，易受施工作业面的影响，且不能满足动态、连续、远程监测的要求。

随着电子技术、自动控制技术、空间定位技术和远程通信技术的发展，以静力水准仪、GPS 技术、激光三维扫描仪、测量机器人等为代表的现代仪器结合现代通信网络技术，组成全天候连续自动监测系统，在变形监测中发挥着重要的作用。尤其是测量机器人，测量精度达到毫米级，且极大提高了监测效率，在实际工程中得到广泛的应用[9.9]。本节详细介绍测量机器人、静力水准仪、光纤光栅位移计在钢结构几何变形监测中的应用。

1. 测量机器人

测量机器人，集目标识别、自动照准、自动测量、自动记录于一体，可以实现测量的全自动化。测量机器人能够自动寻找并精确照准目标，在短时间内对测点进行正反镜多次测量，消除由于温度引起的误差，可实现对成百上千个目标持续重复监测，本节以徕卡 TS50（图 9.4.3-1）为例进行介绍。

图 9.4.3-1　徕卡 TS50

徕卡 TS50 全站仪发射红外光束，并利用自准直原理和 CCD 图像处理功能，无论在白天还是黑夜，都能实现目标的自动识别、照准与跟踪。其原理为：在全站仪望远镜里安装了一个 CCD 阵列用作图像处理，在工作时，其发射二极管发射一束红外激光，通过光学部件被同轴地投影在望远镜轴上，从物镜口发射出去，由测距反射棱镜进行反射。望远镜里专用分光镜将反射回来的 ATR 光束与可见光、测距光束分离出来，引导 ATR 光束至 CCD 阵列上，形成光点，其位置以 CCD 阵列的中心作为参考点来精确地确定。CCD 阵列将接收到的光信号，转换成相应的影像，通过复杂的图像处理算法，计算出图像的中心。图像的中心就是棱镜的中心。假如 CCD 阵列的中心与望远镜光轴的调整是正确的，ATR 方式测得的水平方向和垂直角，可从 CCD 阵列上图像的位置直接计算出来。启动 ATR 测量时，全站仪中的 CCD 相机视场内如果没有棱镜，则先进行目标搜索，一旦在视场内出现棱镜，即刻进入目标照准过程，达到照准允许精度后，启动距离和角度的测量，利用陪配套的自动化监测软件，自动计算出结构变形情况，其测角精度为 0.5"，测距精度为 0.6mm+1ppm，能满足高精度的测量要求。

利用徕卡 TS50 进行变形测量时，全站仪固定在某一不会发生变形的位置，设为测站点，并保证能与设置的监测点通视，所有监测点将采用全站仪的自动目标照准功能，进行全自动测量。测量机器人监测网由基准点和监测点组成，基准点分布在离变形区两端较远的地方，以保证基准点的稳定，且每个监测区域需设置 3 个以上基准点，以防止基准点受到破坏。

在基准点和监测点都安装棱镜后，进行第 1 次观测。在第 1 次观测时，先人工概略照准每个监测点，仪器自动精确照准，用方向法观测各点的方向值及距离，通过配套的数据分析软件自动计算出各点的三维坐标 (X_0, Y_0, Z_0)。采用多次观测的数据经平差后，作为以后变形监测数据处理的初始值。

从第 2 次观测开始，每次测站必须利用差分基准点测量出本次测量的测站三维坐标，然后自动监测系统测量、差分、平差计算出该次各监测点坐标值 (X_i, Y_i, Z_i)，并计算出每一监测点在水平位移两个方向的变形值 (d_X, d_Y) 和沉降方向变形值 (d_Z)，利用数据分析软件自动编制出成果表格及变化曲线图。

2. 静力水准仪

目前，静力水准仪主要有差动变压器式静力水准仪、光电式静力水准仪、磁致式静力水准仪、振弦式静力水准仪、电容式静力水准仪、超声波式静力水准仪以及压差式静力水准仪。各类静力水准仪的原理基本相同，即连通管法，简单地说，就是在两个完全连通容器中充满液体，当液体完全静止后，两个容器内的液面应在一个大地水准面上，如果其中的一个发生变化，相对于基准面的高度也随之改变，从而引起传感器相关参数的变化，这样就可知道测点的垂直位移。

按照传感器中是否有浮子可以分为接触式传感器和非接触式传感器两类[9.10]，其中接触式传感器有：差动变压式、光电式、磁致式、振弦式，非接触式传感器有电容式、超声波式和压差式。在实际应用过程中，根据量程范围、测量精度、受环境影响大小、安装难易程度选择适合的传感器进行监测。磁致式静力水准仪凭借其高精度（< 0.1mm）、易安装且受环境影响小而广泛应用于工程中。

1）磁致伸缩式液位传感器

磁致伸缩式液位传感器（图 9.4.3-2）是由位于测杆端部的信号测试系统、磁致伸缩波导丝、波导管以及内含磁铁的浮子组成。

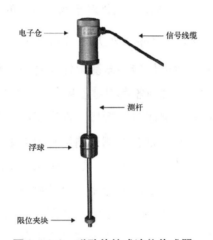

电子仓 —— 　　　　—— 信号线缆

—— 测杆

浮球 ——

限位夹块 ——

图 9.4.3-2　磁致伸缩式液位传感器

磁致伸缩传感器的原理是利用两个不同磁场相交时产生一个应变脉冲信号，然后计算这个信号被探测所需的时间周期，从而换算出准确的位置。工作时，由电子仓内电子电路产生一个起始脉冲，此起始脉冲在波导丝中传输时，同时产生了一个沿波导丝方向前进的旋转磁场，当这个磁场与磁环中的永久磁场相遇时，产生磁致伸缩效应，使波导丝发生扭动，这一扭动被安装在电子仓内的拾能机构所接收并转换成相应的电流脉冲，通过电子电路计算出两个脉冲之间的时间差，即可精确地测出被测介质的液位高度。

2）测试方法

静力水准仪依据连通管原理的方法，用静力水准仪传感器，测量每个测点容器内液面的相对变化，再通过计算求得各点相对于基点的相对沉陷量。如图 9.4.3-3 所示，共布设有 10 个测点，1 号点为相对基准点，初始状态时各测点安装高程与液面间的距离则为 h_{01}、h_{02}、$h_{0i}\cdots h_{10}$。

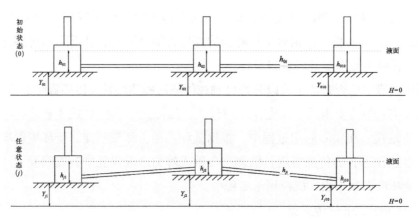

图 9.4.3-3 静力水准仪测量原理示意图

当发生不均匀沉陷后，设各测点在 j 次测量时容器内液面相对于安装高程的距离为 h_{j1}，h_{j2}，…，h_{ji}，…，h_{j10}。则 j 次测量 i 点相对于基准点 1 的相对沉陷量 H_{i1}：

$$H_{i1} = \left(h_{ji} - h_{j1}\right) - \left(h_{0i} - h_{01}\right)$$

由上式可知，只要用静力水准仪传感器测得任意时刻各测点容器内液面相对于该点安装高程的距离 h_{ji}，则可求得该时刻各点相对于基准点 1 的相对高程差。

在静力水准仪安装过程中，要注意影响静力水准仪测量精度的因素。安装时，水管接头密封不好或者管内留存有气泡都会对测量精度有很大影响，因此，各监测点应尽量调整至同一水平位置，确保密封，排净气泡。由于液体的密度是随温度的变化而变化的，如果系统中出现局部的或者不均匀的温度变化，会导致液体的密度发生相应的变化，从而引起液体体积的变化，那么在不同的罐体中的液面高度也会产生不同量的升高或者降低，进而严重影响测量的精度。因此，连接管应尽量避免与地面直接接触或局部受到日照，以降低大气和地面温差的较大变化而影响管路液体稳定性。在静力水准仪投入使用后，在运行维护过程中，应注意定期检查系统是否有漏液情况，通过人工读数管检查液面高度，判断液位是否超出量程范围，如接近量程的极限，应及时进行处理。

3. 光纤光栅位移计

光纤光栅位移计可以实现远距离遥测，各点传感器便于多路复用在集中控制室统一监控，而且光纤本身化学惰性、耐腐蚀等给位移计监测系统带来了长期稳定，能够适应恶劣工作环境的优点 [9.11]。

1）光纤光栅位移计工作原理

光纤光栅位移计的基本结构如图 9.4.3-4 所示，位移传递杆在外力作用下滑动，传动弹簧就产生拉伸，其自身产生的拉伸力以集中力的方式作用在悬臂梁的自由端。其中，悬臂梁另一端固定在与弹簧保护筒连成一体的圆柱形刚性壳体内侧壁上，其上下表面分别贴着传感光栅对。这样，位移传递杆产生位移时，悬臂梁下表面受压缩而产生负应变，上表面受拉伸而产生正应变，它就带动贴在其上下表面两传感光纤光栅的中心波长向相反方向移动，其差值的大小就可表征位移传递杆产生的位移。

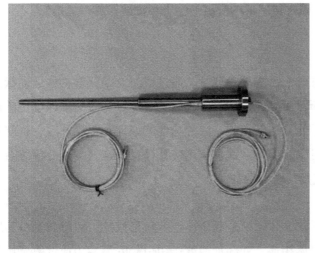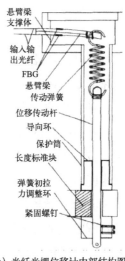

（a）光纤光栅位移计　　　　　　　　　（b）光纤光栅位移计内部结构图

图 9.4.3-4　光纤光栅位移计

由于传感光栅对分别贴在悬臂梁同一位置的上下表面，其温度梯度完全相同，悬臂梁上下表面由于热应力而产生的变形也完全相同，因此，上下传感光栅对将受到完全相同的温度调制。在利用两光栅中心波长的差值求解位移传递杆产生的位移时，温度引起光纤光栅中心波长的变化将被作为共模信号剔除掉，这就是利用差动结构进行温度去敏的原理，从而获得实际产生的位移变化。

2）采集设备

光纤光栅解调仪（图 9.4.3-5）对位移计信息进行采集，其采用波长扫描型光纤激光器作为光源，能够实现多通道光纤光栅同步解调，且单通道可同时连接多个光纤光栅位移计传感器，具有分辨率高、重复性好、采集速度快、可靠性高、测量范围广等优点，广泛应用于结构健康监测中。

9.4.4　振动监测

在钢结构施工过程中，钢构件的焊接质量参差不齐，不能保证钢结构整体刚度与设计的理想状态完全一致。同时，由于结构主要构件和结构的疲劳损伤会造成结构的受损和安全性能降低，因此，非常有必要对钢结构的整体性能进行监测。当结构的整体性能发生改变时，

图 9.4.3-5　光纤光栅位移计解调仪

其模态参数（振型、频率等）也就会发生相应的变化。同时，在获得结构振动信息时，也能够获得结构承受动力荷载的历程记录，有利于后续类似工程的设计。

对钢结构振动，通常选取频率合适的加速度传感器进行监测。根据对钢结构仿真分析的结果和所要监测的振型数，确定传感器的安装的位置和传感器的相关指标。

1. 加速度传感器

1）加速度传感器的类型

加速度是描述物体运动状态的一个重要物理量，通过监测它来获取物体运动状态已经成为一种常用的技术手段，而对于加速度信号的获取又是通过相应的加速度传感器来实现。测量钢结构的振动，属于线加速度范畴，线加速度的原理是惯性原理，也就是力的平衡。按敏感机理的不同，可以分为电容式加速度传感器、压电式加速度传感器、压阻式加速度传感器和伺服式加速度传感器四种[9.12]。

2）加速度传感器工作原理

（1）压电式加速度传感器（图9.4.4-1）是利用压电效应形成的，敏感质量块与压电晶体相连，并通过弹性结构与壳体相连。外部加速度作用引起的惯性力通过敏感质量间接传递到压电晶体，由于压电作用产生电荷，通过电荷放大器放大输出与输入加速度成正比的电压。

（2）压阻式加速度传感器（图9.4.4-2）利用半导体的压阻效应，当对半导体的某一晶向施加压力时，它的电阻率会发生变化，称为压阻效应。这种加速度传感器一般做成悬臂梁形式，悬臂梁末端有一个敏感质量块，悬臂梁上面还制作有半导体电阻器，当悬臂梁在外界加速度作用下发生弯曲时，就引入了一定的应力，它上面的电阻器阻值就会发生变化，再通过后续的测量电路转换为被测物体的加速度。

图9.4.4-1　压电加速度传感器

图9.4.4-2　压阻式加速度传感器

（3）电容式加速度传感器（图9.4.4-3）是通过可动质量块感应加速度，利用平行板电容将质量块的相对位移转换为电容的变化，再通过监测电路将电容的小变化转换为与其成正比的电压或者电流量。

（4）伺服式加速度传感器（图9.4.4-4）工作于闭环状态下，其振动系统由 m-k 系统构成，在 m 上接有电磁线圈，当有加速度输入时，m 偏离平衡位置，由位移检测器检测其位移大小并经伺服放大器处理后以电流的形式输出，电流流经电磁线圈，在磁场中产生电磁恢复力力图使 m 恢复平衡位置。伺服式加速度传感器存在反馈，具有抗干扰能力强、动态性能好、测量精度高等特点，已广泛地应用于惯性导航、惯性制导系统中。

图 9.4.4-3　电容式加速度传感器

图 9.4.4-4　伺服式加速度传感器

3）加速度传感器的选择

选择加速度传感器时，应重点考虑加速度仪有效频带和分辨率两个指标，特别是用于监测超高层建筑结构时。有效频带指传感器能有效测试各种频率振动的频率范围，该频率范围的下限应低于被测结构的基本频率，而上限应高于希望测试的结构高阶模态频率。分辨率指传感器通过放大器后能感受到的最小信号水平，可以认为是测试系统的最大噪声水平。传感器的分辨率可按信噪比不小于 4 来确定。

2. 采集设备

在加速度传感器安装完成后，将传感器的输出同轴电缆连接到信号调理器的输入端。信号调理器的输出端连接加速度高速数据采集系统（图 9.4.4-5），配合通道振动信号调理模块，可实现振动数据通过以太网接口高速数据采集。

图 9.4.4-5　高速数据采集系统

加速度高速采集模块所采集到的数据未经滤波，其中夹杂很多尖峰毛刺，通常基本看不到想要看到的波形，所以，需要与采集模块相配套的分析软件以一定的滤波方式来去除原始波形中的杂波，优化波形，使它变得光滑，较好判断。

3. 测试方法

结构动力特性测试方法主要有自由振动法、强迫振动法以及脉动法。在实际工程中一般采用脉动法，即环境激励法。该方法是利用高灵敏度传感器采集数据，经信号故大，借助于随机信号处理技术实现对结构振动响应的测试。该方法无需专门的激励设备，在自然环境激励下，对结构敏感部位进行现场测试即可得到结构响应，具有快速、无损伤、不影响正常施工等特点。

脉动法利用传感器来采集由环境引起的结构振动，再经过分析得到结构的动力特性。脉动是指建筑结构受到外界的干扰经常处于微小而不规则的振动，由于其幅度一般在 $1\mu m$ 以下，常见的脉动源主要有地球本身的振动，风引起的结构振动，地面车辆、机器运转等引起的结构振动等。脉动法不需要任何激振设备，对结构没有任何损伤，也不影响建筑物的任何正常使用，所以，在实际工程中应用最为广泛。但脉动法测试的随机性和变异性较大，有时得到的功率谱效果不佳，难以准确的识别频率，因此，需要保证足够的测量时间和平均次数，数据采集应尽量在环境较为单一的情况下进行。

9.4.5 温度监测

对于大型钢结构来说，温度对施工过程中的影响显而易见。如悬臂法施工中结构的标高将随温度的变化而变动，拉索在温度变化时其长度将相应的伸长或缩短等。可见，对于钢结构施工，尤其在高温地区或者昼夜温差比较大的地区进行钢结构施工，温度监测必不可少。

目前，比较常用的温度传感器主要是热电偶温度传感器、热敏电阻温度传感器和光纤光栅传感器[9.13]（图9.4.5）。热电偶温度传感器主要用来测量温度差，为了得到正确的温度值，必须用一种基准温度对接点进行修正，而且热电偶温度传感器输出的信号比较小，因此，在常温附近如不注意测量方式，则其测量精度较低。热敏电阻温度传感器的响应速度快，电阻随温度的变化能力强，但长期稳定性差，而且电类温度传感器都有易受电磁辐射干扰、精度低、长期稳定性差以及信号传输距离短的缺点，无法满足在如强电磁辐射等恶劣工作环境中的工作需要。光纤光栅技术的温度传感器与传统的温度传感器相比，具有灵敏度高、体积小、耐腐蚀、抗电磁辐射、光路可弯曲、便于实现遥测等优点，而且由于光纤光栅温度传感器采用波长编码技术，消除了光源功率波动及系统损耗的影响，适用于长期监测，可以把多个光纤光栅串联起来，组成准分布式温度测量系统，使用光缆连接线路，

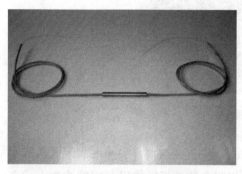

图 9.4.5 光纤光栅温度传感器

可实现远程监测。

温度传感器应用于钢结构，一方面可以提供整体结构的温度场信息，另一方面温度传感器还能够补偿应变传感器由温度引起的误差。钢结构监测时，温度传感器的布设原则为：布设在应力/应变监测点位置和尽可能均匀，以便获得整体结构的温度场；分别安装在相应钢构件的表面上，要注意防止太阳光直射。

9.4.6　风参数监测

对于大型空间钢结构来说，复杂的空间造型对风作用非常敏感。即使这种复杂结构做过风洞试验，但实际结构的风荷载与风洞试验测量还存在较大的差别，这种差别主要是由模型的缩尺效应带来的雷诺数效应引起。因此，对实际结构进行施工阶段和正常使用阶段的风向、风压和风速监测有非常重要的意义[9.14]。

1. 风压传感器

目前，根据测压原理用于压力测量的传感器有电阻应变片压力传感器、电感式压力传感器、电容式压力传感器、光纤压力传感器、压阻式压力传感器。

电阻应变片式压力传感器将应变片粘贴在弹性体表面，随弹性体敏感元件变形而改变电阻值，通过电阻值变化将引起敏感元件变形的压力转换为电压或电流信号。由于引起弹性体变形的压力较大，因此，适用于较大压力的监测；电感式压力传感器利用作用在膜片上的压力通过改变空气气隙的大小从而改变固定线圈的电感，将电感的变化转变为相应的电压和电流输出，但其频率响应低，因而不适宜风压实测；电容式压力传感器利用压力改变电容器两极板间距离从而引起电容的变化来反映压力变化，但易受外界干扰、输出非线性、寄生电容影响大；光纤压力传感器是利用光纤的光敏特性将被测物理量通过光纤波长的变化体现出来，可同时测量多个物理量，但只能用于较高压力测量且不能测量负压。所以，在钢结构监测中，可选取压阻式压力传感器（图 9.4.6-1），该传感器是利用固体本身的压阻效应将引起固体阻值变化的压力转变为电信号，通常采用硅膜片作为核心部件，在较低压力变化时有较高的频率响应，因此，具有结构简单、频响高、灵敏度高等优点，同时可用负压测量，因此是钢结构风压测量的理想传感器。

2. 风速风向仪

结合风压的监测，通常还需要掌握结构受到的风速风向影响。目前，实测风速风向传感器主要有机械式风速仪、螺旋桨式风速风向仪、超声风速仪等。机械式风速仪主要用于气象观测，由于受机械惯性影响其动态跟踪性能较差，主要用于平均风速和阵风风速的测量；螺旋桨

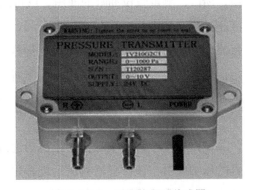

图 9.4.6-1　压阻式风压传感器

式风速风向仪采用了飞机形状设计理念，其螺旋桨的回转力大而惯性力小，而垂直尾翼的复原力对机体的惯性力也非常小，因而，效果好于机械式风速仪；超声风速仪对于脉动风速的频响较为敏感，具有很好的分辨率和测量精度，因而，适合于脉动风的监测。对于钢结构的监测，尤其是对高层钢结构风场特性的研究，螺旋桨式风速仪（图 9.4.6-2a）和超声风速仪（图 9.4.6-2b）应用较为广泛。

(a) 螺旋桨式风速仪　　　　　　　　　　　(b) 超声风速仪

图 9.4.6-2　风速仪

9.4.7　索力监测

拉索作为一种高效承受拉力的结构构件，正越来越广泛地应用于实际工程中，可应用拉索的结构类型很多，其中比较重要的有索桁架、索穹顶、张弦梁等。索力测试的准确与否直接关系到拉索结构施工的顺利实施，是拉索结构能否成功修建的关键问题之一。在工程实际中，常用的索力测定方法有压力表测定法、压力传感器测定法、频率法以及磁通量法，前两种方法一般仅适用于正在张拉拉索的索力测定，后两种方法适合使用过程中的长期监测[9.15]。

1. 压力表测定法

拉索一般均用液压千斤顶张拉。由于千斤顶的张拉油缸中的液压和张拉力有直接关系，所以，测定张拉油缸的液压，就可求得索力。千斤顶的液压可用液压传感器来测定。液压传感器受液压后输出相应电信号，显示仪表在接收到信号后即显示压强或换算后直接显示张拉力。由于电信号可通过导线传输，能进行遥测，使使用更加方便。压力表测定法是施工过程中控制索力常用的一种方法，能得到索力的精确数值，但这种方法的缺点在于无法测量已张拉完毕的拉索。

2. 压力传感器测定法

在拉索张拉时，千斤顶的张拉力通过连接杆传到拉索锚具，在连接杆上套一个穿心式的压力感器，该传感器受压后能输出电压，于是就可以在配套的仪表上读出千斤顶的张拉力。如需长期测定索力，也可把穿心传感器放在锚具和索孔垫板之间，进行在线监测。

这种方法的缺点在于压力传感器的售价昂贵，自身重量也大。另外压力传感器的输出结果存在漂移，从而限制了这种方法在索的长期监测中的应用。

3. 磁通量测定法

钢索为铁磁性材料，在受到外力作用时钢索应力发生变化，其磁导率随之发生变化，通过磁通量传感器测得磁导率的变化来反映应力变化，从而得到索力。它是测定索力的非破坏性方法。磁通量法所用的材料是电磁传感器，这种传感器由两层线圈组成，除磁化拉索之外，它不会影响拉索的任何特性。磁通量传感器法属于非接触测量，传感器直接套在钢索外面就可以使用，不会对钢索的任何特性产生影响，施工结束后还可以进行长期监测使用。

4. 频率法

频率法是将拾振器固定在钢索上，拾取钢索在环境激励或人工激励下的振动信号，经过滤波、放大和频谱分析，根据所得频谱图来确定拉索的自振频率，然后，根据自振频率与索力的关系确定索力。频率法比较简单易行且有足够的测量精度，并且已经在桥梁测量中得到了广泛的应用。频率法测定拉索索力的理论基础是弦振理论，根据测量得到的拉索振动频率及拉索刚度和边界条件计算拉索索力。但是频率法测索力也存在一些缺陷：1) 实际拉索由于自重具有一定垂度；2) 实际拉索具有一定的抗弯刚度；3) 实际拉索的边界条件通常比较复杂，不是严格的固支或铰支。所以用频率法进行相关索力测量时，必须设置相应的参数对索进行判定，并根据不同索的参数选取不同的索力计算公式。

9.4.8　GPS 监测系统

GPS 导航系统是以全球 24 颗定位人造卫星为基础，向全球各地全天候地提供三维位置、三维速度等信息的一种无线电导航定位系统。它由三部分构成，一是地面控制部分，由主控站、地面天线、监测站及通信辅助系统组成。二是空间部分，由 24 颗卫星组成，分布在 6 个轨道平面。三是用户装置部分，由 GPS 接收机(图 9.4.8)和卫星天线组成。这种设计方案保证地球上任何地方、任何时刻都能收到卫星发出的信号。通过设在地球上任何地方的接收机，接受人造卫星的电波并进行解析，以测量出该处的位置，进行快速定位。GPS 定位的基本原理是根据高速运动的卫星瞬间位置作为已知的起算数据，采用空间距离后方交会的方法，确定待测点的位置 [9.16]。

在工程监测上利用 GPS 实时动态（RTK）测量技术能够实现高精度测量。RTK 即载波相位差分技术，是通过建立坐标系来测定坐标系内三维坐标的技术，通过与全球定位系统 GPS 技术融合后实现对工程测量中各个坐标数据的

图 9.4.8　GPS 接收机

测量，达到实时测定的效果，并可以保证测量的精确度满足工程建设的需求。GPS 实时动态（RTK）测量技术与全球定位系统技术结合，其工作中主要涉及 GPS 接收机、基准站、流动站等部分，将一台接收机置于基准点上，另一台或几台接收机置于流动站（监测点）上，基准站和流动站（监测点）同一时间接受同一组 GPS 卫星发射的信号，基准站所获得的观测值与已知位置信息进行比较，得到 GPS 差分改正值。然后，将这个改正值通过无线电数据链电台及时传递给共视卫星的流动站精化其 GPS 观测值，从而得到经差分改正后流动站（观测点）较准确的实时数据，进而得到流动站（监测点）的变形变化量。

在 GPS 实时动态测试时，为了获得精确的监测数据，要注意对基准站站点的选择。基准站的设置位置虽然不受通视条件的限制，但数据信号发送和接收会受到外界环境的遮挡，必须要将基准站架设在空旷的区域，保证视野开阔，不受建筑物和大树等影响。

9.4.9 新监测技术展望

随着社会的发展，钢结构凭借其跨度大、质量轻、造型丰富优美等优点，在一些重要的大型公共建筑得以应用。针对钢结构的应力/应变、振动、温度、索力等监测对象，现有监测技术及相关的监测仪器设备均比较成熟，能够有效地保证钢结构在施工阶段和运营阶段的数据监测。随着科学技术不断深入发展，各种传感器元件、测试设备和计算机软硬件系统也得到了快速发展，在钢结构监测方面逐渐出现了新的监测技术，能够进一步提高工作效率，保证结构的安全。

1. 三维激光扫描技术

传统变形监测手段无法满足钢结构建筑物整体变形的监测，目前，出现了一种基于中轴线上节点坐标偏移的方法，可获取钢结构建筑物变形信息，即三维激光扫描技术，利用三维激光扫描仪可实现对钢结构变形的监测。

三维激光扫描仪的主要构造是一台高速精确的激光测距仪以及配上的一组可以引导激光并以均匀角速度扫描的反射棱镜。激光测距仪主动发射激光，同时接受由自然物表面反射的信号从而可以进行测距，针对每一个扫描点可测得测站至扫描点的斜距，再配合扫描的水平和垂直方向角，可以得到每一扫描点与测站的空间相对坐标[9.17]。其次运用相关软件实现建模对变形情况进行分析，将首次扫描的数据进行拟合运算，再次扫描获得的数据并进行一系列处理后，通过计算，求得扫描点到首次点云曲面拟合之间的距离，此距离即为结构的变形量。

由于被扫描结构存在遮挡问题，以及三维扫描仪的扫描范围限制，单次扫描不能获得结构的全部三维信息，需要从多个角度进行扫描，这就存在三维点云数据的配准问题，如何采用一种优越的算法获得点云数据的特征分析和空间配准需要进一步的研究。另外三维激光扫描精度的影响因素较多，比如目标反射物表面的粗糙程度、激光束不均匀性等需要进一步研究。

2. 相位法激光测距技术

传统的接触式测距，由于在测试过程中需要和被测物体表面相接触，容易使物体的表面或测量工具发生变形而产生相应的误差，降低了测量的精度，更有可能损坏被测物体。相位法激光测距作为非接触式测量的一种，具有测量精度高、速度快的特点，适合于中短距离测量。

相位法激光测距是通过测量经调制的光波信号在被测距离上往返传播所产生的相位差，从而得到光波信号经过被测距离的传播时间，进而得到所测距离，即

$$D = ct/2$$

其中 c 为大气中光波传播速度，t 为光波往返发射点和接收点的时间差。

另外，从接收点来看，光波此时比发射点延迟了相位 ϕ（$\phi = 2\pi ft$），所以，所测距离为

$$D = c\phi / 4\pi f = \frac{c}{2f} \left(N + \frac{\Delta\phi}{2\pi} \right)$$

其中，整尺数 N 称为模糊距离，$\dfrac{\Delta\phi}{2\pi}$ 称之为余尺。

为了解决模糊距离的问题，可使调制器先后发出几个不同频率的调制信号，其中，高频率的调制信号用于保证距离的高分辨率，低频率的调制信号用于保证不会出现距离模糊，再根据上式计算出待测距离。

3. 雷达微变形监测

雷达微变形监测与 GPS 监测、全站仪监测等相比，具有连续的空间覆盖优势，利用步进频率连续波技术和干涉测量技术，能够实现钢结构微小位移变化的监测。

步进频率连续波技术[9.18]是以不同的步进频率向监测目标在一段时间内连续发射一组电磁波，通过这项技术用来保证电磁波的长距离传输，该技术能够为雷达提供很高的距离分辨率。干涉测量技术通过雷达发射波的相位差异而获得目标物的位移变化情况，即经过雷达的第一次发射和接收雷达波，确定了目标物所在的位置和相位信息，再经过一次发射和接收雷达波，确定第二个位置的相位信息，通过其相位差确定精确的位移变化。

雷达微小变形监测是一种全新技术，以其高精度、实时性及高稳定性，在变形监测，特别是需要动态监测的领域有着广泛的应用前景。

9.5　钢结构监测数据处理及结构状态评估

9.5.1　监测数据处理

钢结构监测数据处理工作主要包括：监测数据采集、监测数据传输、数据库管理以及对监测全过程采集数据的分析。数据采集应包括监测软硬件的设计与开发及数据采集

制度的设计，数据采集与传输的软硬件设计与选型应满足传感器的监测要求，确保获得高精度、高品质、不失真的数据。数据采集制度应包括数据采集方式、触发预警值和采样频率的设计。数据传输可以采用人工间隔一定时间直接读取，也可以利用现代网络传输技术实现自动无线或有线传输，数据处理应能纠正或剔除异常数据，提高数据质量。数据管理应具有标准化读写接口，应考虑数据的结构化、安全性、共享性以及使用的友好性和便捷性。

1. 监测数据的类型

在建钢结构施工监测是为了体现钢结构设计思路、保证施工过程安全且为施工控制提供数据的一种手段。特别是对大跨度异形空间钢结构、超高层钢结构建筑、大跨度钢结构桥梁而言，施工过程的监测控制对于确保施工过程安全以及结构成型状态符合设计要求具有重要作用。在建钢结构监测数据可包括关键节点应变监测数据、变形监测数据、环境及效应监测数据[9.5]。

既有钢结构健康监测是利用现场的、无损的、实时的方式采集结构与环境信息，分析结构反应的各种特征，获取结构因环境因素、损失或退化而造成的改变。监测数据主要包括风速与风向、环境温度数据等，结构整体响应监测内容包括结构振动、变形、位移、转角等；结构局部响应监测内容包括结构振动钢构件局部应变、索力、钢构件疲劳、支座反力等。

2. 监测信号的处理

监测数据收集系统包括信号发射装置、信号传输设备、信号接收装置。在测量过程中经常会遇到一些脉冲型的干扰和噪声，这些干扰和噪声数据会影响数据的获取与分析，因此，必须采用相应的滤波算法处理这些干扰的数据，同时很好地保留正确的测量值，这就需要寻找针对该应用环境的高性能滤波算法。同时，在钢结构监测中布设的传感器的种类和数量较多，如：位移、速度、应力、应变传感器等，监测系统将获取大量的数据，如何对这些海量数据进行特征提取、分离、压缩，得出能反映结构真实变化的信息，是实现结构监测的重要任务[9.19]。

监测数据采集前，应对含噪信号进行降噪处理，提高信号的信噪比。滤波技术是现代数字信号处理领域中一个重要研究内容，它在信号分析、图像处理、模式识别、监控等领域中得到了广泛应用和发展。滤波处理从其实现方式可分为硬件滤波和软件滤波两大类。

硬件滤波器也称为模拟滤波器，是指在电路设计的过程中，增加一定数量的元器件（主要为阻容器件），通过对器件阻值的配置，将某些频率的干扰从硬件上滤除。在硬件系统设计的过程中，须尽可能地抑制各种干扰信号。

软件滤波器是通过一定的软件算法滤除一定频率的干扰信号，这种滤波也称为数字滤波，目前，数字滤波器也已成为测量系统的一个重要的组成部分。

3. 监测数据的采集

监测系统可根据监测频度划分为 3 个等级：在线实时监测系统（一级）、定期在线连续监测系统（二级）、定期监测系统（三级）。

数据采样频率应能反映被监测结构的行为和状态，并满足结构监测数据的应用条件。对于动力信号，数据采样频率应在被测物理量预估最高频率的 5 倍以上。传感器可视具体情况选择相同或不同采集时间间隔。

监测数据采集，应当注意以下事项[9.8]：

1）采集设备的性能应与对应传感器性能匹配，并满足被测物理量的要求。

2）采集设备与传感器之间应有明确的拓扑关系。根据工程特点与现场具体条件，可选择数据集中采集和分散采集两种模式。

3）采集设备宜对信号进行放大、滤波、去噪、隔离等预处理，对信号强度量级有较大差异的不同信号，应严格进行采集前的信号隔离。

4）采集设备不应设置在潮湿、有静电和磁场环境之中，信号采集仪应有不间断电源保障。

5）数据采样时间应有足够长度。当测点较多而传感器数量不足时，可分批测量，每批测试应至少保留一个共同的参考点。

6）当同类或不同类数据需要相关分析（含模态分析）时，所有相关数据应同步采集；否则，可选择伪同步采集或异步采集。

4. 监测数据的传输

监测数据传输可采用基于信号的同步技术、基于时间的同步技术、有线传输和无线传输。数据传输系统应具有对来自数据采集系统的各种数据予以接收、处理、交换和传输的能力。

1）数据传输系统设计，应保证数据传输的可靠性、高效性和数据传输质量，并符合下列规定[9.8]：

（1）当历史数据平均值有效数字不统一时，应取与最多有效数字位数一致；

（2）采集得到的数据和历史数据的差值应在一定范围内，可根据具体情况设定预警值，当超过预警值时，应检查系统的运行状态。

2）数据传输系统按照传输速度不同，可设计为同步传输和异步传输两种方式：

（1）低速数据传输可采用异步传输；

（2）高速数据传输可采用同步传输。

3）当数据传输系统选择同步传输时，应结合现场实际情况，综合考虑传感器间距离、工程各阶段特征及工程现场地形条件等因素，选择合适的同步技术：

（1）对于小范围的结构监测系统，宜采用基于信号的同步技术。当采用基于信号的同步技术时，在设计时尚应考虑路线最优化，并注意外部的突发事件对信号可能造成的干扰；

（2）对于大范围的结构监测系统，宜采用基于时间的同步技术；

（3）根据工程实际需要，可选取一种或两种同步技术组合使用。

4）数据传输系统设计时，应坚持因地制宜原则，并综合考虑数据传输距离、工程各阶段特征和工程现场地形条件、网络覆盖状况、已有的通信设施等因素，灵活选取合适的数据传输方式：

（1）当工程现场存在无线发射设备或在有强电磁场的环境下，应采取有效的电磁屏蔽措施，当无法实施电磁屏蔽时，应采用有线传输方式；

（2）对于交通不便的深山峡谷、复杂地形、物理线路布设和维护困难的环境下，宜采用无线传输方式；

（3）需要构建临时传输网络的工程现场，宜采用无线传输方式；

（4）根据工程实际需要，可选择一种或多种传输方式进行组合用。

5）采用有线传输数据，设计时宜利用监测系统已有的光纤通信网或部门局域互联网等数据传输线路，设置必要的中继器或转发器，选取适当的传输介质；同时应以现场数据采集器的接口为基础，以增加最少的接口转换器为原则，选取适当的接口类型。

采用无线传输数据，应根据工程现场营运的网络、成本和现场实际情况选择合适的无线传输方式。

数据传输系统中应设计数据备份机制，以保证在传输线路故障时数据的完整性和可靠性：

（1）数据采集子站应至少保存最近 7 天的监测数据做备份；

（2）宜设置双卡槽的数据存储介质以满足连续观测需要，其容量应根据结构健康监测系统每天接收的数据量选取。

5. 数据库的设计与管理

结构监测数据库应将采集系统收集到的实时数据和历史数据，提供给数据处理系统进行数据处理，并提供给评估系统进行数据分析，最终将处理及分析结果进行保存以便查询[9.8]。

数据库设计应遵循数据库系统的可靠性、先进性、开放性、可扩展性、标准性和经济性的基本原则，并保证数据的共享性、数据结构的整体性、数据库系统与应用系统的统一性。

结构监测数据库应当满足以下设计要求：

1）数据库系统在使用时应支持在线实时数据处理分析、离线数据处理分析以及两种工作方式的混合模式；

2）结构健康监测系统涉及的数据库功能应包括监测设备管理、监测信息管理、结构模型信息管理、评估分析信息管理、数据转储管理、用户管理、安全管理以及预警信息管理等方面；

3）监测设备管理应包括传感器和采集设备（包括采集子站和总站）的添加、更换、状态查询以及故障检测等功能。传感器设备宜按监测信息内容和功能进行分类管理；

4）监测信息管理应包括监测信息的自动导入、图形或文件形式导出数据、历史监测信息的查询，并宜具备监测信息的可视化功能；

5）结构模型信息管理应提供结构的基本参数和评估分析所需要的计算机数值模型；

6）评估分析信息管理应提供评估准则、保存评估结果并供查询统计；

7）数据转储管理应支持海量数据的归档以及相应的元数据管理。归档的数据可以存储在大容量存储设备中并应支持使用时的可访问性；

8）用户管理应支持用户权限的定义和分配功能。系统根据用户的权限来操作不同模块，提供基于角色的用户组管理、用户授权、注册账号和认证管理等；

9）系统安全管理应提供系统运行环境的网络安全管理和安全保护、数据库的容灾备份机制、敏感信息标记以及用户使用日志审计等功能。数据库系统安全管理应有相应的硬件、软件和人员来支持；

10）系统应具备预警信息处理功能，并能将各种预警信息以电子邮件和短信等形式通知相关人员；

11）数据装载应包括数据的筛选、输入、校验、转换和综合等主要步骤；

12）结构监测数据和分析数据的精度应满足监测目的，并根据结构特性、监测内容确定；

13）查询的响应级别应为秒级，分析结果及可视化等方面应能满足实际使用的要求。

6. 监测数据的分析

数据分析包括统计分析和特殊分析，统计分析包括最大值、最小值、平均值、均方根值、累计值等统计值，特殊分析包括温度效应分析、风参数分析、模态分析、疲劳分析等。

数据分析处理之前，应正确处理粗差、系统误差、偶然误差等。应正确判断异常数据是由结构状态变化引起还是监测系统自身异常引起，剔除由监测系统自身引起的异常数据。对于交变类型的较高频连续监测数据，可根据数据存储准则存储数据。

监测数据处理和分析是施工与健康监测系统的核心，现用的监测数据处理方法主要有线下处理、线上数据处理和线上评估三大类。

1）线下处理，根据测点布置和监测参数对数据进行处理，根据监测数据对结构状态进行评估。当监测参数较少、监测数据能直观反映结构状态、监测参数与结构状态有直接对应关系时，监测结果可直接将系统采集的数据给出（列表或图形方式）。

2）线上数据处理，即监测系统程序自动根据输入的监测数据进行数据处理并实时输出或显示，依据设定的限值给出结构所处状态范围；对于较复杂的结构监测项目，监测结果需要在对监测数据进行处理后给出，监测数据处理包括监测数据转换为结构状态参数处理（如根据截面多测点应变，经数据处理转换为截面转角变形、弯矩等）、结构状态参数分布（如同一时间结构测点挠度分布、结构内力分布等）和结构状态参数变化（如支座滑移随环境温度变化，索力随桥面荷载的变化等）处理；经处理后，监测结果按工程需要一般通过图形、表格等形式给出。

3）线上评估，监测数据输入结构计算分析、评估程序实时计算评估结构状态，在自动化监测系统中，监测系统的运行和监测结果输出均为自动进行，监测系统可根据测点采集的数据，通过系统软件程序运算处理存储和显示监测结果，而在监测报告中，需要对自动化监测系统的组成、功能和软件操作等进行说明。

由于施工监测或健康监测周期长，施工过程监测数据量大，快速高效地从大量监测数据中获取有效关键的信息，是钢结构监测工作的重要内容；另外，受客观因素的影响，监测过程中部分数据可能在施工过程中遗失或数据链中断，为确保监测数据的完整性及有效性，需要补偿缺失数据或对数据链进行修正 [9.20, 9.21]。

全过程监测数据有两种类型：完善监测数据和缺失监测数据，对两种类型数据进行有效的处理，可为结构及其系统安全状态的有效评估提供可靠及有效数据。

1）对完善监测数据的处理方法

监测数据在采集过程中，易受到现场环境干扰而数据失真，需要对已采集的完善监测数据进行滤波处理，当前已有较多监测软件可有效地处理噪声干扰等问题。

2）对缺失监测数据的处理方法

现场监测环境较为复杂，难免会出现局部监测数据缺失。对于该部分缺失数据，从随机性方面可定义为 3 种数据缺失机制：完全随机性缺失数据、随机性缺失数据和非随机性缺失数据。缺失数据处理方法可为 3 大类：直接删除法、插补方法和基于数据模型的预测方法。

其中，直接删除法会带来较大的信息丢失。插补法分为单一插补和多重插补，区别在于每一个缺失值构造的替代值的个数，单一插补方法的误差较大，多重插补方法误差小，但操作较为繁琐，对于现场监测而言，适用性大大降低，插补法变量之间不应有太大的相关性。最大似然模型预测法是指基于已有的确定性数据，建立监测数据中关键参数（如时间或温度等）的数学模型，依据一定的统计准则，对缺失数据进行有效的估计。

9.5.2　在建钢结构结构状态评估

1. 在建钢结构监测流程

在建钢结构施工期间监测工作程序，可按图 9.5.2 的流程实施。

2. 结构安全评估的原则

结构在施工阶段应满足下列要求：

1）保证施工过程未成型钢结构在施工期间的安全可靠；

2）当前施工阶段的监测结果对后续施工过程控制具有指导意义；

3）结构施工卸载成型后状态复核设计要求。

3. 结构施工状态计算分析

在建钢结构施工监测前，应根据施工方案部署对结构与构件进行结构模拟分析，结构模拟分析应符合下列规定[9.5, 9.20, 9.21]：

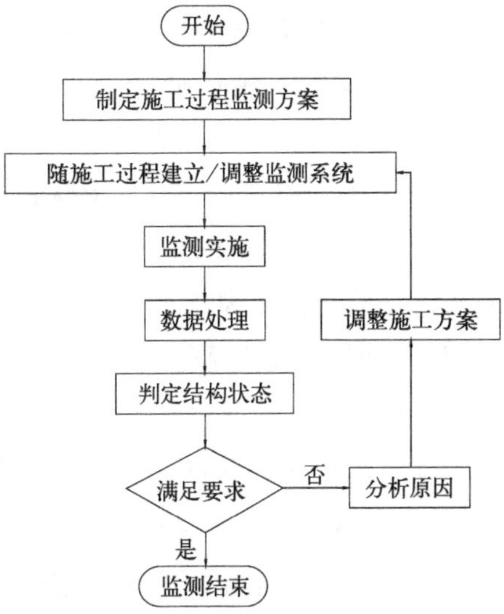

1）内力验算宜按荷载效应的基本组合计算，结构分析计算值与应变实测值对比应按荷载效应的标准组合计算，变形验算应按荷载效应的标准组合计算；

2）应考虑恒荷载、活荷载等重力荷载，可根据工程实际需要计入地基沉降、温度作用、风荷载及波浪作用；

3）应以实际施工方案为准，施工过程中方案有调整时，施工全过程结构分析应相应更新；计算参数假定与施工早期监测数据差别较大时，应及时调整计算参数，校正计算结果，并应用于下一阶段的施工期间监测中；

4）宜采用实测的构件和材料参数及荷载参数；

5）结构分析模型应与设计结构模型进行核对；

6）应结合施工方案，采用实际的施工工序，并应考虑可能出现风险的中间工况；

7）应充分考虑施工临时支撑对结构的影响。

结构分析包含内力验算与变形分析。内力验算包含结构承载力验算和构件内力验算。与整个结构的服役期相比，施工过程相对较短，且使用人群数量相对较少，偶然荷载出现的概率更低，因此，在承载力验算时不涉及偶然荷载作用。变形验算时也不涉及频遇组合及准永久组合[9.5, 9.18]。

重力荷载包括：结构自重、附加恒荷载（室内装修荷载、设备荷载）、幕墙荷载、施工活荷载（施工人员、施工机械或临时堆载、温度作用效应等）等。除结构自重外，上述荷载应根据现场实际情况，并结合施工进度具体确定。对监测对象的结构分析可采用理论计算与数值分析等多种方式。现场监测结果经常会受到多种不确定性因素的影响，如施工过程中的活荷载、地基沉降、日照对钢结构产生的温度作用效应、传感器量测值的漂移等，因此，监测过程中，当监测结果与理论分析结果之间不一致时，应首先分析并查明原因，再确定处理方案。必要时，应及时和设计单位沟通，共同商定解决方法。

4. 结构状态评估的内容

在建钢结构的监测宜与量测、观测、检测及工程控制相结合，在建钢结构的结构状态评估主要根据具体施工阶段对应的构件及节点的监测数据进行评估，主要包括[9.2, 9.7, 9.21]：

1）应力变化显著或应力水平较高的构件；

图 9.5.2　施工期间监测流程图

273

2）变形显著的构件或节点；

3）承受较大施工荷载的构件或节点；

4）控制几何位形的关键节点；

5）能反映结构内力及变形状态或变化趋势的其他重要受力构件或节点。

在建钢结构监测项目可包括应变监测、变形监测、环境及效应监测。变形监测包括基础沉降监测、结构竖向变形监测及水平变形监测；环境及效应监测可包括风荷载监测、温湿度监测及振动监测。

5. 结构状态的评估方法

在建钢结构监测应设定监测预警值，监测预警值应满足工程设计及被监测对象的控制要求，是在建钢结构结构状态的评估的重要指标。

施工期间的监测预警应根据安全控制与质量控制的不同目标，宜按"分区、分级、分阶段"的原则设置，结合施工过程结构分析结果，对监测的构件或节点提出相应的限值要求和不同危急程度的预警值，预警值应满足相关现行施工质量验收规范的要求 [9.5]。

分区：是指依据结构的不同形式，采用不同的控制指标；

分级：根据结构危险程度将结构统一划分为不同的保护等级；

分阶段：是指将施工过程划分为几个主要的施工阶段，对于每个阶段，提出阶段控制指标。

对分区、分级、分阶段的详细说明，应根据结构特点、环境条件等进行综合分析。

施工期间监测预警值应满足被监测工程设计及被监测对象的控制要求，施工期间监测预警值应根据施工过程结构分析结果设定，根据预警等级不同，可采用结构分析结果的50%、70%和90%进行预警，但监测值应满足相应施工质量验收规范的要求。

原始数据经过审核、消除错误和取舍之后，就可以计算分析。根据计算结果，绘出各监测项目监测值与施工工序、施工进度及开挖过程的关系曲线。提交资料包括各监测值成果表、监测值与施工进度、时间的关系曲线，对各监测资料的综合分析以及说明围护结构和建筑物等在监测期间的工作状态及变化规律，判断其工作状态是否正常或找出原因，提出处理措施和建议。

监测期间，检测结果应与结构分析结果进行适时对比，当监测数据异常时，应及时对监测对象与监测系统进行核查，当监测值超过预警值时应及时报警。

9.5.3　既有钢结构结构状态评估

1. 既有钢结构健康监测流程

既有钢结构使用期间健康监测工作程序，可按图 9.5.3 的流程实施。

既有钢结构的健康监测宜采用具备数据自动采集功能的监测系统进行。使用期间监测系统应能不间断工作，宜具备自动生成监测报表功能。

使用期间的监测预警值应根据结构性能，并结合长期数据积累提出与结构安全性、适用性和耐久性相应的限值要求和不同的预警值，预警值应满足国家现行相关结构设计标准及鉴定标准的要求。当监测数据异常或报警时，应及时对监测系统及结构进行检查或监测。

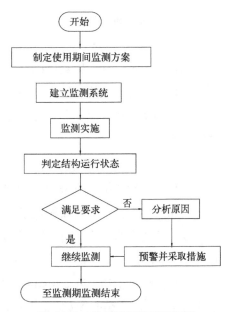

图 9.5.3　使用期间监测流程图

2. 结构安全评估的原则

既有钢结构在设计使用年限内应满足下列功能要求：

1）在正常使用时，能承受可能出现的作用；

2）在正常使用时，具有良好的工作性能；

3）在正常维护下具有足够的耐久性；

4）在设计规定的偶然事件发生时及发生后，仍能保持规定要求的整体稳定性。

重要结构鉴定计算时，宜进行结构分析模型修正，修正后模型应反映结构现状。

3. 结构状态评估的内容

既有钢结构健康监测应为结构在使用期间的安全使用性验证、结构设计验证、结构模型校验与修正、结构损伤识别、结构养护与维修以及新方法新技术的发展与应用提供技术支持。监测项目可包括变形与裂缝监测、应变监测、索力监测和环境及效应监测，变形监测可包括基础沉降监测、结构竖向变形监测及结构水平变形监测；环境及效应监测可包括风及风致响应监测、温湿度监测、地震动及地震响应监测、交通监测、冲刷与腐蚀监测。这些项目的监测数据是既有钢结构结构状态评估的直接依据。

1）既有钢结构模态参数识别应满足下列要求[9.8]：

（1）应通过结构振动监测数据，获取结构自振频率、振型、阻尼比。当有特殊要求时，应获取模态刚度、模态质量。

（2）获取的结构动力特性参数，可为结构模型修正及损伤识别提供基础数据。

2）既有钢结构模态参数识别可采用下列方法：

（1）频域识别方法。可采用分量估计法、Levy 法等人工激励方法和峰值拾取法、频域分解法、增强频域分解法等随机激励法；

（2）时域识别方法。可采用随机子空间法、特征系统实现法等；

（3）时频域识别方法。可采用小波分析、希尔伯特 - 黄变换（HHT）等方法。

4. 结构损伤识别方法

1）既有钢结构损伤识别宜由浅入深逐次分为损伤判断、损伤定位、损伤定量、损伤评估，并符合下列规定[9.8]：

（1）损伤判断应给出结构是否发生损伤的明确判断，并对相应的判断准则或预警值进行说明；

（2）损伤定位宜给出具体的结构损伤单元或构件发生的位置；

（3）损伤定量应给出发生损伤的单元或构件的损伤程度；

（4）损伤评估应对结构损伤后的性能退化做出综合评估，对结构损伤后的剩余寿命进行预测。

2）既有钢结构损伤识别可采用下列方法[9.8]：

（1）静力参数法，可采用结构刚度（包括结构单元刚度）、位移、应变、残余力、材料参数如弹性模量、单元面积或惯性矩等；

（2）动力参数法，可采用固有频率比、固有振型变化、振型曲率、应变模态振型、MAC、COMAC、柔度曲率、模态应变能、里兹向量等；

（3）模型修正法，可采用矩阵型修正方法、元素型修正方法、误差因子修正方法（子矩阵修正方法）、设计参数修正方法；

（4）结构损伤识别也可采用神经网络法、遗传算法、小波变换、希尔伯特 - 黄变换（HHT）等方法。

5. 结构安全评估方法

1）既有钢结构安全评估可采用下列方法[9.8]：

（1）确定性方法，包括层次分析法、极限分析法。

（2）可靠度分析方法，包括构件可靠度分析法、体系可靠度分析法。

层次分析法是系统分析的工具之一，基本思想是将结构安全性指标按由粗到细、由整体到局部的原则分解为不同层次的详细指标，然后，采用求解判断矩阵特征向量的办法，求得每一层次的各元素对上一层次某元素的优先权重，最后，再利用加权和的方法递阶归并各详细指标的贡献而最终求得结构安全性指标。结构承载能力即第二类稳定问题的计算方法与非线性有限元是密不可分的，运用非线性有限元计算结构承载能力的关键，是在单元分析中引入几何非线性、材料非线性、极限荷载的求解方法。

可靠度分析方法包括构件可靠度分析法、体系可靠度分析法。构件可靠度又包括FORM、JC、SORM、MOnte Carlo 方法。体系可靠度分析法又包括界限估算法、串联及并联和混联体系法、概率网络估算技术法、分枝界限法。

FORM（First-Order Reliability Method）即一次二阶矩可靠度方法。结构构件的可靠度指标宜采用考虑基本变量概率分析类型的一次二阶矩方法进行计算。

JC 是国际结构安全性联合委员会（JCSS）推荐采用的方法，适应于随机变量为任意分布下结构可靠指标的求解，其基本原理为：首先将随机变量原来的非正态分布"当量"化为正态分布，再采用一次二阶矩方法求解可靠度指标。

SORM（Second-Order Reliability Method）即二次可靠度方法，采用结构极限状态曲

面在设计验算点处的二次曲面来近似结构极限状态曲面，从而求取结构可靠度指标。

蒙特卡罗方法（Monte Carlo Method，简称 MC 法）是一种采用统计抽样理论近似地求解数学问题或物理问题的方法。

界限估算方法是一阶方法，取两种极限状态作为体系可靠度的上下限，利用基本事件的失效概率来研究多重模式的失效概率。

串联及并联和混联体系法：当结构体系中任意杆件失效时，即引起结构体系失效，称为"串联体系"；结构体系中的若干构件失效，才会引起结构失效，称为"并联体系"；结构体系的失效模式由一系列并联体系所组成的串联体系，即为"混联体系"。

概率网络估算技术法是把结构体系所具有的失效模式，根据其间的相关分析分成若干组，每组中的失效模式间具有很高的相关性，然后选取各组中失效概率最大的失效模式作为各组的代表，称为该体系的主要失效模式。

分枝界限法是通过分枝界限的途径，从众多的失效模式中，找出主要失效模式，计算结构体系可靠度的方法。分枝界限法包括分枝和界限两个步骤。

2）每次监测工作结束后，均需提供监测资料、简报及处理意见。监测资料应及时处理，以便在发现数据有误时，可以及时改正和替补，当发现测值有明显异常时应迅速通知工程使用或主管单位，以便采取相应措施。

9.6　监测报告

监测报告是监测项目阶段或完成后的技术成果文件[9.1, 9.2]，其内容、成果、结论等应根据技术服务合同约定和工程实际需要进行编写。在实际工程中，监测报告一般包括阶段性报告和项目总报告两种，阶段性监测报告的内容、数据、结论等依据工程实际需要提交；监测项目总报告是监测过程、监测数据结果、数据分析和结构状况评估等方面的技术成果文件，对于提交自动化监测系统的项目，还应包括监测软件的使用与系统维护说明书。

9.6.1　监测报告内容

不同监测项目，对监测内容的要求也不完全相同，监测报告的内容应满足工程实际的需要，并能够反映监测数据的完整性、连续性和变化情况。

1.阶段监测报告

阶段监测报告按照工程进展阶段（钢结构工程施工一般按安装阶段、卸载过程、设备安装、装修阶段等划分）要求、定时报送数据要求（如使用阶段监测期间要求的每年或每季度提交数据）和特殊情况需要（工程出现事故或异常，地震、台风、火灾等情况）时提交，内容包括：

1）监测参数

2）监测测点布置图

3）监测结果数据

一般以表格形式给出，包括初值，监测时间与对应的监测数据、增量，当前状态值等。

4）监测数据分析

监测数据分析一般包括：将传感器监测数据转换为结构参数（如梁截面各传感器的应变值换算为截面转动变形，应变转换为应力等），本阶段数据增量变化和当前值分析说明，异常数据产生的原因分析说明，根据工程需要提供的结果（如要求判定结构状态是否正常等）。

2. 监测项目总报告

项目总报告是监测项目最终提交的技术文件，一般应包含阶段报告的内容，基本包含的内容如下：

1）项目概况

主要概述监测结构规模、形式、特点、安装施工方法、技术难点等工程情况，也应对实施监测的必要性、目的、作用和依据进行说明。

2）监测依据

主要包括：结构设计规范、验收规范、设计文件及要求、施工质量控制要求等工程依据；监测技术标准、测试技术标准、数据处理分析技术要求等监测相关依据。

3）监测内容及参数

依据工程需要和合同约定的监测内容，为实现监测内容而确定的监测参数，结构状态控制值、预警值等。必要时，应说明监测参数与检测内容之间的对应关系。

4）监测方法与仪器设备

按监测参数分别给出所使用的监测方法、传感方式，对监测系统使用的仪器设备进行说明，并对监测方法和仪器设备的测试精度、适应范围、长期稳定性等进行说明。

5）监测测点布置

一般用测点布置图的方式给出，主要反映各监测参数的传感器布置位置、数量等，进行长期监测的项目还需包括：传感器安装防护图、设备安装防护图、电源或信号线布置图等。

6）监测系统

监测系统主要按照模块和逻辑关系对系统的组成、工作原理、功能等进行表述，对监测系统能够满足监测目的和内容要求的可行性进行说明。

7）监测阶段划分

根据实际工程经验，在进行施工过程监测项目中，一般根据施工组织设计和结构安全与质量控制需要，在不同安装施工期间对监测工作的需要有所不同。如在结构安装施工、设备安装等期间，需要的数据采集间隔较长，而卸载施工过程需要进行实时监测；在使用期间进行监测时，初始阶段对数据采集间隔的要求短，后期相对长一些。针对以上情况，往往需要对监测过程进行监测阶段的划分（一般每个阶段需要提交阶段报告）。监测阶段划分根据实际项目过程进行编写。

8）监测结果

监测结果包括监测数据和根据工程需要对监测数据处理的结果。一般监测结果采用以下三种方式给出：

（1）直接给出监测结果。当监测参数较少、监测数据直观反映结构状态、监测参数与结构状态有直接对应关系时，监测结果可直接将系统采集的数据给出（列表或图形方式）。

（2）对监测数据处理后给出。对于较复杂的结构监测项目，监测结果需要在对监测数据进行处理后给出，监测数据处理包括监测数据转换为结构状态参数处理（如根据截面多测点应变，经数据处理转换为截面转角变形、弯矩等）、结构状态参数分布（如同一时间结构测点挠度分布、结构内力分布等）和结构状态参数变化（如支座滑移随环境温度变化，索力随桥面荷载的变化等）处理；经处理后，监测结果按工程需要一般通过图形、表格等形式给出。

（3）监测结果实时输出。在自动化监测系统中，监测系统的运行和监测结果输出均为自动进行，监测系统可根据测点采集的数据，通过系统软件程序运算处理存储和显示监测结果，而在监测报告中，需要对自动化监测系统的组成、功能和软件操作等进行说明。

9）评估结论

在监测报告中，通过对监测数据结果的分析评估，给出结构状态变化与可靠性等方面的评估结论，监测评估主要包括：

（1）监测数据在监测期间变化范围、极值及对应的测点位置、参数在结构空间的分布规律等；

（2）监测参数变化与结构所受荷载作用、安装施工偏差、环境工况等的对应关系，引起监测参数变化的主要因素及影响程度；

（3）结构可靠性评估。依据监测过程经历的荷载与环境工况，对监测期间结构正常工作状态与不利状态进行评估。另一方面，也可利用监测期间结构参数的变化范围、规律与荷载环境状态对应关系，根据使用期间结构设计荷载作用及环境，对结构在使用期间可靠性进行评估[9.8]。

10）附件

报告附件是主报告数据、结论的支撑与基础，根据报告正文内容详略程度安排，一般包括：结构布置图，测点布置图，传感器与仪器性能，测点监测采集数据，监测软件使用说明，气象资料等。具体附件内容依据监测项目实际情况确定。

本章参考文献:

[9.1]　弓俊青，郭春红，侯健，等．五棵松体育馆钢结构安全监测系统研发及数据分析 [C]. 全国建筑物鉴定与加固改造学术会议．2008.

[9.2]　郭春红，弓俊青，连续大跨钢结构支座滑移监测研究与应用 [J]. 钢结构，2013，28 (9)：27-30.

[9.3]　张家坤，弓俊青，岳清瑞，等．光纤光栅传感技术在土木工程结构监测中的应用 [J]. 北京交通大学学报，2003，27 (5)：94-97.

[9.4]　JGJ/T 302—2013 建筑工程施工过程结构分析与检测技术规范 [S]. 北京：中国建筑工业出版社，2014.

[9.5]　GB 50982—2014 建筑与桥梁结构监测技术规范 [S]. 北京：中国建筑工业出版社，2015.

[9.6]　GB 50755—2012 钢结构工程施工规范 [S]. 北京：中国建筑工业出版社，2012.

[9.7]　罗永峰，叶智武，陈晓明，等．空间钢结构施工过程监测关键参数及测点布置研究 [J]. 建筑结构学报，2014，35 (11)：108-115.

[9.8]　CECS 333：2012 结构健康监测系统设计标准 [S]. 北京：中国建筑工业出版社，2012.

[9.9]　王小波．钢结构施工过程健康监测技术研究与应用 [D]. 杭州：浙江大学，2010.

[9.10]　李德桥．基于磁致式静力水准仪的沉降远程监控系统研究 [D]. 北京：北京交通大学，2015.

[9.11]　陈数礼，苏木标，等．光纤应变传感器在芜湖长江大桥长期健康监测中的应用 [J]. 光通信技术，2005，29 (11)：52-54.

[9.12]　韩晶．适用于桥梁振动监测的光纤加速度传感器研究 [D]. 河北：石家庄铁道大学，2015.

[9.13]　宋林．大跨度空间钢结构合拢技术研究 [D]. 陕西：西安建筑科技大学，2008.

[9.14]　申建红．强风作用下高层建筑风场实测及模态识别研究 [D]. 上海：上海大学，2010.

[9.15]　张其林，等．大跨度空间结构健康监测应用研究 [J]. 施工技术，2011，40 (4)：39-42.

[9.16]　姚刚．高层及超高层建筑工程的 GPS 定位控制研究 [D]. 重庆：重庆大学，2002.

[9.17]　高笔新．三维激光扫描技术在钢结构厂房变形监测中的应用研究 [D]. 赣州：江西理工大学，2016.

[9.18]　王峰等．基于地形微变远程监测系统的滑坡变形监测 [J]. 长春工程学院学报，2014，15 (1)：66-71.

[9.19]　段向胜，周锡元 . 土木工程监测与健康诊断 [M]. 北京：中国建筑工业出版社，
　　　　2010.

[9.20]　罗永峰，叶智武，王磊 . 大型复杂钢结构施工过程监测系统研究现状 [J]. 施工技
　　　　术，2015，44（2）：68-74.

[9.21]　叶智武 . 大跨度空间钢结构施工过程分析及监测方法研究 [D]. 上海：同济大学，
　　　　2015.

附录 A　常见可燃物和不燃物的燃烧特性

工业与民用建筑中常用可燃物的燃点和不燃物的变态温度，按表 A.0.1-1、表 A.0.1-2 和表 A.0.1-3 确定，可作为判断火灾中火场温度和钢结构构件表面温度的重要依据。

部分材料燃点　　　　　　　　　　　　　　　　　　表 A.0.1-1

材料	燃点（℃）	材料	燃点（℃）
木材	300	醛	571
纸	130	木炭	320～370
棉花	150	褐煤	250～450
麻线	150	沥青煤	325～400
橡胶	130	无烟煤	440～500
赛璐璐	100	半成焦炭	400～450
蜡烛	190	瓦斯焦炭	500～600
棉布	200	香油	530～580
麦草	200	煤油	240～290
粘胶纤维	235	汽油	280
涤纶纤维	390		

油漆烧损状况　　　　　　　　　　　　　　　　　　表 A.0.1-2

温度（℃）		＜100	100～300	300～600	＞600
烧损状况	一般油漆	表面附着黑烟	有裂缝和脱皮	变黑、脱落	烧光
	防锈油漆	完好	完好	变色	烧光

玻璃、金属材料、塑料的变态温度　　　　　　　　　　表 A.0.1-3

分类	名称	代表制品	形态	温度（℃）
玻璃	模制玻璃	玻璃砖、缸、杯、瓶、玻璃装饰物	软化或黏着	700～750
			变圆	750
			流动	800
	片装玻璃	门窗玻璃、玻璃板、增强玻璃	软化或黏着	700～750
			变圆	800
			流动	850

续表

分类	名称	代表制品	形态	温度（℃）
金属材料	铅	铅管、蓄电池、玩具等	锐边变圆，有滴状物	300～350
	锌	锚固件、镀锌材料	有滴状物形成	400
	铝及其合金	机械部件、门窗及配件、支架、装饰材料、厨房用具	有滴状物形成	650
	银	装饰物、餐具、银币	锐边变圆，有滴状物形成	950
	黄铜	门拉手、锁、小五金等	锐边变圆，有滴状物形成	950
	青铜	窗框、装饰物	锐边变圆，有滴状物形成	1000
	紫铜	电线、铜币	方边变圆，有滴状物形成	1100
	铸铁	管子、暖气片、机器支座等	有滴状物形成	1100～1200
	低碳钢	管子、家具、支架等	扭曲变形	＞700
建筑塑料	聚乙烯	地面、壁纸等	软化	50～100
	聚丙烯	装饰材料、涂料	软化	60～95
	聚苯乙烯	防热材料	软化	60～100
	聚乙烯	隔热、防潮材料	软化	80～135
	硅	防水材料	软化	200～215
	氯化塑料	配管	软化	150～290
	聚酯树脂	地面材料	软化	120～230
	聚氨酯	防水、热材料，涂料	软化	90～120
	环氧树脂	地面材料、涂料	软化	95～290

附录 B 高温过火后结构钢的屈服强度折减系数

结构钢在高温下及高温过火冷却后的屈服强度折减系数，按表 B.0.1 确定。

结构钢在高温下及高温过火冷却后的屈服强度折减系数
表 B.0.1

构件表面温度（℃）	屈服强度降低系数	
	高温下	高温过火冷却后
20	1.000	1.000
100	1.000	1.000
200	1.000	1.000
300	1.000	1.000
350	0.977	1.000
400	0.914	1.000
450	0.821	0.987
500	0.707	0.972
550	0.581	0.953
600	0.453	0.932
700	0.226	0.880
800	0.100	0.816
900	0.050	—
1000	0.000	—

附录 C 多层钢结构房屋地震破坏等级划分标准

多层钢结构框架建筑的地震破坏等级按下列标准划分：

基本完好：框架柱、梁完好，无明显变形，梁、柱连接节点无松动，楼、屋盖现浇板无可见裂缝和明显变形，填充墙与柱连接处可能有轻微裂缝，墙体转角处和纵、横墙交接处无松动、脱闪现象；

轻微损坏：框架柱、梁无明显变形，梁、柱节点有轻微松动迹象，楼、屋盖现浇板可能有轻微裂缝，但无明显变形，填充墙、出屋面楼梯间墙体有明显裂缝，墙体转角处和纵、横墙交接处有松动和轻微裂缝；

中等破坏：部分框架柱、梁有明显变形，部分梁、柱节点有明显松动，部分钢支撑存在压屈现象，楼、屋盖现浇板开裂明显，填充墙严重开裂或局部酥碎；

严重破坏：部分框架柱明显压屈，梁、柱节点破坏严重，部分支撑压屈或连接节点破坏；

局部或整体倒塌：多数承重构件倒塌或严重倾斜。